高等学校计算机科学与技术教材

数据结构实例教程

（第2版）

杨晓光　编著

李兰友　主审

清华大学出版社

北京交通大学出版社

·北京·

内容简介

本书对 2008 年的第 1 版做了进一步的修订和完善。修订过程中,在保持第 1 版的基本结构和特色基础上,按照教育部《高等学校计算机科学与技术专业公共核心知识体系与课程》规范,以及《全国硕士研究生入学统一考试计算机科学与技术学科联考考试大纲》要求,进一步完善了各个知识点。

本书系统介绍了数据结构相关理论和基本算法,讨论了线性表、堆栈、队列、树和图等数据结构的基本概念、逻辑结构、存储结构,以及在这些结构基础上所实施的各种操作。本书紧扣实例这个中心,安排了大量通俗易懂的示例,特别是每章都给出一个解决身边问题的综合实例,从而帮助读者更好地理解数据结构。全书还提供了大量的例题、习题、实验、综合实例和综合测试。

本书可作为大专院校计算机专业、软件工程专业和电子信息专业的本、专科学生的教材和参考书,亦适合于工程技术人员参考。

图书在版编目(CIP)数据

数据结构实例教程/杨晓光编著. —2 版. —北京:北京交通大学出版社,2015.6(2018.2 重印)
(高等学校计算机科学与技术)
ISBN 978–7–5121–2328–1

Ⅰ. ①数… Ⅱ. ①杨… Ⅲ. ①数据结构 – 高等学校 – 教材 Ⅳ. ①TP311. 12

中国版本图书馆 CIP 数据核字(2015)第 175793 号

责任编辑:谭文芳

出版发行:	清 华 大 学 出 版 社	邮编: 100084	电话: 010 – 62776969	http://www.tup.com.cn
	北京交通大学出版社	邮编: 100044	电话: 010 – 51686414	http://www.bjtup.com.cn

印 刷 者:北京时代华都印刷有限公司

经   销:全国新华书店

开 本:185×260 印张:22 字数:560 千字

版 次:2015 年 8 月第 2 版 2018 年 2 月第 2 次印刷

书 号:ISBN 978–7–5121–2328–1/TP・812

印 数:3 001 ~ 4 000 册 定价:38.00 元

本书如有质量问题,请向北京交通大学出版社质监组反映。对您的意见和批评,我们表示欢迎和感谢。

投诉电话:010 – 51686043,51686008;传真:010 – 62225406;E-mail: press@bjtu.edu.cn。

前　言

数据结构是计算机专业和电子信息专业的重要专业基础课程之一。在计算机课程体系中起到承上启下的作用,它是操作系统、软件工程、数据库、编译原理、计算机图形学等课程的基础。近年来,随着计算机应用领域的不断拓展,许多非计算机专业也把数据结构作为重要的选修课程之一,以期加强学生程序设计能力。

作者在多年的数据结构课程教学实践中发现,初学者普遍感觉数据结构抽象难懂,对于数据结构应用于何处、如何应用也比较迷茫。作者也一直在思考这个问题,经过深入分析以后,感到造成这一现象的原因是,现在的教科书多以抽象理论讲解为主,不考虑应用,与实际应用脱节。在本书编写过程中,尝试引用一些实用案例,这些案例都是我们身边发生的事情,既生动有趣,又能诠释数据结构理论,从而变抽象为具体。

除此之外,本书还具有以下特色。

(1)在讲解每种新类型时,由一个贴近生活实际的小例子引入,如以奥运会门票预订为例引入队列,先给学生一个感性认识,然后再过渡到抽象的理论,使学生易于理解、易于接受。

(2)在讲解各种数据结构与算法的同时,给出大量例题。通过例题进一步阐述数据结构理论,同时引导学生灵活运用理论解决问题,从而达到举一反三的目的。

(3)在每一章的最后部分提供一个综合实例,从实用角度诠释如何用数据结构解决现实生活中存在的问题,如用查找和排序生成"十大流行歌手排行榜"。这样会给学生以学以致用的感受,激发他们的学习兴趣。

(4)在每章的最后提供了大量精选习题。通过这些习题的训练,可使学生巩固所学知识,进而灵活运用所学知识。

(5)每章还提供一至两个实验,便于学生上机练习。

(6)附录 A 给出一个综合测试,用于检验学习效果。

(7)书中所有算法都由 C 语言实现(均在 Visual C++6.0 下调试通过),并有详尽的注释,有些还给出测试程序,供学生验证和模仿,以加深学生对算法的理解。

全书共分九章。第 1 章介绍数据结构、抽象数据类型与算法的一些基本概念;第 2 章介绍线性表的逻辑结构和两种存储结构(顺序表和链表),以及基本操作的实现;第 3 章介绍栈和队列,讨论栈和队列特点,相应的存储结构及基本操作的实现,给出栈和队列的一些应用实例;第 4 章介绍串的基本概念、模式匹配算法,讨论串的各种存储结构,以及基本操作的实现;第 5 章介绍数组和广义表的基本概念,讨论数组和广义表的存储结构,以及特殊矩阵、稀疏矩阵和广义表的基本运算;第 6 章介绍树与二叉树,包括树与二叉树的定义与表示,讨论树与二叉树的存储结构,以及树与二叉树的遍历和相互转换;第 7 章介绍图,包括图的基本概念,讨论图的存储结构,以及图的一些应用;第 8 章介绍各种常见的查找算法及实现;第 9 章介绍各种常见的内部排序算法及实现;附录 A 为综合测试;附录 B 为部分习题参考答案。为了便于学生学习与理解数据结构,书中给出 121 道例题,430 道习题 ,7 个综合实例,13 个实验,1 个综合测试。

本书可作为本科生一个学期的教学内容,参考学时为 48~64 学时。如果低于 64 学时,可适当删减带 * 的章节。本书配有教学用课件,以及书中的所有源代码,有需要的读者可通过"http://press.bjtu.edu.cn"网站直接下载或与出版社联系。

在本书的编写过程中,参考了大量国内外数据结构教材,其中主要参考教材列于"参考文献"中,这里对这些教材的作者一并表示感谢。

本书由杨晓光编写。李兰友教授在百忙中抽出时间审阅了全书,并提出了许多宝贵意见。参加本书编写的还有郭文平、傅岚岚、杨晓君、杨亚红、郑志荣、马延宏、杨祎心等。虽然本书作者极尽努力,但错误和不足之处仍不可避免,敬请读者批评指正。

本书可作为高等院校计算机专业和电子信息专业本、专科学生的教材和参考书,亦适合于工程技术人员参考。

编者
2008 年 10 月

第 2 版前言

"数据结构"是计算机学科本科教学计划中的骨干基础课程之一。该课程既是对以往课程的深入与扩展，又是为深入学习操作系统、软件工程、数据库、编译原理、计算机图形学、计算机网络等专业课程打下基础。然而在教学过程中发现，初学者普遍感觉数据结构抽象难懂，对于数据结构应用于何处、如何应用也比较迷茫。基于此，作者编写了《数据结构实例教程》并于 2008 年出版，以求通过通俗易懂的讲解和生动有趣的实例，化抽象为具体，引导学生灵活使用数据结构解决实际问题。经过这些年的使用，书中某些内容需要进一步的修订和完善。本次修订在保持第 1 版的基本结构和特色基础上，按照教育部《高等学校计算机科学与技术专业公共核心知识体系与课程》规范，以及《全国硕士研究生入学统一考试计算机科学与技术学科联考考试大纲》要求，进一步完善了各个知识点。

全书共分 9 章。第 1 章介绍数据、数据结构、抽象数据类型与算法的一些基本概念与基本知识；第 2 章介绍线性表的逻辑结构和两种存储结构（顺序表和链表），及其基本操作的实现；第 3 章介绍栈和队列的基本知识，栈和队列特点，以及栈和队列的一些应用；第 4 章介绍串的基本知识，串的各种存储结构，以及模式匹配算法；第 5 章介绍数组和广义表的基本知识，数组和广义表的存储结构，以及特殊矩阵、稀疏矩阵和广义表的基本运算；第 6 章介绍树与二叉树的基本概念、表示方法，以及常用操作的实现，还介绍了树与二叉树的遍历和相互转换；第 7 章介绍图的基本概念、表示方法，以及常用操作的实现，还介绍了图的遍历，以及图的一些应用；第 8 章介绍各种常见的查找算法及实现；第 9 章介绍各种常见的内部排序算法以及实现；附录 A 为综合测试；附录 B 为 2014 年全国硕士研究生入学统一考试数据结构习题节选；附录 C 为部分习题参考答案。

本书的特色在于：

◇ 紧扣"实例"这个中心，安排了大量通俗易懂的示例，特别是每章都给出一个解决身边问题的综合实例，从而帮助学生更好地理解数据结构；

◇ 通过大量的例题和习题，从不同角度、不同难度层次训练学生，帮助学生巩固所学知识，提高学生分析问题、解决问题的能力；

◇ 通过精选的实验，培养学生实际动手能力；

◇ 在每章的习题中，增加一些全国硕士研究生入学考试的考试题，供考研学生参考；

◇ 所有算法均用 C 语言加以实现（均在 Visual C++ 6.0 下调试通过），并有详尽的注释，有些还给出测试程序，供学生验证和模仿，以加深学生对算法的理解。

本书可作为高等院校计算机专业、软件工程专业和电子信息专业本、专科学生的教材和参考书,亦适合于工程技术人员参考。

本书配有教学用课件,以及书中的所有源代码,有需要的读者可访问出版社网站http://www.bjtup.com.cn 直接下载或与编辑联系 cbstwf@jg.bjtu.edu.cn。

本书由杨晓光编写,李兰友教授主审。参与编写工作的还有王佳欣、杨祎心、谢玉芯、丁刚、杨亚红等。由于作者水平有限,书中错误和疏漏不可避免,敬请读者提出宝贵意见。

编　者

2015 年 2 月

目　　录

第1章　数据结构概述

随着计算机技术的飞速发展，以及计算机的日益普及，计算机应用的范围越来越广泛。从最初的数值计算，发展到现在的数据处理、自动控制、信息处理、人工智能、情报检索和办公自动化等非数值计算领域。所处理的数据也从简单的数字，发展到复杂的文字、图形、图像、音频、视频和动画等具有结构的数据。因此，要想高效地处理好这些数据，必须深入研究数据本身的特性、数据之间的关系，以及如何有效地将数据组织存储在计算机内。这正是数据结构所要研究的主要问题。

本章主要介绍数据结构的基本概念，数据的逻辑结构、存储结构及其关系，抽象数据类型，算法及算法时间复杂度分析。

1.1　数据结构研究的内容

在介绍数据结构之前，我们先看几个例子。

【例 1-1】　公司员工信息管理。

某公司有"王清"、"李丽圆"、"张娟"、"张爱民"等员工。现公司想要用计算机管理其员工信息，要求能够做以下操作：

- 当招聘新员工时，能够把员工信息添加进来；
- 当有员工辞职时，能够删除该员工信息；
- 可以修改员工信息；
- 能够以某种方式检索员工信息。

分析：

通过对以上问题的描述，我们可以把公司员工信息用表 1-1 表示出来。其中，每个员工的信息由员工号、姓名、性别、年龄、住址、电话、所属部门等组成，员工数据按照一定的顺序线性排列。这就是解决该问题的模型（线性表）。有了模型以后，就可以围绕该模型设计算法，即实现员工信息的添加、修改、删除、检索等操作。

表 1-1　员工信息表

员工号	姓名	性别	年龄	住址	电话	所属部门
01002	王清	男	25	南京路 23 号	3564	财务
01003	李丽圆	女	28	甘肃路 59 号	3698	总务
01004	张娟	女	20	杭州路 2 号	2346	经理办公室
01005	张爱民	男	45	河北路 9 号	5896	销售
……	……	……	……	……	……	……

类似地还有学籍管理系统、飞机订票系统、图书馆书籍管理、学生选课系统等,它们都有共同点,即被处理的对象之间具有线性关系。这就是一类数据结构——线性数据结构。

【例1-2】 NBA 季后赛对阵形势。

在每个赛季,进入季后赛的有 16 只球队,分成东部和西部两个赛区,每赛区 8 只球队进行淘汰赛,胜者进入下一轮,这样在两个赛区中分别产生一名冠军,最后在这两名冠军之间产生总冠军。现在希望得到各队对阵形势,以及输赢情况。

分析:

通过对以上问题的描述,我们可以把各队对阵形势用图 1-1(篇幅所限只给出了 8 只球队)表示出来。这是一颗倒长的树,树根在上面,树叶在下面。树根就是总冠军,树叶就是参赛的各支球队。内部的枝权和结点表示两支球队对阵情况和获胜一方。如果要查询凯尔特人队的比赛情况,可以从树根开始沿枝权到达表示凯尔特人的树叶即可。树也是一种数据结构,也能表达某些非数值计算问题。

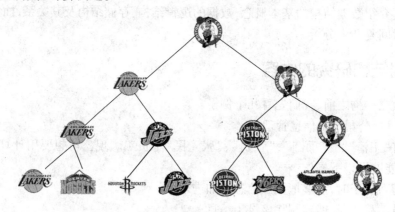

图 1-1　球队对阵形势

【例1-3】　泰山 3 日游。

某旅行社想要开辟泰山旅游线路,为了降低成本,决定采用火车作为交通工具,但希望乘车时间越少越好,以便增加游览时间,从而吸引更多游客。

分析:

该问题可用图 1-2 所示的铁路交通图来解决,寻找到泰山的所有乘车线路中花费时间最少的线路。类似地还可以解决换乘次数最少,费用最少等问题。通常,这类问题的数学模型是图状数据结构。

从例 1-1、例 1-2 和例 1-3 可以看到,这些我们身边发生的事情,都不是数值计算问题,而是非数值计算问题。这些非数值计算问题不能通过列方程、解方程等数学方法来求解,而是用线性表、树、图等数据结构来描述。求解这类问题,人们通常的做法是:首先对问题进行抽象,获得表示实际问题的一个模型;然后围绕该模型设计求解问题的算法;最后用程序实现之。获得模型的实质就是分析问题,寻找要操作的对象,以及对象之间的关系。而数据结构正是实际问题中操作对象,以及这些对象之间关系的数学抽象。它反映了这些操作对象的内部数据构成,即数据由哪几部分构成,以什么方式构成,呈现什么样的结构,在计算机内如何存储等。因此,**数据结构**是一门研究非数值计算程序设计问题中计算机的操作对象以及它们之间的关系和操作等的学科。它的主要研究范围如下:

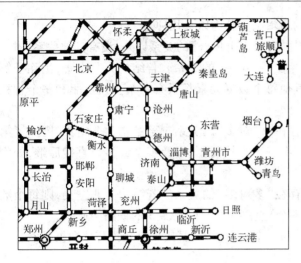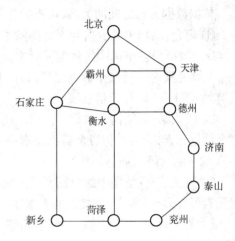

图 1 - 2　铁路交通图

☙ 数据元素之间固有的逻辑关系——数据逻辑结构；

☙ 数据元素及关系在计算机内的表示——数据存储结构；

☙ 对数据结构的操作——算法。

1.2　基本概念和术语

1. 数据

数据是用来描述现实世界的数字、字符、图像、声音,以及能够输入到计算机中并能被计算机处理的符号集合。例如,描述数值的整数、实数,描述图书馆中书目的字符串等。

2. 数据元素

数据元素是数据的基本单位,是数据这个集合中的个体,也称为元素、结点、顶点、记录。例如,图书馆书目数据中,有"数据结构"、"C 语言"、"数据库"等数据元素,整数数据中的"1,2,…"等数据元素。

一个数据元素可以由若干个数据项组成。数据项是数据不可分割的最小标识单位,也称为字段、域、属性。例如,书目信息可由"书名"、"作者"、"出版社"等数据项组成。员工信息可由"员工号"、"姓名"、"性别"、"年龄"、"住址"、"电话"、"所属部门"等数据项组成。

3. 数据对象

数据对象是具有相同性质的数据元素的集合,是数据的一个子集。例如,书目数据对象是集合{"数据结构","C 语言","数据库"},桥牌数据对象是集合{2,3,…,10,J,Q,K,A},英文字符数据对象是集合{a,b,…,z,A,B,…,Z}。

4. 数据结构

数据结构是相互之间存在一种或多种特定关系的数据元素的集合。

数据结构包括三方面的内容:数据的逻辑结构、数据的存储结构和数据的操作。

（1）数据的逻辑结构

数据的逻辑结构是指数据元素之间存在的固有的逻辑关系,常简称为数据结构。

数据的逻辑结构是从逻辑关系上描述数据,与数据的存储无关,是独立于计算机的。数据的逻辑结构可以看作是从具体问题抽象出来的数学模型。

依据数据元素之间的关系,可把数据的逻辑结构分为以下几种。

① 集合:结构中的数据元素之间除了"同属于一个集合"的关系以外,没有其他关系。

② 线性结构:结构中的数据元素之间存在"一对一"的关系。若结构为非空集,则除了第一个数据元素和最后一个数据元素以外,其他每个数据元素都只有一个直接前驱和一个直接后继,如例1-1的员工信息表。

③ 树状结构:结构中的数据元素之间存在"一对多"的关系。若结构为非空集,则除了第一个数据元素以外,其他每个数据元素都只有一个直接前驱,以及零个或多个直接后继,如例1-2的球队对阵形势。

④ 图状结构:结构中的数据元素之间存在"多对多"的关系。若结构为非空集,则每个数据元素可有多个(零个)直接前驱和多个(零个)直接后继,如例1-3的铁路交通图。

注:直接前驱是指与该数据元素相邻的前一个数据元素;直接后继是指与该数据元素相邻的后一个数据元素。

图1-3为上述四种逻辑结构的例子。

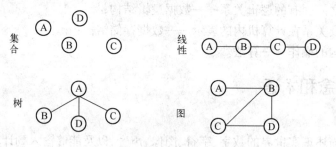

图1-3　数据逻辑结构

数据结构可以用一个二元组来表示,即

```
Data_Structure = (D, R)
```

其中,D是某个数据对象,R是该对象中所有数据元素之间的关系的有限集合。

【例1-4】　例1-1的数据结构。

```
Employee = (N , R)
N ={王清,李丽圆,张娟,张爱民}
R ={<王清,李丽圆 >,<李丽圆,张娟 >,<张娟,张爱民 >}
```

(2) 数据的存储结构

数据元素及其关系在计算机内的表示称为数据的存储结构。

要想用计算机处理数据,就必须把数据的逻辑结构映射为数据的存储结构。逻辑结构可以映射为以下4种存储结构。

① 顺序存储结构:把逻辑上相邻的数据元素存储在物理位置也相邻的存储单元中,借助元素在存储器中的相对位置来表示数据元素之间的逻辑关系。由此得到的存储结构称为顺序存储结构。

② 链式存储结构:借助指针表达数据元素之间的逻辑关系。不要求逻辑上相邻的数据元素在物理位置上也相邻。由此得到的存储结构称为链式存储结构。

③ 索引存储结构:在存储数据元素的同时,还建立附加的索引表。通过索引表,可以找到存储数据元素的结点。

④ 哈希存储结构:根据哈希函数和处理冲突的方法确定数据元素的存储位置。

例如,一个包含数据元素"王清,李丽圆,张娟,张爱民"的线性结构,其顺序存储结构和链式存储结构如图 1 - 4 所示。

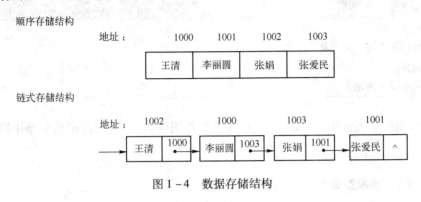

图 1 - 4　数据存储结构

(3) 数据的操作

数据的操作是在数据的逻辑结构上定义的操作算法,如插入、删除、检索等。

需要注意的是,数据的逻辑结构和数据的存储结构是指一个事物的两个方面,而不是两个事物。二者相辅相成,不可分割。同时,一种数据逻辑结构可以映射为多种数据存储结构,具体映射为哪种存储结构,视具体要求而定,主要考虑运算方便及算法的时间空间效率的要求。

1.3　抽象数据类型

在 C 语言中定义的整型(int)是 - 32 768 ~ 32 767 范围内所有整数的集合,以及可以对整数进行的加、减、乘、除、求余等运算。一个整数在计算机内以定点有符号二进制数补码形式存储。但是,在 C 语言中使用整型时,程序员并不需要知道整数在计算机内是如何表示的,其操作是如何实现的,只需要知道如何定义整数,以及如何用 + 、- 、* 、/ 运算符可以了,这样就把整数的使用与实现分开了。实际上,整型就是一个抽象数据类型。

1. 抽象数据类型

抽象数据类型(Abstract Data Type,ADT)是指数据元素集合以及定义在该集合上的一组操作。

所谓"抽象"是指与具体实现无关,仅考虑在数据元素集合上能做什么,而不考虑如何做,就像 C 语言中的整型一样。这样做的好处是,在分析问题时只研究如何使用它,而不必过早考虑实现的细节,从而就可以将注意力集中在问题的本质上,而不必过多地考虑一些细节问题。

ADT 就像电路图,它是设计师对所设计电子产品的精确描述,工人必须按照电路图的要求生产,才能制造出符合要求的电子产品。但 ADT 只做功能性说明,对具体的实现并不作过多的限制,数据类型、数据结构、完成操作的算法可以自由选择。

实现抽象数据类型时,要实现存储数据元素的存储结构,以及实现操作的算法。可以用面向对象语言实现抽象数据类型,也可以使用非面向对象程序设计语言实现抽象数据类型。如果采用面向对象程序设计语言,则可以使用类来实现抽象数据类型;如果采用非面向对象程序设计语言,则可以使用结构体实现数据存储结构,使用函数实现数据操作。

2. 抽象数据类型的表示

本书按以下格式表示抽象数据类型:

ADT 抽象数据类型名
数据元素集合: 　　数据元素集合的定义 基本操作: 　　基本操作的定义

其中,数据元素集合用自然语言描述,基本操作用伪码描述,并规定基本操作的格式为:

中文名(操作名):含义

【例1-5】 抽象数据类型"字符串"的定义。

ADT String
数据元素集合: 　　字符的一个有限序列。 基本操作: 　　☖ 求串长(StrLen):求取字符串中字符的个数 　　☖ 取子串(SubStr):获取字符串中的一个连续字符序列 　　☖ 定位串(Index):查找是否存在子串 　　☖ 串连接(Concat):连接两个字符串形成一个新串 　　☖ 串比较(StrCmp):比较两个串的大小 　　☖ 判空串(StrEmpty):判断所给字符串是否为空串 　　☖ 串替换(StrReplace):替换字符串中指定的所有子串

【例1-6】 某公司经营着一个足球场,它需要一个售票的软件,以便能够查询到哪些票被售出,哪些票还未售出。

【设计思路】经过抽象以后,该问题的数据元素集合是足球场中的所有座位。操作是:哪个座位的票被售出了,则作标记1;没有售出,则作标记0。

ADT Ticket
数据元素集合: 　　由表示排和号的两个整数限制的一个固定长度的元素序列,以及一个表示球票总数的一个整数。 基本操作: 　　☖ 售票(Sell):销售球票 　　☖ 预订(Book):预订球票或取消预订 　　☖ 查询余票(Balance):查询还有多少未售出的球票 　　☖ 是否售出(Index):查询指定的球票是否售出

1.4　算法分析

瑞士计算机科学家 N. Wirth 指出"程序 = 数据结构 + 算法"。它描述了计算机程序是由组织信息的数据结构和处理信息的算法组成。二者相辅相成,不可分割。

1.4.1　算法及性质

1. 算法

讲算法之前先看一个求解问题的过程。

【例1-7】　已知 n 个整数,求 n 个整数中的最大数。

这是一个非常简单的问题,下面直接给出求解过程:

① 将第 1 个数赋值给 max;

② 初始化计数变量 i 为 1;

③ 当 i < n 时,执行以下内容:

↪ 比较 a[i] 与 max,若 a[i] 大于 max,则将 a[i] 赋值给 max;

↪ i 自增 1;

④ 返回 max 的值。

这就是一个求最大数的算法。算法就是求解问题的一系列步骤的集合。它以一组值作为输入,并产生一组值作为输出。

通常用计算机程序来实现算法,计算机执行程序中的语句,实现对问题的求解。

算法可以用伪码形式描述(如例 1-7),也可以用程序设计语言描述。

【例1-8】　对例 1-7 的算法,用程序设计语言来描述。

```
int Max(int a[],int n)
{
    int i,max;
    max = a[0];
    for(i =1;i <=n;i ++)
        if(a[i] >max)    max = a[i];
    return max;
}
```

2. 算法的性质

所有的算法都必须满足以下性质。

↪ 可行性:算法中描述的操作都是用已经实现的基本运算组成的。

↪ 有穷性:算法必须在有限步或有限的时间内完成。

↪ 确定性:算法中每一条指令必须有确切的含义,不能有二义性。

↪ 有输入:算法应该有零或多个输入量。

↪ 有输出:算法应该有一个或多个输出量。

算法的有穷性是算法和程序的分界点,程序并不要求在有限的步骤内或有限的时间内结束,比如操作系统,而算法却有这个要求。

算法应该有输入和有输出,主要是希望算法能够解决实际问题,能产生有意义的结果,而不仅仅是纸上推演的一堆公式。

3. 算法设计的准则

当求解某类问题时,可能有多种算法供选择。究竟哪个算法是"好"的算法,下面给出一些衡量准则。

↪ 正确性:算法应该达到预期的结果,满足问题的需求。显然,这是衡量算法的首要问题。

↪ 可读性:算法应该易于理解、易于实现和易于调试,以免造成歧义。

↪ 健壮性:算法不但能够处理合法数据,而且对输入的非法数据也能够做出反应,不致产生不可预料的后果。

↪ 高效性:算法执行的时间要短(时间效率),占用的存储空间要少(空间效率)。

1.4.2　算法度量及分析

对于一个问题可以有多种算法,例如第9章介绍的排序,有多达10种以上的算法。那么如何来衡量哪种算法最有效? 或者优于目前已知的算法呢? 人们一般从两个方面来衡量。一个是时间效率,即算法处理数据时所花费的时间,用时间复杂度来表示;一个是空间效率,即算法所需求的存储量的大小,用空间复杂度来表示。但二者往往有冲突,不能同时兼顾,一般取时间效率,时间效率被认为更重要一些。

1. 时间复杂度分析

对于解决同一个问题的算法,执行时间短的显然比执行时间长的时间效率高,即执行时间短的算法比执行时间长的算法时间复杂度要低。那么算法执行时间的长短如何度量呢? 一种方法是编制一个程序实现这个算法,然后输入不同的数据运行这个程序,测定该程序运行的时间,这称为**事后统计法**。这种方法的缺陷非常明显:一是必须编制程序和运行程序,非常耗费时间,也比较麻烦;二是受到的约束条件比较多,比如运行程序的计算机软硬件条件、使用的编程语言等,有时这些会掩盖算法本身的优劣。

另一种方法是分析算法运行的时间,称为**事前分析法**。它不上机运行依算法编制的程序,而是分析影响算法执行时间的各种因素,从而估算出算法执行的时间。其中,一个最重要的因素是输入算法的数据量(称为问题规模)。例如,一个查找单词的算法。在10个单词中查找某个单词与在10万个单词中查找某个单词所花费的时间不可同日而语。因此,一个算法的执行时间 T 可被表示为问题规模 n 的一个函数 $T(n)$。

除了问题规模以外,实现算法的程序设计语言、源程序编译后产生的机器代码的质量、机器执行指令的速度等都会影响算法的执行时间。因此,不可能将 $T(n)$ 表达为算法实际执行的时间。一般用算法中语句被执行的次数来表示算法的时间效率(算法的时间复杂度)。下面举两个例子来说明。

【例1-9】　下面的算法用来求 $1+2+3+\cdots+n$,试分析算法的时间复杂度。

```
    int Sum(int n)
    {
(1)     int i,sum = 0;
(2)     for(i = 0;i < n;i ++)
```

```
(3)        sum = sum + i;
(4)    return sum;
}
```

解：

语句(1)被执行了 1 次,语句(2)被执行了 2n + 2 次,语句(3)被执行了 n 次,语句(4)被执行了 1 次。因此,该算法执行的时间复杂度为 $T(n) = 3n + 4$,并且随着问题规模 n 的增长,$T(n)$ 也随 n 成比例增长,因此,称 $T(n)$ 是 n 数量级的。

【例 1 – 10】　下面是求 $1 + 2 + 3 + \cdots + n$ 的另一个算法,试分析算法的时间复杂度。

```
int Sum2(int n)
{
(1)    int sum = 0;
(2)    sum = (1 + n) * n/2;
(3)    return sum;
}
```

解：

语句(1)被执行了 1 次,语句(2)被执行了 1 次,语句(3)被执行了 1 次。因此,该算法执行的时间复杂度为:$T(n) = 3$,它不随输入数据量 n 的增长而增长,因此,称 $T(n)$ 是常量级的。

通过这两个例子可以看出,虽然用算法中语句执行的次数并不能精确地描述算法的时间复杂度,然而当两个算法的语句执行次数相差较大时,我们可以明确地说例 1 – 10 的算法比例 1 – 9 的算法运行快。

那么是否有必要精确计算算法中语句的执行次数呢? 回答是没有必要。因为在有些情况下很难精确计算出语句执行的次数,在另外一些情况下又没有必要精确计算语句执行的次数。我们只需要知道 $T(n)$ 是什么数量级的就足够了。例如,对于 $T(n) = n^2 + 10n + 100$。当 n > 100 时,第 1 项所占比重较大,第 2 项次之,第 3 项可以忽略;当 n > 1000 时,第 1 项占绝对多数,第 2 项和第 3 项都可以忽略。因此,常忽略一些次要语句的执行次数,只对那些重要的语句(有人称为原操作)和执行最频繁的语句进行计数,同时对计算结果中的次要项也予以忽略,只保留主要项,给出数量级,这种表示方式就是渐进时间复杂度。渐近时间复杂度通常用"大 O"表示法来表示。下面就给出大 O 的具体定义。

当且仅当存在正整数 c 和 N,使得对所有的 n ≥ N,有 $T(n) \leqslant cf(n)$ 成立,则称 $T(n)$ 是 $O(f(n))$,记为 $T(n) = O(f(n))$。即算法的渐进时间复杂度的大 O 表示为 $T(n) = O(f(n))$。渐近时间复杂度常简称为时间复杂度。

这里的 O 是英文单词 Order 的缩写,表示随问题规模 n 的增加,算法的时间复杂度 $T(n)$ 与函数 $f(n)$ 具有相同的数量级。例如,对于例 1 – 9,$T(n) = O(n)$,即 $T(n)$ 是 n 数量级的。因为当 n ≥ 2 时,有 $f(n) \leqslant 5n$,所以可选 N = 2,c = 5。

2. 常见的时间复杂度

(1) 常量阶

算法的时间复杂度为常量,它不随问题规模 n 的大小而改变。记为 $T(n) = O(1)$。

【例 1 – 11】　求以下判别是否为偶数算法的时间复杂度。

```
int IsOdd(int x)
{
    if(x% 2 ==0)return 1;
    else return 0;
}
```

（2）线性阶

算法的时间复杂度与问题规模 n 成线性关系。记为 $T(n) = O(n)$。

【例 1 – 12】 求以下计算 Fibonacci 数列算法的时间复杂度。

```
void fibonacci(int n)
{
    int fn,f0,f1;
    int i;
    f0 =0;
    f1 =1;
    for(i =2;i <=n;i ++)
    {
        fn = f0 + f1;
        printf("% d \t",fn);
        f0 = f1;
        f1 = fn;
    }
}
```

解：

算法的重要语句为"fn = f0 + f1"，其执行次数 $f(n) = n - 1 \leqslant n$，因此算法的时间复杂度为 $T(n) = O(n)$。

（3）平方阶和立方阶

算法的时间复杂度与问题规模 n 成平方或立方关系。记为 $T(n) = O(n^2)$ 或 $O(n^3)$。

【例 1 – 13】 求以下算法的时间复杂度。

```
void sum(int n)
{
    int i,j;
    int tmp,s =0;
    for(i =1;i <=n;i ++)
    {
        tmp =1;
        for(j =1;j <=i;j ++)   tmp * =j;
        s + =tmp;
        printf("% d \t",s);
    }
}
```

解：

算法的重要语句为"tmp * = j"，其执行次数 $f(n) = 1 + 2 + \cdots + n = n(n+1)/2 \leqslant n^2$，因此算法的时间复杂度为 $T(n) = O(n^2)$。

（4）对数阶

算法的时间复杂度与问题规模 n 成对数关系，通常以 2 为底。记为 $T(n) = O(\log_2 n)$。

【例 1 - 14】 求以下算法的时间复杂度。

```
void print(int n)
{
    int i;
    for(i =1;i <=n;i * =2)
        printf("% d\t",i);
}
```

解：

算法的重要语句为"printf("% d\t",i)"，对执行次数 $f(n)$，有 $2^{f(n)} \leqslant n$，即 $f(n) \leqslant \log_2 n$，因此算法的时间复杂度为 $T(n) = O(\log_2 n)$。

（5）其他

算法的时间复杂度还有指数阶 $O(2^n)$，阶乘阶 $O(n!)$ 等。

这些时间复杂度之间的关系为：$O(1) < O(\log_2 n) < O(n) < O(n\log_2 n) < O(n^2) < O(n^3) < O(2^n) < O(n!) < O(n^n)$。

【例 1 - 15】 求以下计算阶乘算法的时间复杂度。

```
long fact(long n)
{
    if(n ==0) return 1;
    return n * fact(n -1);
}
```

解：

$$
\begin{aligned}
T(n) &= O(1) + T(n-1) \\
&= 2 \times O(1) + T(n-2) \quad (\because T(n-1) = O(1) + T(n-2)) \\
&\vdots \\
&= (n-1) \times O(1) + T(1) \\
&= n \times O(1) \\
&= O(n)
\end{aligned}
$$

假定计算机执行每条语句的时间是相等的，都是 1 毫秒，那么 1 小时可以执行 3.6×10^6 条语句。如果要求算法的执行时间不超过 1 小时，那么对于一个时间复杂度为 $O(n\log_2 n)$ 的算法，所能处理的问题规模约可达到 2.0×10^5，而对于时间复杂度为 $O(2^n)$ 的算法，1 小时只能处理问题规模不超过 21 的小问题。

3. 最坏情况下的时间复杂度

对于有些算法来说，时间复杂度除了与问题规模 n 有关以外，还与算法的输入项有关。下面以一个例子加以说明。

【**例 1 – 16**】 以下为计算 n 个元素的最大值的算法，试计算它的时间复杂度。

```
int max(int a[],int n)
{
    int i,m;
    m = a[0];
    for(i = 1;i < n;i ++)
        if(a[i] > m)
            m = a[i];
    return m;
}
```

解：

算法的关键操作为"m = a[i]"，其执行的次数与输入的 n 个元素有关。如果第一个元素即为最大值，则执行次数为 0，时间复杂度为 O(1)，称为最好情况下的时间复杂度；如果最后一个元素为最大值，则执行次数为 n – 1 次，时间复杂度为 O(n)，称为最坏情况下的时间复杂度。如果最大值出现的位置是随机的（等概率情况下），则执行次数为 n/2 次，时间复杂度为 O(n)，称为平均情况下的时间复杂度。一般不作特别说明的话，通常取最坏情况下的时间复杂度，即 O(n)。

4. 空间复杂度分析

算法的空间复杂度就是算法或程序运行时所占用的存储空间。一般只统计数据部分所占用的存储空间，而不统计代码部分所占的存储空间。

1.5　习题

一、单项选择题

1. 以下说法中，正确的是（　　）。

A. 数据元素是数据这个集合中的个体　　　　　　B. 数据元素均由数据项组成

C. 数据项是数据的基本单位　　　　　　　　　　D. 数据元素是数据的最小单位

2. 以下不属于数据的逻辑结构的是（　　）。

A. 顺序　　　　　　　　B. 树　　　　　　　　C. 图　　　　　　　　D. 集合

3. 在存储数据时，不仅要存储数据元素的值，通常还要存储（　　）。

A. 数据元素的类型　　　　　　　　　　　　　　B. 数据元素的大小

C. 数据元素之间的关系　　　　　　　　　　　　D. 数据的存储方法

4. 若采用顺序存储结构，则要求（　　）。

A. 用指针表达数据元素之间的关系

B. 数据元素存储在一片连续的存储单元中

C. 用一个确定的函数计算元素的存储地址

D. 利用数据元素的索引关系确定元素的存储地址

5. 以下有关数据结构的说法中，正确的是（　　）。

A. 数据结构由逻辑结构和存储结构决定　　　　B. 数据的存储结构独立于逻辑结构

C. 逻辑结构相同对应的存储结构必相同　　　D. 数据的逻辑结构独立于存储结构

6. 以下有关抽象数据类型的描述中,正确的是(　　)。

A. 抽象数据类型是一个值的集合

B. 抽象数据类型是数据的逻辑结构及操作的组合

C. 抽象数据类型的操作可以没有操作结果

D. 抽象数据类型只能用 C 语言来描述

7. 以下关于算法的描述中,说法错误的是(　　)。

A. 算法中描述的操作都是用已经实现的基本运算组成的

B. 算法必须由计算机程序实现

C. 算法应该易于理解、易于实现和易于调试

D. 算法不应该处理输入的非法数据

8. 某算法的时间复杂度为 $O(n^3)$,表示该算法的 (　　)。

A. 问题规模是 n^3　　　　　　　　　　　　B. 执行时间为 n^3

C. 问题规模与 n^3 成反比　　　　　　　　　D. 执行时间与 n^3 成正比

9. 设 n 是描述问题规模的非负整数,下面程序片段的时间复杂度是(　　)。(2011 年考研题)

```
x = 2;
while(x < n/2)
    x = 2 * x;
```

A. $O(\log_2 n)$　　　　　B. $O(n)$　　　　　C. $O(n\log_2 n)$　　　　D. $O(n^2)$

10. 求整数 n(n≥0)阶乘的算法如下,其时间复杂度是(　　)。(2012 年考研题)

```
int fact(int n)
{
    if(n <= 1) return 1;
    return n * fact(n - 1);
}
```

A. $O(\log_2 n)$　　　　　B. $O(n)$　　　　　C. $O(n\log_2 n)$　　　　D. $O(n^2)$

二、填空题

1. 数据结构研究的主要内容包括_____、_____和_____。

2. 数据元素是数据的_____,数据项是数据的_____。

3. 对于给定的 n 个元素,可以构造出的逻辑结构有_____、_____、_____和_____四种。

4. 常见的数据存储结构一般有四种类型,它们分别是_____、_____、_____和_____。

5. 可以从 _____、_____、_____和_____四个方面评价算法的质量。

6. 衡量算法有效性的两个重要指标是_____和_____。

7. 常见的时间复杂度有:常数阶 O(_____)、线性阶 O(_____)、对数阶 O(_____)、平方阶 O(_____)和指数阶 O(_____)。通常认为,具有_____量级的

算法是好算法,而具有_____量级的算法是差算法。

8. 以下程序片段的时间复杂度为_____。

```
void avg(int n)
{
    int i,sum;
    i = 0;
    sum = 0;
    while(i < n)
    {
        sum + = 2;
        i ++;
    }
    printf("avg = % d \n",sum/i);
}
```

9. 以下时间复杂度由大到小的排列次序为_____。

2^{n+2}　　　　　$(n+2)!$　　　　　$(n+2)^4$　　　　　100000　　　　　$n\log_2 n$

10. 以下程序片段中,带下划线语句的执行次数的数量级为_____。

```
int i = 1;
while(i < n)
    i * = 2;
```

三、问答题

1. 什么叫数据元素?
2. 什么叫抽象数据类型?
3. 数据元素之间的关系在计算机中有几种表示方法?
4. 数据的逻辑结构与数据的存储结构之间存在着怎样的关系?
5. 什么叫算法?算法的性质有哪些?

四、算法设计题

设计一个算法求 n 个数中包含多少个素数?并计算算法的时间复杂度。

1.6　实验

【实验 1 – 1】 算法时间复杂度分析。

1. 实验目的

(1)掌握算法时间复杂度的计算方法。
(2)了解测试算法运行时间的基本方法。

2. 实验内容

(1)分析以下程序的时间复杂度。
程序 1:

```
float sum1(int n)
```

```
    {
        float sum = 0;
        int i,j;
        for(i = 0;i < n;i ++)
            for(j = 0;j < n;j ++)
                sum + = i * j;
        return sum;
    }
```

程序 2:

```
    float sum2 (int n)
    {
        float sum = 0;
        int i = 0;
        while(i < n)
        {
            sum + = i;
            i + = 2;
        }
        return sum;
    }
```

（2）使用 C 语言的标准库函数 ftime,计算以上程序的运行时间,并与分析得出的时间复杂度做比对。

第2章 线 性 表

　　线性表是经常用到的一种数据结构,也是最简单、最基本的一种数据结构。它在数据结构课程中占有非常重要的地位。线性表可以用顺序存储结构和链式存储结构来表示,分别称为顺序表和链表。

　　本章主要介绍线性表的基本概念和逻辑结构特点,线性表的两种存储结构顺序表和链表,以及在这两种存储结构下线性表基本操作的实现。

2.1　线性表的定义及操作

2.1.1　线性表的定义

　　线性表是由 $n(n \geqslant 0)$ 个具有相同性质的数据元素 $\alpha_1, \alpha_2, \alpha_3, \cdots, \alpha_n$ 组成的有穷序列。

　　线性表中所包含的数据元素的个数称为线性表的长度。长度为 $0(n=0)$ 的线性表称为空表,空表中不包含任何数据元素。非空表中的每个数据元素在表中都有一个确定的位置,可用位序号 i 来表示第 i 个元素 α_i 在表中的位置。

　　对于非空线性表,其特点为:

　　⌑ 存在唯一一个称为“第一个”的数据元素,它没有直接前驱;

　　⌑ 存在唯一一个称为“最后一个”的数据元素,它没有直接后继;

　　⌑ 除第一个数据元素以外,表中的每个数据元素有且仅有一个直接前驱;

　　⌑ 除最后一个数据元素以外,表中的每个数据元素有且仅有一个直接后继。

　　从线性表的特点可以看出,线性表中的元素存在着“一对一”的逻辑关系。它属于数据的逻辑结构范畴。例如,在员工信息表中,数据元素是按照“员工号”的大小次序排列的,表示员工进入公司的先后顺序。当然,也可以按照“年龄”大小来排列。不管按照什么方式排列,都表示数据元素之间存在某种一对一的关系。

　　线性表中的每个数据元素都有具体含义,其含义依不同情况而不同,它可以是一个符号、一个数字或由若干个数据项组成。例如,Fibonacci 数列(0,1,1,2,3,5,8)就是一个由 7 个数据元素组成的线性表,表中的每个数据元素是一个十进制的整数;英文字母表(A,B,C,…,Z)是由 26 个英文字母组成的线性表;例 1-1 中的公司员工信息表,表中每个数据元素由“员工号”、“姓名”、“性别”、“年龄”、“住址”、“电话”和“所属部门”数据项组成。

　　【例 2-1】　王先生喜欢音乐,每个月他都到音像商店购买一些音像制品。这个月,他根据音乐排行榜和朋友的推荐列出了要购买音像制品的清单,如图 2-1 所示。清单上第一个音像制品是他最喜欢的,下面的音像制品依此类推。到音像店后,凡是买到的音像制品均从清单上划去,如图 2-2 所示。

图 2-1 音像制品清单   图 2-2 购买后的音像制品清单

解：

王先生要购买音像制品的清单就是一个线性表，清单上列出的音像制品就是表中的数据元素。数据元素之间的次序关系反映了王先生的喜好程度。从清单上划去音像制品可以看作是对线性表的删除操作。

在日常生活中，还有许多线性表的例子，比如学生成绩表、职工工资表、借阅图书表、医院病历表、购物清单、本学期需要学习课程的清单、软件 081 班的学生名单、竞选学生会干部的人员名单、仓库库存记录、供货清单、课表、日程安排等都可以看作线性表。

2.1.2 线性表的抽象数据类型

线性表是一种非常灵活的数据结构，它的长度可根据需要增加或缩短。对线性表的操作可以是访问线性表中的各个数据元素，也可以是删除、添加数据元素。

线性表的抽象数据类型表示了线性表中的数据元素、数据元素之间的逻辑关系及对线性表的操作集合。其定义如下。

ADT List

数据元素集合：
　　具有相同性质的数据元素的一个有限序列。数据元素之间存在一对一的关系。
基本操作：
　　↳ 求表长（ListLength）：求线性表中数据元素的个数
　　↳ 插入（ListInsert）：在线性表的指定位置插入新的数据元素
　　↳ 删除（ListDelete）：在线性表中，删除指定位置上的数据元素
　　↳ 取值（GetElem）：获取指定位置处的数据元素的值
　　↳ 取前驱值（GetPrior）：获取指定数据元素的前驱值
　　↳ 取后继值（GetNext）：获取指定数据元素的后继值
　　↳ 查找（Find）：在线性表中，查找指定数据元素的位置
　　↳ 判空表（ListEmpty）：判定线性表是否为空
　　↳ 初始化（InitList）：初始化线性表
　　↳ 清空表（ClearList）：清空线性表
　　↳ 遍历表（TraverseList）：访问线性表中每一个元素，且仅访问一次

对于抽象数据类型 List，其操作并不仅仅只有这些，这里所列出的只是一些基本操作。有了基本操作以后，可以由它们组合或派生出其他操作。例如，复制线性表、合并线性表、拆分线性表等，这里就不一一列举了。

2.2 顺序表

线性表不能被计算机直接处理,要想处理它,必须为它寻找合适的存储结构。线性表的存储结构主要有两种:顺序存储结构和链式存储结构。

2.2.1 顺序表的定义

用一组地址连续的存储单元依次存储线性表中每一个数据元素,这种存储结构称为线性表的顺序存储结构,用这种结构表示的线性表称为顺序表。

顺序表的特点是用数据元素在计算机内物理位置相邻来表示线性表中数据元素之间的逻辑关系。即线性表中数据元素之间的前驱、后继关系映射到数据元素在存储单元地址的相邻关系上。可见,逻辑关系相邻的两个数据元素在物理位置上也相邻。

根据顺序表的特点可知,线性表中第 i 个数据元素 α_i 的存储位置为:

$$LOC(\alpha_i) = LOC(\alpha_1) + (i - 1) \times m$$

其中,$LOC(\alpha_1)$ 为线性表第一个数据元素的存储位置,称为线性表的首地址或基地址;m 为线性表中的每个数据元素占用的存储单元数。线性表的顺序存储结构示意图如图 2 - 3 所示。

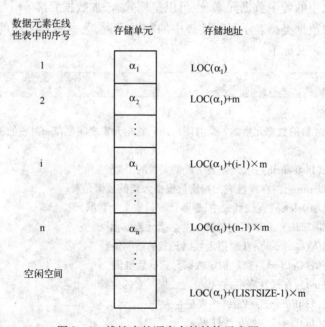

图 2 - 3　线性表的顺序存储结构示意图

由此可见,只要知道了线性表的首地址,就可以随机存取线性表中任意位置上的数据元素。因此,可以称线性表的顺序存储结构为随机存储结构。

由于 C 语言中的数组在计算机内的表示也是顺序结构,也具有随机存取的特性,因此可用数组来表示顺序表。以下为顺序表存储结构的 C 语言描述。

```
#define LISTSIZE 100
typedef struct{
    DataType items[LISTSIZE];
    int length;
}SqList;
```

其中,元素的数据类型为 DataType,是一个抽象类型。在具体实现时,要把它定义为具体的数据类型。例如:

```
typedef int DataType;
```

把 DataType 定义为整型,这样做是为了增加程序的可移植性。

length 表示线性表的当前表长。定义它可以为顺序表的很多操作带来方便。

LISTSIZE 表示初始时,顺序表中最多含有 LISTSIZE 个元素。

2.2.2　顺序表的基本操作

1. 初始化顺序表

初始化顺序表就是构造一个空的顺序表。只需要把表长置为 0 即可。

♨ 算法 2 – 1　初始化顺序表

```
int InitList(SqList * L)
{/* L 为指向顺序表的指针 */
    L -> length = 0;
    return 1;
}
```

在函数中,需要改变顺序表的 length 域的值,因此参数 L 设计为一个指针。

2. 求顺序表中当前元素个数

求顺序表元素个数就是求表长,而表长可从顺序表的 length 域获得,因此只需输出 length 域的值即可。

♨ 算法 2 – 2　求表长

```
int ListLength(SqList L)
{/* L 为顺序表 */
    return L.length;
}
```

3. 判断顺序表是否为空

判断是否空表,只需判断表长是否为 0。若为 0,则是空表,返回 1;若不为 0,则不是空表,返回 0。

♨ 算法 2 - 3　判空表

```
int ListEmpty(SqList L)
{/* L 为顺序表 */
    if(L.length<=0)    return 1;
    else    return 0;
}
```

4. 向顺序表中插入数据元素

线性表的插入操作是在原有线性表$(\alpha_1,\alpha_2,\cdots,\alpha_{i-1},\alpha_i,\cdots,\alpha_n)$的第 $i-1$ 个数据元素和第 i 个数据元素之间插入一个新数据元素 β，使之变为$(\alpha_1,\alpha_2,\cdots,\alpha_{i-1},\beta,\alpha_i,\cdots,\alpha_n)$。插入后，数据元素 α_{i-1} 和 α_i 之间的逻辑关系 $<\alpha_{i-1},\alpha_i>$ 变成了 $<\alpha_{i-1},\beta>$ 和 $<\beta,\alpha_i>$。而顺序表是通过物理位置相邻来体现这种关系的，因此必须移动数据元素才能体现这种逻辑关系的变化。

一般情况下，在第 $i(1\leqslant i\leqslant n)$ 个元素之前插入一个数据元素时，需要将第 n 至第 i 个元素依次后移一个位置，插入后顺序表的长度为 n + 1。插入过程如图 2 - 4 所示。

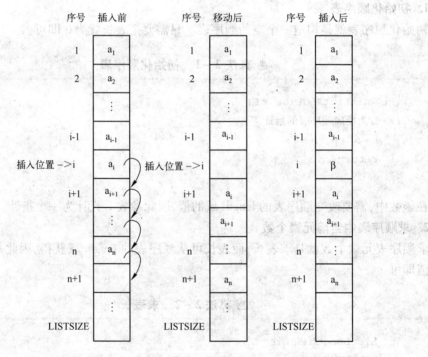

图 2 - 4　顺序表插入操作示意图

操作步骤如下：

① 判断所给顺序表是否已存满数据元素，若满则产生上溢出错误；

② 检查插入位置是否合法，即"$1\leqslant i\leqslant n+1$"条件是否满足；

③ 将顺序表的第 i 个元素到第 n 个元素之间的所有元素依次向后移动一个位置，为新元素空出插入位置，并且应该从顺序表的最后一个元素开始移动，而不是从第 i 个元素开始

移动；

　④ 将新元素放置于空出的位置上；

　⑤ 顺序表长度增一。

🔥算法 2 – 4　插入

```
int ListInsert(SqList *L,int pos,DataType item)
{/*L 为指向顺序表的指针,pos 为插入位置,item 为待插入的数据元素 */
    int i;
    if(L->length>=LISTSIZE)
    {
        printf("顺序表已满,无法进行插入操作!");
        return 0;
    }
    if(pos<=0 ||pos>L->length+1)
    {
        printf("插入位置不合法,其取值范围应该是[1,length+1]");
        return 0;
    }
    for(i=L->length-1; i>=pos-1; i--)      /*移动数据元素*/
        L->items[i+1]=L->items[i];
    L->items[pos-1]=item;                  /*插入*/
    L->length++;                           /*表长增一*/
    return 1;
}
```

插入运算的主要操作是元素后移操作。移动的次数与插入位置 i 有关,即与输入有关。在最好情况下,即 $i=n+1$ 时,元素移动的次数为 0 次;在最坏情况下,即 $i=1$ 时,元素移动的次数为 n 次;一般情况下,假设在顺序表任何位置上插入数据元素的概率相等,即 $p_i=1/(n+1)$,则元素平均移动次数为:

$$\sum_{i=0}^{n} p_i(n-i) = \frac{1}{n+1}\sum_{i=0}^{n}(n-i) = \frac{n}{2}$$

可见在顺序表中插入新元素,平均需要移动表中一半的数据元素。即在最坏情况下,插入运算的时间复杂度为 $O(n)$。

5. 删除顺序表中的元素

线性表的删除操作是从原有线性表 $(\alpha_1,\alpha_2,\cdots,\alpha_{i-1},\alpha_i,\alpha_{i+1},\cdots,\alpha_n)$ 中删除第 i 个数据元素 α_i,使之变为 $(\alpha_1,\alpha_2,\cdots,\alpha_{i-1},\alpha_{i+1},\cdots,\alpha_n)$。删除后,数据元素 α_{i-1}、α_i 和 α_{i+1} 之间的逻辑关系 $<\alpha_{i-1},\alpha_i>$ 和 $<\alpha_i,\alpha_{i+1}>$ 变成了 $<\alpha_{i-1},\alpha_{i+1}>$。为了反映这种逻辑关系的变化,必须移动表中的数据元素。

一般情况下,删除第 $i(1\leqslant i\leqslant n)$ 个元素时,需要将第 $i+1$ 至第 n 个元素依次前移一个位置,删除后顺序表的长度为 $n-1$。删除过程如图 2 – 5 所示。

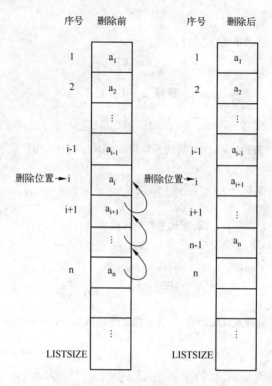

图 2-5　顺序表删除操作示意图

操作步骤如下:

① 判断所给顺序表是否为空,若空则产生下溢出错误;

② 检查删除位置是否合法,即"1≤i≤n"条件是否满足;

③ 将顺序表的第 i+1 个元素到第 n 个元素之间的所有元素依次向前移动一个位置。并且应该从顺序表的第 i+1 个元素开始移动,而不是从第 n 个元素开始移动;

④ 顺序表长度减 1。

算法 2-5　删除

```
int ListDelete(SqList *L,int pos,DataType *item)
{/* L 为指向顺序表的指针,pos 为删除位置,用于 item 返回被删元素 */
    int i;
    if(ListEmpty(*L))
    {
        printf("顺序表为空表,无法进行删除操作!");
        return 0;
    }
    if(pos<1 ||pos>L->length)
    {
        printf("删除位置不合法,其取值范围应该是[1,length]");
        return 0;
    }
```

```
        *item = L -> items[pos -1];
        for(i = pos;i < L -> length;i ++)      /*移动并删除指定数据元素*/
            L -> items[i -1] = L -> items[i];
        L -> length -- ;                       /*表长减一*/
        return 1;
    }
```

删除运算的主要操作是元素前移操作。移动的次数与删除位置 i 有关,即与输入有关。在最好情况下,即 i = n 时,元素移动的次数为 0 次;在最坏情况下,即 i = 1 时,元素移动的次数为 n - 1 次;一般情况下,假设在顺序表任何位置上删除数据元素的概率相等,即 $p_i = 1/n$,则元素平均移动次数为:

$$\sum_{i=0}^{n-1} p_i(n-i) = \frac{1}{n}\sum_{i=0}^{n-1}(n-i) = \frac{1}{2}(n-1)$$

可见从顺序表中删除一个元素,平均需要移动表中一半的数据元素。即在最坏情况下,删除运算的时间复杂度为 O(n)。

6. 查找指定元素在顺序表中的位置

对于给定的数据元素,如果在顺序表中能够找到与之相同的数据元素,则返回其在顺序表中的位置。如果顺序表中有多个与之相同的数据元素,则只返回首次找到的数据元素的位置。如果没有与之相同的数据元素,则返回查找失败的标志。更多的查找算法可参见第 8 章。

操作步骤如下:

① 判断所给顺序表是否为空表,若是空表,则返回,不需要查找;

② 从第一个元素起,依次进行比较;

③ 当找到与之相等的元素时,返回该元素在顺序表中的位序,若找遍整个顺序表都没有找到,则返回 0,表示查找失败。

算法 2 - 6　查找

```
int Find(SqList L,DataType item)
{/* L 为顺序表,item 为待查找的数据元素 */
    int pos = 0;
    if(ListEmpty(L))
    {
        printf("顺序表为空表,无法进行查找操作!");
        return 0;
    }
    while(pos < L.length && L.items[pos] != item) pos ++ ;
    if(pos < L.length)    return pos +1;
    else    return 0;
}
```

查找运算的主要操作是比较,比较的次数与被查找元素在表中的位置有关,即与输入有关。因此,只需求出最坏情况下的时间复杂度。在最坏情况下,需要比较 n 次,即查找运算的时间复杂度为 O(n)。

7. 获取顺序表中指定位置上的数据元素

根据位置信息来获取该位置上的数据元素值。

♨ **算法 2 - 7　取值**

```
int GetElem(SqList L,int pos,DataType * item)
{/* L 为顺序表,pos 为指定位置,item 用于返回找到的数据元素 */
    if(ListEmpty(L))      return 0;
    if(pos <= 0 || pos > L.length)
    {
        printf("位置信息输入不合法,请重新输入");
        return 0;
    }
    * item = L.items[pos - 1];
    return 1;
}
```

8. 遍历顺序表

访问线性表 L 中的每一个元素,并且每个元素只访问一次。

♨ **算法 2 - 8　遍历**

```
int TraverseList(SqList L)
{/* L 为顺序表 */
    int i;
    for(i = 0;i < L.length;i ++ ) printf("% d\t",L.items[i]);
    printf("\n");
    return 1;
}
```

【例 2 - 2】 已知一个含有 7 个数字的 Fibonacci 数列{0,1,1,2,3,5,8},请用一个顺序存储的线性表表示该数列,并从该顺序表中删除第 7 个元素。

【设计思路】灵活运用顺序表的各种操作,可以很容易地求得问题的解。使用算法 2 - 1 初始化顺序表,使用算法 2 - 4 向空表中依次插入元素,即可建立一个顺序表。然后,使用算法 2 - 5 从顺序表中删除元素。

【程序设计】

```
#include < stdio.h >
#define LISTSIZE 100
typedef int DataType;
typedef struct{
    DataType items[LISTSIZE];
    int length;
```

```
}SqList;

int main()
{
    int i;
    int data[7] = {0,1,1,2,3,5,8};
    DataType item;
    SqList fibo;
    printf("\n\n建立顺序表\n\n");
    InitList(&fibo);                /*使用算法 2 -1 初始化顺序表 */
    /*建立顺序表 */
    for(i = 0;i < 7;i + +)
    {
        if(!ListInsert(&fibo,i +1,data[i]))/*使用算法 2 -4 插入元素 */
        {
            printf("\n 运行错误!\n");
            return 0;
        }
    }
    printf("\n\n删除前的顺序表中的元素\n");
    TraverseList(fibo);             /*使用算法 2 -8 显示顺序表中的所有元素 */
    /*使用算法 2 -5 删除顺序表中的第 7 个元素 */
    if(!ListDelete(&fibo,7,&item))
    {
        printf("\n 运行错误!\n");
        return 0;
    }
    printf("\n\n删除后的顺序表中的元素\n");
    TraverseList(fibo);             /*使用算法 2 -8 显示顺序表中的所有元素 */
    return 1;
}
```

【运行结果】

建立顺序表

删除前的顺序表中的元素
0   1   1   2   3   5   8

删除后的顺序表中的元素
0   1   1   2   3   5

【例 2 -3】　设有一个顺序表 L。试编写一个算法,删除表中重复出现的元素。

【设计思路】从顺序表的第一个元素开始,依次向后查找是否存在与之相同的元素。若存在,则删除之,并把表长减一。然后,用相同方法依次检查后续元素。

【程序设计】

```
void Repetition(SqList * L)
{/* L 为指向顺序表的指针 */
    int i,j;
    DataType item;
    for(i = 0;i < L ->length;i ++)
    {
        j = i +1;
        /* 与顺序表第 i 个位置之后的所有元素进行比较,只要有相同元素即删除 */
        while(j < L ->length)
            if(L ->items[j] == L ->items[i])
                ListDelete(L,j +1,&item);/* 使用算法 2 - 5 删除数据元素 */
            else    j ++;
    }
}
```

【例 2 - 4】　设有一个顺序表 L。请编写一个算法,将 L 分拆为两个顺序表,使 L 中大于 0 的元素放于 LA 表中,其余元素放于 LB 表中。

【设计思路】遍历表 L,如果当前元素值大于 0,则把该元素插入到 LA 表中,否则插入 LB 表中。

【程序设计】

```
void Split(SqList L,SqList * LA,SqList * LB)
{/* L 为拆分前的顺序表,LA 和 LB 为指向拆分后的顺序表的指针 */
    int i;
    int posa = 1,posb = 1;
    InitList(LA);            /* 使用算法 2 - 1 初始化 LA */
    InitList(LB);            /* 使用算法 2 - 1 初始化 LB */
    for(i = 0;i < L.length;i ++)
    {
        /* 把 L 中大于 0 的元素插入到 LA 表中 */
        if(L.items[i] >0)
        {
            ListInsert(LA,posa,L.items[i]);/* 使用算法 2 - 4 插入元素 */
            posa ++;
        }
        /* 把 L 中其他元素插入到 LB 表中 */
        else
        {
            ListInsert(LB,posb,L.items[i]); /* 使用算法 2 - 4 插入元素 */
            posb ++;
        }
    }
}
```

2.3　链表

线性表除了可以用顺序存储结构来表示以外,还可以用链式存储结构来表示。链式存储结构与顺序存储结构不同的是:它不要求逻辑上相邻的数据元素在物理位置上也相邻,它通过指针来表示数据元素之间的逻辑关系。

2.3.1　单链表

1. 基本概念

线性表的链式存储结构是用一组地址任意的存储单元(这些存储单元的地址可以是连续的,也可以是不连续的)依次存储线性表中的各个数据元素。数据元素存储在链结点中,链结点由数据域和指针域组成,如图 2 - 6 所示。数据域用以存放数据元素自身的数据信息,指针域用以存放一个指示其直接后继存储位置的信息。

图 2 - 6　单链表的结点结构

具有 n 个数据元素的线性表对应的 n 个链结点通过链接方式链接成一个链表,即为线性表的链式存储结构。由于链表中每个链结点中仅包含一个指针域,故称这样的链表为线性链表或单链表。

用线性链表表示线性表时,数据元素之间的逻辑关系是通过结点中的指针表示的。因此,逻辑上相邻的两个数据元素其物理位置不要求相邻。

在实际应用中,人们更多关心的是线性表中数据元素之间的逻辑关系,而不是每一个数据元素在存储器中的存储位置。因此,常用如图 2 - 7 所示的形式表示线性链表。

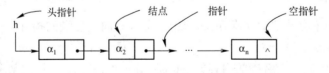

图 2 - 7　单链表的示意图

指向链表第一个结点的指针称为链表的头指针,如图 2 - 7 中的 h 所示。头指针标明链表的首地址,通过它可以存取整个链表。链表中,每个结点都通过它的指针域指向(图中以箭头表示)后继结点,但链表的最后一个结点的指针域为空(NULL),用于表示它是最后一个结点,在图中用“^”表示。链表中结点个数称为链表的长度。当链表为空表时,头指针为空,链表长度为 0。

2. 带头结点的单链表

在链表的第一个结点之前附设一个结点,称为头结点。其结构与链表中其他结点的结构相同,只是在头结点的数据域中不存放数据(当然可以存放如表长等附加信息),其指针域指向链表的第一个结点,如图 2 - 8 所示,其中,带阴影的结点为头结点。此时,链表的头指针指向头结点。

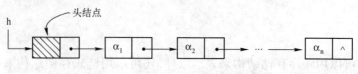

图 2-8 带头结点的单链表示意图

头结点的引入使得单链表的头指针永远不为空，从而给插入、删除等操作带来了方便。对于插入操作。当选用不带头结点的单链表时，如果在第一个结点之前插入一个新结点，则需要改变头指针的值，让其指向新插入的结点；而在其他位置插入时，不需要改变头指针的值，这样就使插入操作变得复杂了。当选用带头结点的单链表时，如果在第一个结点之前插入一个新结点，则不必要改变头指针的值，只需要改变头结点指针域的值，这与在其他位置的插入操作一样，从而简化了插入操作。

同样，对于删除操作，当选用不带头结点的单链表时，若要删除第一个结点，则需要改变头指针的值，让其指向新的第一个结点；而在其他位置删除时，不需要改变头指针的值，这样使删除操作变得复杂了。

当选用带头结点的单链表时，若要删除第一个结点，则不必要改变头指针的值，只需要改变头结点指针域的值，这与在其他位置的删除操作一样，从而简化了删除操作。

由此可见，带头结点的单链表只是付出了一个结点存储空间的代价，却使单链表的操作简化了许多。因此，带头结点的单链表比不带头结点的单链表使用得多。

3. 单链表的存储结构

用 C 语言描述的单链表的结点结构为：

```c
typedef struct Node{
    DataType data;
    struct Node *next;
}LNode, *PNode, *LinkList;
```

其中，data 域用于存放数据元素，next 域用于存放指向其后继的指针。LinkList 为头指针。

4. 单链表的基本操作

在基本操作中应该重点掌握的内容如下（h 为链表头指针，p 为指向某个结点的指针）：

☜ 检测单链表是否为空的条件。

带头单链表：h -> next == NULL

不带头单链表：h == NULL

☜ 是否遍历到链表尾的条件。

带头单链表：p -> next == NULL

不带头单链表：p -> next == NULL

☜ 指针后移。

p = p -> next

由于带头结点单链表使用得多，因此以下操作针对的是带头结点单链表。

（1）初始化单链表

初始化单链表就是构造一个空的单链表。即生成一个头结点，并用头指针指向它。

♨ 算法 2 - 9　初始化单链表

```
int InitList(LinkList *h)
{
    *h = (LinkList)malloc(sizeof(LNode));   /*生成头结点*/
    if(!h)
    {
        printf("初始化链表错误!\n");
        return 0;
    }
    (*h) ->next = NULL;                      /*头结点的指针域置为空*/
    return 1;
}
```

（2）求单链表中当前元素个数

求单链表元素个数就是求表长。从头指针开始,依次遍历整个链表。若链表为空,则返回 0,否则返回链表中的结点个数。算法的关键是判断是否遍历到链表尾,可以通过链结点的指针域是否为空来判断。

♨ 算法 2 - 10　求表长

```
int ListLength(LinkList h)
{/* h 为指向单链表的指针*/
    int total = 0;
    PNode p = h ->next;
    while(p)                                /*遍历单链表*/
    {
        total ++;                           /*计数器增一*/
        p = p ->next;                       /*指针后移*/
    }
    return total;
}
```

语句"p -> next"的含义:当 p -> next 出现在赋值运算符的左侧时,它表示由 p 指针所指的链结点的指针域;当 p -> next 出现在赋值运算符的右侧时,它表示由 p 指针所指的链结点的指针域的内容。

语句"p = p -> next"的含义:指针后移,即 p 指针指向其后继结点。

（3）判断单链表是否为空

对于带头结点的单链表,若头结点的指针域为空,则是空表;对于不带头结点的单链表,若头指针为空,则是空表。

♨ 算法 2 - 11　判表空

```
int ListEmpty(LinkList h)
```

```
{/* h 为指向单链表的指针 */
    if(h->next)            /* 头结点指针域为空 */
        return 0;
    else
        return 1;
}
```

（4）向单链表中插入数据元素

因为单链表通过指针表达线性表中数据元素之间的逻辑关系，所以在单链表的第 $i(1 \leqslant i \leqslant n+1)$ 个结点前插入一个新结点，只需要修改指针值，而不需要移动数据元素。

插入操作的示意图如图 2-9 所示，图中 p 指针指向第 i 个结点的前驱（第 i-1 个结点），q 指针指向被插入的新结点，h 为单链表的头指针。

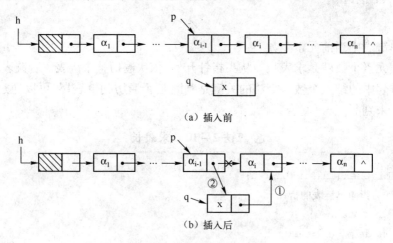

（a）插入前

（b）插入后

图 2-9 . 插入操作示意图

操作步骤如下：

① 依据结点的位序找到插入位置，并用指针 p 指向其前驱；

② 生成新结点 q，并把新元素值存放在 q 的数据域中；

③ 使 q 结点的指针域指向 p 结点的后继，即 q->next = p->next；

④ 使 p 结点的指针域指向 q 结点，即 p->next = q；

♨ 算法 2-12　插入

```
int ListInsert(LinkList h,int pos,DataType x)
{/* h 为指向单链表的指针,pos 为插入位置,x 为待插入数据元素 */
    PNode p = h,q;
    int i = 0;
    while(p && i < pos - 1)      /* 指针后移,寻找待插入结点的前驱 */
    {
        p = p->next;
        i++;
    }
```

```
    if(!p || i > pos -1){printf("插入位置不合法!\n");return 0;}
    q = (PNode)malloc(sizeof(LNode));              /*生成新结点 */
    if(!q){printf("不能生成新结点\n");return 0;}
    q -> data = x;
    q -> next = p -> next;                          /*第①步 */
    p -> next = q;                                  /*第②步 */
    return 1;
}
```

说明:算法中的第①步和第②步对应图 2 – 9 中的①和②。

插入运算的主要操作是比较,以寻找插入位置。比较的次数与插入位置 i 有关,即与输入有关。在最好情况下,即 i = 1 时,比较的次数为 0 次;在最坏情况下,即 i = n + 1 时,比较的次数为 n 次;一般情况下,假设在链表任何位置上插入数据元素的概率相等,即 $p_i = 1/(n+1)$,则比较的平均次数为:

$$\sum_{i=0}^{n} (p_i \times i) = \frac{1}{n+1} \sum_{i=0}^{n} i = \frac{n}{2}$$

因此,在链表中插入一个元素,平均需要和链表的一半结点进行比较。

在最坏情况下,插入运算的时间复杂度为 O(n)。

(5) 删除单链表中的元素

从单链表中删除数据元素就是删除单链表的第 $i(1 \leqslant i \leqslant n)$ 个结点。与插入操作相同,删除操作只需要修改指针值,而不需要移动数据元素。

删除操作的示意图如图 2 – 10 所示,图中 q 指针指向被删结点(第 i 个结点),p 指针指向其前驱(第 i – 1 个结点),h 为单链表的头指针。

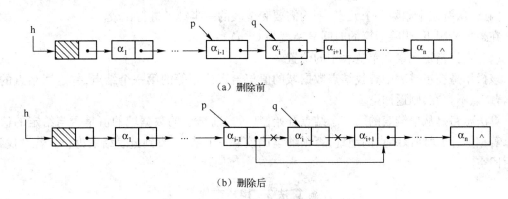

(a) 删除前

(b) 删除后

图 2 – 10　删除操作示意图

操作步骤如下:

① 依据结点的位序找到被删结点的前驱,并用指针 p 指向它;

② 用指针 q 指向被删结点;

③ 使 p 结点的指针域指向 q 结点的后继,即 p -> next = q -> next;

④ 释放被删结点 q,即 free(q)。

🔊 算法 2 – 13　　删除

```
int ListDelete(LinkList h,int pos,DataType * item)
{/* h 为指向单链表的指针,pos 为删除位置,item 用于返回被删数据元素 */
    PNode p = h,q;
    int i = 0;
    while(p -> next && i < pos - 1)    /* 寻找被删结点的前驱 */
    {
        p = p -> next;
        i ++;
    }
    if(!p -> next || i > pos - 1){printf("删除位置不合法!\n");return 0;}
    q = p -> next;                     /* 删除 */
    p -> next = q -> next;
    * item = q -> data;                /* 返回被删结点 */
    free(q);                           /* 释放被删结点 */
    return 1;
}
```

删除运算的主要操作是比较操作,以便找到要删除的结点。比较的次数与删除位置 i 有关,即与输入有关。在最好情况下,即 i = 1 时,比较的次数为 0 次;在最坏情况下,即 i = n 时,比较的次数为 n − 1 次;一般情况下,假设在链表任何位置上删除数据元素的概率相等,即 $p_i = 1/n$,则平均比较的次数为:

$$\sum_{i=0}^{n-1}(p_i \times i) = \frac{1}{n}\sum_{i=0}^{n-1}i = \frac{1}{2}(n - 1)$$

因此,从链表中删除一个元素,平均需要和链表的一半结点进行比较。

在最坏情况下,删除运算的时间复杂度为 O(n)。

(6) 查找指定元素在单链表中的位置

该操作是在单链表中查找结点数据域的值与给定值相等的第一个结点,并返回结点的地址;若结点不存在,则返回空。

算法思路是从单链表的第一个结点开始,判断当前结点的数据域的值是否与给定的值相等。若相等,则返回该结点的地址,否则继续比较下一个结点,直到链表结束为止。若没找到,则返回空。

🔊 算法 2 – 14　　查找

```
PNode Find(LinkList h,DataType item)
{/* h 为指向单链表的指针,item 为待查找的数据元素 */
    PNode p = h -> next;
    while(p && p -> data != item)    /* 查找 */
        p = p -> next;
    return p;
}
```

（7）获取单链表中指定位置上的数据元素

该操作根据位序信息获取单链表相应位置上的数据元素值。

♨ 算法 2 – 15 取值

```
int GetElem(LinkList h,int pos,DataType * item)
{/* h为指向单链表的指针,pos为指定位置,item用于返回数据元素值 */
    int i = 0;
    PNode p = h -> next;
    while(p && i < pos - 1)     /* 从头结点开始寻找 */
    {
        i ++;
        p = p -> next;
    }
    /* 未找到 */
    if(!p || i > pos - 1){printf("位置参数不合法!\n");return 0;}
    * item = p -> data;        /* 找到并返回 */
    return 1;
}
```

（8）销毁单链表

由于单链表的所有结点空间都是用 malloc( ) 函数动态分配的,因此必须使用 free( ) 函数予以释放,否则系统不会回收这部分内存空间。算法思路是从单链表的第一个结点开始,使用删除算法(算法 2 – 13)依次删除单链表中的每一个结点。

♨ 算法 2 – 16 销毁单链表

```
void DestroyList(LinkList h)
{/* h为指向单链表的指针 */
    PNode p = h -> next;
    while(h)
    {
        p = h;h = h -> next;free(p);
    }
}
```

（9）遍历单链表

该操作依次访问单链表中的所有结点,并且每个结点只被访问一次。

♨ 算法 2 – 17 遍历单链表

```
void TraverseList(LinkList h)
{/* h为指向单链表的指针 */
    PNode p = h -> next;
    while(p)
```

```
        {
            printf("% d \t",p ->data);
            p = p ->next;
        }
        printf("\n");
    }
```

【例 2 -5】 已知一个含有 7 个数字的 Fibonacci 数列{0,1,1,2,3,5,8},请用一个链式存储的线性表表示该数列,并从该链表中删除第 7 个元素。

【设计思路】灵活运用已经实现的单链表的各种操作,可以很容易地求得问题的解。使用算法 2 -9 初始化单链表,使用算法 2 -12 向空表中依次插入元素,即可建立一个单链表。然后,使用算法 2 -13 从单链表中删除元素。

【程序设计】

```
    #include "malloc.h"
    #include "stdio.h"
    typedef int DataType;
    typedef struct Node{
        DataType data;
        struct Node * next;
    }LNode, * PNode, * LinkList;
    int main(int argc, char * argv[])
    {
        int i;
        int data[7] = {0,1,1,2,3,5,8};
        DataType item;
        LinkList h = NULL;
        InitList(&h);                         /* 使用算法 2 -9 初始化单链表 */
        for(i = 0;i < 7;i ++)
        {
            if(!ListInsert(h,i +1,data[i]))  /* 使用算法 2 -12 插入元素 */
            {
                printf("插入操作出错!\n");
                return 0;
            }
        }
        printf("\n \n 删除前单链表中的数据元素 \n");
        TraverseList(h);                      /* 使用算法 2 -17 显示所有数据元素值 */
        if(!ListDelete(h,7,&item))            /* 使用算法 2 -13 删除数据元素 */
        {
            printf("删除操作出错!\n");
            return 0;
        }
```

```
        printf("\n\n 删除后单链表中的数据元素 \n");
        TraverseList(h);              /*使用算法 2 -17 遍历单链表 */
        DestroyList(h);               /*使用算法 2 -16 销毁单链表 */
        return 0;
    }
```

【运行结果】

删除前单链表中的数据元素

0　　1　　1　　2　　3　　5　　8

删除后单链表中的数据元素

0　　1　　1　　2　　3　　5

【例 2 - 6】　将不带头结点的单链表逆置,要求不能占用额外的空间。

【设计思路】从单链表的第一个结点开始,将链结点的指针由指向后继改为指向前驱。逆置过程见图 2 - 11,其中 q 指针指向被逆转结点,p 指针指向 q 的后继,r 指针指向 q 的前驱,逆置后 r 指针指向 q 的后继。

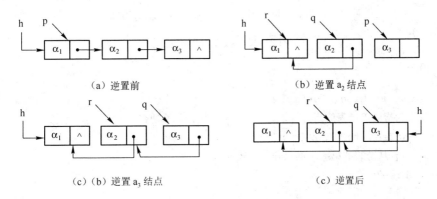

图 2 - 11　单链表逆置过程

【程序设计】

```
    void Reverse(LinkList * h)
    {/* h 为指向单链表指针的指针 */
        PNode p = * h,q = NULL,r;
        /* 依次逆置每一个结点 */
        while(p)
        {
            r = q;q = p;
            p = p -> next;
            q -> next = r;
        }
        * h = q;    /* 将最后一个结点置为新链表的第一个结点,并用头指针指向它 */
    }
```

【**例2-7**】 设有一个带头结点的单链表。试编写一个算法,删除表中重复出现的元素。

【设计思路】使用三个辅助指针 p、q 和 r。p 指针指向链表中的结点,q 指向 p 的后继结点,r 指向 q 的前驱。p 从链表的第一个结点开始向后遍历链表,每遍历一个结点,都与其后的所有结点(由 q 指针分别指向这些结点)一一进行比较,若有相同的,则删除。操作过程如图 2-12 所示。

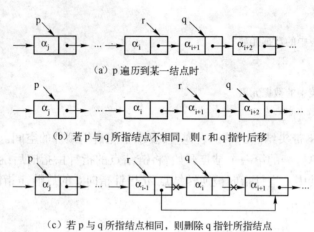

(a)p 遍历到某一结点时

(b)若 p 与 q 所指结点不相同,则 r 和 q 指针后移

(c)若 p 与 q 所指结点相同,则删除 q 指针所指结点

图 2-12 操作过程示意图

【程序设计】

```
void Repetition(LinkList h)
{/* h 为指向单链表的指针 */
    PNode p = h->next,q,r;
    /*p 从链表的第一个结点开始比较 */
    while(p)
    {
        /*q 从 p 的后继结点开始依次与 p 进行比较 */
        for(r = p,q = p->next;q!=NULL;q = q->next)
        {
            /*遇到重复元素则删除 */
            if(q->data ==p->data)
            {
                r->next =q->next;
                free(q);
                q =r;
            }
            else              /*遇到不重复元素则继续向后进行比较 */
                r =r->next;
        }
        p =p->next;
    }
}
```

2.3.2 循环链表

循环链表是链表的又一种形式。它的特点是链表中的最后一个结点的指针域不为空,而是指向头结点,从而使整个链表形成一个环。循环链表也分为带头结点的循环链表和不带头结点的循环链表。如图2－13所示为一个带头结点的单循环链表。

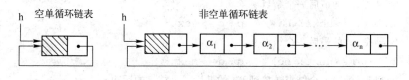

图2－13　单循环链表

循环链表的优点在于从表中任一结点出发均可找到其他结点。

带头结点单循环链表的存储结构与单链表一样,其操作也基本一致,不同之处如下。

↳ 检测链表是否为空的方法不同。

单链表:h －> next == NULL

单循环链表:h －> next == h

↳ 判断是否遍历到链表尾的条件不同。

单链表:p －> next == NULL

单循环链表:p －> next == h

↳ 建立空链表的操作不同。

单链表:h －> next = NULL

单循环链表:h －> next = h

【例2－8】　有一个长度大于1的不带头结点的单循环链表,已知p为指向链表中某个结点的指针,但不知道链表的头指针。请编写一个算法,删除p的直接前驱结点。

【设计思路】从p开始遍历链表,直至找到p的前驱结点,然后用删除算法删除之。

【程序设计】

```
void DeletePrior(PNode p)
{
    PNode q, r;                /* r为p的前驱,q为r的前驱 */
    q = p;
    /* 寻找p的前驱结点的前驱q */
    while( q ->next ->next !=p)
        q = q ->next;
    r = q ->next;
    q ->next = r ->next;        /* 删除p的前驱r */
    free(r);
}
```

【例2－9】　有两个带头结点的单循环链表ha和hb。请编写一个算法,将链表hb链接到链表ha之后,且链接后的链表仍然是循环链表。

【设计思路】先找到链表ha的最后一个结点,并把hb的第一个结点链接到该结点的后边。然后,找到 hb 的最后一个结点,使之与 ha 构成循环链表。

【程序设计】

```
void Link(LinkList ha,LinkList hb)
{/* ha 和 hb 为指向待合并单链表的指针 */
    PNode p = ha, q = hb;
    /* 寻找 ha 的最后一个结点 */
    while(p -> next != ha)     p = p -> next;
    /* 寻找 hb 的最后一个结点 */
    while(q -> next != hb)     q = q -> next;
    /* 把 hb 的第一个结点链接到 ha 的最后一个结点的后边 */
    p -> next = hb -> next;
    free(hb);              /* 释放 hb 的头结点 */
    q -> next = ha;          /* 构成循环链表 */
}
```

2.3.3　双向链表

1.　基本概念

双向链表是链表的又一种形式。它的特点是每个结点中既有指向后继的指针域,又有指向前驱的指针域。图 2 – 14 所示为双向链表的链结点结构示意图。每个结点中包括三个域,data 域为数据域,prior 域为指向前驱结点的指针域,next 域为指向后继结点的指针域。

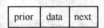

图 2 – 14　双向链表的链结点结构

与单链表类似,双向链表也分为带头结点的双向链表和不带头结点的双向链表,也可以分为双向循环链表和非双向循环链表,还可以分为带头结点的双向循环链表和不带头结点的双向循环链表。图 2 – 15 所示为带头结点的双向链表,图 2 – 16 所示为带头结点的双向循环链表。

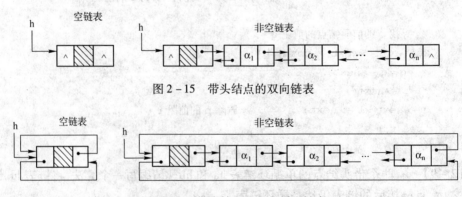

图 2 – 15　带头结点的双向链表

图 2 – 16　带头结点的双向循环链表

从图中可以看出,双向链表具有对称性,即 p -> prior -> next == p == p -> next -> prior。

使用双向链表的好处是可以顺着结点的 prior 域逆向扫描链表,可以很容易找到结点的前驱,从而简化许多操作。而单链表或循环单链表的扫描都是从左到右进行的,即顺着结点的 next 域所指的方向进行。它们最大的缺陷是不能逆向扫描链表,找一个结点的前驱必须遍历表才行。例如,有一份成绩单,按成绩由高到低的次序排列。假设某位同学想知道谁比他成绩好,如果能够逆向扫描表,则该操作很容易实现。

2. 双向链表的存储结构

用 C 语言描述的双向链表的结点结构如下:

```
typedef struct Node{
    DataType data;
    struct Node * prior;
    struct Node * next;
}DNode, * PDNode, * DLinkList;
```

其中,data 域用于存放数据元素,prior 域用于存放指向其前驱的指针,next 域用于存放指向其后继的指针。

3. 双向链表的基本操作

在双向链表中,插入操作和删除操作与单链表有差异。因为这些操作需要修改两个方向的指针。下面以带头结点双向循环链表为例讲解其基本操作。

(1)初始化双向链表

初始化双向链表就是构造一个空的双向链表。即生成一个头结点,并用头指针指向它。

愈算法 2 - 18 初始化双向链表

```
DLinkList InitList()
{
    DLinkList h;
    h = (DLinkList)malloc(sizeof(DNode));/*生成头结点*/
    if(!h){printf("初始化链表错误!\n");return 0;}
    h -> next = *h;                 /*头结点的后继域指向头结点*/
    h -> prior = *h;                /*头结点的前驱域指向头结点*/
    return h;
}
```

(2)向双向链表中插入数据元素

该操作在双向链表的第 i(1≤i≤n)个结点前插入一个新结点。

设 p 指针指向第 i 个结点,q 指针指向被插入的新结点,h 为双向链表的头指针。插入操作的示意图如图 2 - 17 所示。

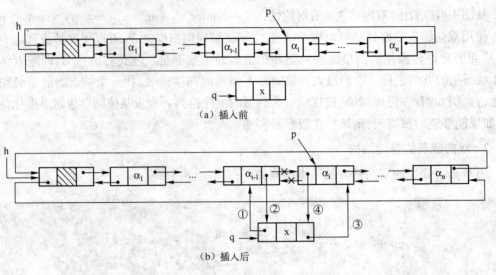

图 2 - 17　插入操作的示意图

♨ 算法 2 - 19　　插入

```
int ListInsert(DLinkList h,int pos,DataType x)
{/* h 为指向双向链表的指针,pos 为插入位置,x 为待插入的数据元素 */
    PDNode p = h -> next ,q;
    int i = 0;
    while(p != h && i < pos - 1)               /* 寻找插入结点 */
    {
        p = p -> next;
        i ++;
    }
    /* 未找到插入位置 */
    if(p == h || i > pos - 1){printf("插入位置不合法!\n");     return 0;}
    q = (PDNode)malloc(sizeof(DNode));     /* 生成新结点 */
    if(!q){printf("插入操作出错!\n");return 0;}
    q -> data = x;
    q -> prior = p -> prior;                   /* 第①步 */
    p -> prior -> next = q;                    /* 第②步 */
    q -> next = p;                             /* 第③步 */
    p -> prior = q;                            /* 第④步 */
    return 1;
}
```

算法中的第①步、第②步、第③步和第④步对应图 2 - 17 所示的①、②、③和④。

(3) 删除双向链表中的元素

从双向链表中删除数据元素就是删除双向链表的第 i(1≤i≤n) 个结点。

设 p 指针指向被删结点(第 i 个结点),h 为双向链表的头指针。删除操作的示意图如图 2 - 18所示。

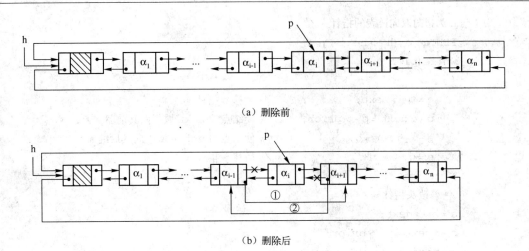

（a）删除前

（b）删除后

图 2 - 18　删除操作的示意图

♨ 算法 2 – 20　删除

```
int ListDelete(DLinkList h,int pos,DataType * item)
{/* h 为指向双向链表的指针,pos 为删除位置,item 用于返回被删数据元素 */
    PDNode p = h -> next ;
    int i = 1;
    while(p -> next != h && i < pos)      /* 寻找被删结点的前驱 */
    {
        p = p -> next;
        i ++ ;
    }
    if(p -> next == h || i > pos)         /* 未找到被删结点 */
    {
        printf("删除位置不合法!\n");
        return 0;
    }
    * item = p -> data;                   /* 返回被删数据元素 */
    p -> prior -> next = p -> next;       /* 第①步 */
    p -> next -> prior = p -> prior;      /* 第②步 */
    free(p);                              /* 释放被删结点 */
    return 1;
}
```

算法中的第①步和第②步对应图 2 - 18 所示的①和②。

【例 2 – 10】　请编写一个将双向循环链表逆置的算法。

【设计思路】依次使每个结点的 next 域指向该结点的前驱,prior 域指向该结点的后继。

【程序设计】

```
void Reverse(DLinkList h)
```

```
{/* h 为指向双向链表的指针 */
    PDNode p = h ->next ,q;
    while(p!=h)
    {
        q = p ->next;                    /* 后移 q 指针 */
        p ->next = p ->prior;            /* 使结点的 next 域指向其前驱 */
        p ->prior = q;                   /* 使结点的 prior 域指向其后继 */
        p = q;                           /* 后移 p 指针 */
    }
    /* 修改头指针 */
    q = h ->next;
    h ->next = p ->prior;
    h ->prior = q;
}
```

【例 2 -11】　请编写一个将单循环链表改为双向循环链表的算法。

【设计思路】通过后继指针链遍历链表,同时建立前驱指针链。

【程序设计】

```
void ModifyList (DLinkList h)
{/* h 为指向双向链表的指针 */
    PDNode p = h ->next, q;
    p ->prior = h;                       /* 建立第一个结点的前驱域 */
    /* 建立其他结点的前驱域 */
    while(p!=h)
    {
        q = p ->next;                    /* q 指针后移,且 q 是 p 的后继 */
        q ->prior = p;                   /* 建立前驱指针链 */
        p = q;                           /* p 指针后移 */
    }
}
```

2.3.4　静态链表

1. 基本概念

静态链表是一类比较特殊的链表。它用数组存放线性表中的元素,但并不按数组下标依次存放,而是给每个数组元素增加一个"指针"域,用来存放下一个数据元素在数组中的位置(数组下标),从而构造一个用数组实现的链表,这种链表称为静态链表。

所谓静态,是指申请结点的内存空间不是动态的,而是静态的。这里的"指针"并不是真正意义上的指针,而是数组的下标,因此也称为游标。静态链表利用游标来模拟链表的指针,使得插入和删除操作不需要移动数据元素,仅需修改游标,故仍具有链式存储结构的主要优点。图 2 -19 所示为一个静态链表的例子。

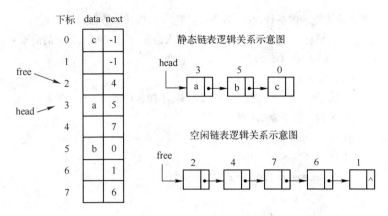

图 2 - 19   静态链表示例

其中,head 为静态链表的头指针,指示第一个结点的下标。表尾结点的游标域的值为 - 1。free 为空闲链表的头指针。

在实现静态链表时,链表中的结点和未被使用的结点在同一个数组中。为了区分二者,解决方法是将所有未被使用过以及被删除的结点用游标链成一个空闲链表,每当进行插入操作时便可从空闲链表上取得第一个结点作为待插入的新结点;反之,进行删除操作时,把从链表中删除下来的结点链接到空闲链表上。

2. 静态链表的存储结构

使用 C 语言描述的静态链表如下:

```
#define STATICSIZE 100
typedef struct Node{
    DataType data;
    int next;
}SNode, * PSNode;
typedef struct List{
    int head;
    int length;
    SNode items[STATICSIZE];
    int free;
    int flen;
}* SLinkList;
```

其中,Node 为结点结构,data 为数据域,next 为游标域。List 为静态链表结构,head 为静态链表的头指针,length 为静态链表的表长,items 为存放结点的数组,free 为空闲链表的头指针,flen 为空闲链表的表长。

3. 静态链表的基本操作

这里仅实现一个插入操作,其他操作就不一一列举了。

♨ **算法 2 - 21 插入**

int ListInsert(SLinkList h,int pos,DataType x)

```
{/* h 为指向静态链表的指针,pos 为插入位置,x 为待插入数据元素 */
    /* r,p,q 为游标,p 指向新结点,q 指向插入位置,r 指向插入位置的前驱 */
    int r = h -> head, p, q;
    int i = 0;
    if(!h -> flen){    printf("链表已满,不能进行插入操作");    return 0;}
    /* 查找插入位置的前驱 r */
    while(h -> items[r].next != -1 && i < pos - 1)
    {
        r = h -> items[r].next;
        i ++;
    }
    if(h -> items[r].next == -1 || i > pos - 1)/* 未找到插入位置 */
    {
        printf("插入位置不合法!");
        return 0;
    }
    /* 从空闲链表中取下一个结点作为新结点 p */
    p = h -> free;
    h -> free = h -> items[h -> free].next;
    h -> flen - - ;
    h -> items[p].data = x;                      /* 给新结点的数据域赋值 */
    /* 插入新结点 p */
    q = h -> items[r].next;
    h -> items[r].next = p;
    h -> items[p].next = q;
    return 1;
}
```

2.4　顺序表与链表的比较

　　线性表可以用顺序表和链表来表示,那么究竟采用哪种存储结构较好? 通过以下的比较就可以获得答案。

1. 顺序存储结构优缺点

(1) 优点

↳ 比较简单。

↳ 可以实现随机存取,存取速度快。

↳ 每个结点只需存储元素本身信息,不需额外空间。

(2) 缺点

↳ 需要占用一片连续的存储空间,并且需要事先估计存储空间的大小。如果空间分配得太大,有可能用不完从而造成浪费。如果空间分配得小,又有可能不够用。

↳ 做插入和删除操作时,需要移动大量的元素,效率较低。

2. 链式存储结构优缺点

（1）优点

◇ 不需要占用连续的存储空间，其存储空间是动态分配的，在使用链表前不用事先估计存储空间的大小。

◇ 在插入和删除操作时，不需要移动大量元素。虽然链表的插入和删除操作的时间复杂度与顺序表的插入和删除操作一样，都是 O(n)。但一个是比较操作，一个是移动操作。显然二者所花费的时间不可同日而语。

（2）缺点

◇ 操作算法较复杂。

◇ 不能随机存取。一般情况下，查找结点要从头指针开始，遍历链表。

◇ 需要额外空间来表示元素间的关系，空间代价较高。

3. 结论

通过二者优缺点的比较，可以得到以下结论。

◇ 顺序存储结构比较适合于线性表的长度不经常发生变化，不经常进行插入和删除操作，经常进行存取和查询操作。

◇ 链式存储结构比较适合于线性表的长度不可预知，需要频繁进行插入和删除操作。

2.5 综合实例——文具店的货品管理

【问题描述】

在文具店的日常经营过程中，存在对各种文具管理问题。当库存文具不足或缺货时，需要进货。日常销售时，需要出库。当盘点货物时，需要查询货物信息。请根据这些要求编写软件完成库存文具的管理功能。

【问题分析】

通过对问题的抽象，文具信息和文具分类信息可以用表 2 - 1 和表 2 - 2 来表示。可见文具信息和文具分类信息在逻辑上具有线性的关系，因此可以使用线性表来解决这个问题。由于文具信息变动较大，应该使用链式存储结构进行表示和实现。而文具分类信息变动不大，可以使用顺序存储结构进行表示和实现。

表 2 - 1 文具信息

文具名称	文具类别	文具数量
钢笔	1	400
日记本	2	2000
计算器	3	50

表 2 - 2 文具分类信息

文具类别号	文具类别名
1	文具
2	纸张
3	工具

【问题实现】

1. 数据结构设计

```
/*文具分类信息的结构*/
typedef struct{
    int SortNumber;          /*文具分类号*/
    char SortName[10];       /*文具分类名*/
```

```
}DataType,SortType;

typedef struct {
    SortType items[LISTSIZE];
    int length;
} SqList;
typedef SqList SortList;          /*文具分类顺序表*/

/*文具信息的结构*/
typedef struct{
    int SortNumber;               /*文具分类号*/
    char StockName[10];           /*文具名称*/
    int amount;                   /*文具数量*/
}StockType;

typedef struct Node{              /*结点*/
    StockType data;
    struct Node *next;
}LNode,*PNode,*LinkList;

typedef LinkList StockList;       /*文具链表*/
```

2. 操作实现

(1) 初始化文具分类顺序表

```
int CreateSortList(SortList * SL)
{
    int i,num = 0;
    SortType sty;
    /*使用顺序表的 InitList 操作初始化顺序表*/
    /*为了区分单链表的同名函数,把顺序表的 InitList 函数名改为 InitList_Sq*/
    InitList_Sq(SL);
    printf("请输入文具类别总数:\n");
    scanf("% d",&num);
    for(i = 0;i < num;i ++)
    {
        printf("请输入文具分类号:\n");
        scanf("% d",&sty.SortNumber);
        printf("请输入文具分类名称:\n");
        scanf("% s",&sty.SortName);
        /*使用顺序表的 Insert 操作在顺序表中插入结点*/
        /*为了区分单链表的同名函数,把顺序表的 ListInsert 函数名改为 Insert_Sq*/
        ListInsert_Sq(SL,i +1,sty);
    }
```

```
    printf("\nOK...\n");
    return 1;
}
```

首先使用 InitList( )函数创建顺序表,然后输入文具分类信息,最后使用 ListInsert( )函数把文具分类数据元素插入顺序表中。

（2）初始化文具链表

```
int CreateStockList(StockList  * SL)
{
    int i,num = 0;
    StockType sty;
    /* 使用单链表的 InitList 操作初始化单链表 */
    if(!InitList(SL))
    {
        printf("创建错误\n");
        return 0;
    }
    printf("请输入文具总数:\n");
    scanf("% d",&num);
    for(i = 0;i < num;i ++ )
    {
        printf("请输入文具分类号:\n");
        scanf("% d",&sty.SortNumber);
        printf("请输入文具名称:\n");
        scanf("% s",&sty.StockName);
        printf("请输入文具数量:\n");
        scanf("% d",&sty.amount);
        /* 使用单链表的 Insert 操作在单链表中插入结点 */
        Insert( * SL,i +1,sty);
    }
    printf("\nOK...\n");
    return 1;
}
```

首先使用 InitList( )函数创建单链表,然后输入文具信息,最后使用 ListInsert( )函数把文具数据元素插入链表中。

（3）文具入库

如果该文具存在,则修改其数量,如果该文具不存在,则插入到文具链表中。

```
int AddStock(StockList SL)
{
    StockType sty;
    int pos = 0;
```

```
PNode p = SL ->next;
printf("请输入文具分类号:\n");
scanf("% d",&sty.SortNumber);
printf("请输入文具名:\n");
scanf("% s",&sty.StockName);
printf("请输入文具数量:\n");
scanf("% d",&sty.amount);
while(p)
{
    /*如果该文具存在,则修改其数量*/
    if(!strcmp(p ->data.StockName,sty.StockName))
    {
        p ->data.amount + = sty.amount;
        break;
    }
    p = p ->next;
    pos ++;
}
/*如果该文具不存在,则插入到文具链表中*/
if(!p)
    Insert(SL,pos +1,sty);
printf("\nOK...\n");
return 1;
}
```

（4）文具出库

如果出库数量大于库存数量,则从链表中删除该文具;否则,只修改该文具的数量。

```
int RemoveStock(StockList SL)
{
    StockType sty;
    PNode p = SL ->next;
    int pos =0;
    printf("请输入文具名:\n");
    scanf("% s",&sty.StockName);
    printf("请输入出库数量:\n");
    scanf("% d",&sty.amount);
    while(p && strcmp(p ->data.StockName,sty.StockName))
    {
        p = p ->next;
        pos ++;
    }
    /*修改该文具的数量*/
    p ->data.amount - = sty.amount;
```

```
        /* 如果出库数量大于库存数量,则从链表中删除该文具 */
        if(p -> data.amount <= 0)
            Delete(SL,pos + 1,&sty);
        printf("\nOK...\n");
        return 1;
    }
```

(5) 查询文具信息

根据文具分类号查询指定类别的所有文具信息。

```
    int QueryStock(StockList SL)
    {
        int no;
        PNode p = SL -> next;
        printf("请输入文具分类号:\n");
        scanf("% d",&no);
        //查询出所有该文具分类号的文具信息
        printf("\nNumber     StockName     amount \n");
        while(p)
        {
            if(p -> data.SortNumber == no)
            {
                printf("% d \t",p -> data.SortNumber);
                printf("% s \t",p -> data.StockName);
                printf("% d \t",p -> data.amount);
                printf("\n");
            }
            p = p -> next;
        }
        return 1;
    }
```

(6) 显示文具信息

```
    void DispStock(StockList SL)
    {
        PNode p = SL -> next;
        printf("\nNumber StockName amount \n");
        while(p)
        {
            printf("% d \t",p -> data.SortNumber);
            printf("% s \t",p -> data.StockName);
            printf("% d \t",p -> data.amount);
            printf("\n");
            p = p -> next;
```

```
            }
        }
```

（7）添加新文具类别

```
    int AddSort(SortList *L)
    {
        SortType st;
        printf("请输入文具分类号:\n");
        scanf("% d",&st.SortNumber);
        printf("请输入文具分类名:\n");
        scanf("% s",&st.SortName);
        if(!ListInsert_Sq(L,L->length+1,st))
            return 0;
        printf("\nOK...\n");
        return 1;
    }
```

3. 主函数

```
    int main(int argc, char * argv[])
    {
        int choice;
        StockList SL;
        SortList L;
        do
        {
            printf("\n          文具店货品管理系统            \n");
            printf("\n-------------主菜单-------------------\n");
            printf("      (1) 设置文具分类表...        \n");
            printf("      (2) 初始化文具表...          \n");
            printf("      (3) 文具入库...          \n");
            printf("      (4) 文具出库...          \n");
            printf("      (5) 查询文具信息...         \n");
            printf("      (6) 显示文具信息...          \n");
            printf("      (7) 添加新文具类别...          \n");
            printf("      (0) 退出系统...          \n");
            printf("\n 请选择(1,2,3,4,0):");
            scanf("% d",&choice);
            if(choice<0 && choice>7) continue;
            switch(choice)
            {
            case 1:CreateSortList(&L);break;      /*初始化文具分类顺序表*/
            case 2:CreateStockList(&SL);break;    /*初始化文具表*/
            case 3:AddStock(SL);break;            /*文具入库*/
```

```
            case 4:RemoveStock(SL);break;           /*文具出库*/
            case 5:QueryStock(SL);break;            /*查询文具信息*/
            case 6:DispStock(SL);break;             /*显示文具信息*/
            case 7:AddSort(&L);break;               /*添加新文具类别*/
            case 0:exit(0);                         /*退出主程序*/
            default:break;
            }
        }while(1);
    return 0;
    }
```

运行结果如图 2 – 20 所示。

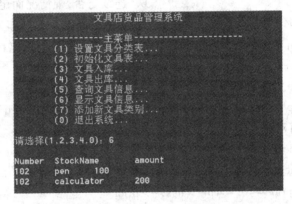

图 2 – 20　运行结果

2.6　习题

一、单项选择题

1. 线性表的(　　)元素没有直接后继。

A. 第一个　　　　　B. 最后一个　　　　C. 所有　　　　　D. 没有

2. 以下为线性表的是(　　)。

A. 由 n 个正整数组成的集合　　　　　B. 由 26 个英文字母组成的序列

C. 所有整数组成的序列　　　　　　　D. 链表

3. 若线性表采用顺序存储结构,每个元素占用 2 个存储单元,第 1 个元素存储地址为 400,则第 11 个元素的存储地址是(　　)。

A. 400　　　　　　B. 410　　　　　　C. 420　　　　　D. 422

4. 已知长度为 n 的线性表采用顺序存储结构,现在想要在第 i 个位置插入一个新的数据元素,则 i 的可能取值为(　　)。

A. $0 \leqslant i \leqslant n$　　　B. $1 \leqslant i \leqslant n$　　　C. $0 \leqslant i \leqslant n+1$　　D. $1 \leqslant i \leqslant n+1$

5. 若长度为 n 的非空线性表采用顺序存储结构,则删除表中第 i 个数据元素需要从前向后依次前移(　　)个元素。

A. $n-i$　　　　　B. $n-i+1$　　　　C. n　　　　　D. i

6. 在非空单链表中,删除 p 指针所指结点的直接后继,需要执行( )。

A. p -> next = p -> next -> next;free(p);

B. q = p -> next -> next;p -> next = q;free(p);

C. q = p -> next;p -> next = q -> next;free(q);

D. q = p -> next;q -> next = p;free(q);

7. 已知带头结点的单循环链表的头指针为 h,则判断该链表为空的条件是( )。

A. h -> next == NULL   B. h -> next != NULL

C. h -> next == h   D. h -> next != h

8. 双向链表中的每一个结点所占用的存储空间( )。

A. 是连续的   B. 数据域是连续的,指针域可以不连续

C. 是不连续的   D. 连续与否,视情况而定

9. 从带头双向循环链表中删除 p 指针所指结点的后继结点的操作为( )。

A. q = p -> next;q -> next = p -> next; p -> next -> prior = q;free(p);

B. p -> prior -> next = p -> next;p -> next -> prior = p;free(q);

C. q = p -> next;p -> prior -> next = q;q -> prior = p;free(q);

D. q = p -> next;p -> next = q -> next;q -> next -> prior = p;free(q);

10. 双向链表具有对称性,是指( )。

A. p -> prior -> next == p == p -> next -> next

B. p -> prior -> next == p == p -> next -> prior

C. p -> prior -> prior == p == p -> next -> prior

D. p -> prior -> prior == p == p -> next -> next

11. 若线性表的主要操作是在最后一个元素之后插入一个元素或删除最后一个元素,则采用( )存储结构最节省运算时间。

A. 单链表   B. 双链表   C. 单循环链表   D. 顺序表

12. 已知两个长度分别为 m 和 n 的升序链表,若将它们合并为一个长度为 m + n 的降序链表,则最坏情况下的时间复杂度是( )。(2013 年考研题)

A. O(n)   B. O(m×n)   C. O(min(m,n))   D. O(max(m,n))

13. 若对 n(n > 1)个元素组成的线性表只做 4 种运算,即删除第一个元素,删除最后一个元素,在第 1 个元素前插入新元素,在最后一个元素之后插入新元素,则使用( )较好。

A. 只有尾指针没有头指针的单循环链表

B. 只有尾指针没有头指针的非双向循环链表

C. 只有头指针没有尾指针的双向循环链表

D. 既有头指针也有尾指针的单循环链表

14. 以下有关链表的说法中,错误的是( )。

A. 对具有头指针和尾指针的单链表执行删除最后一个元素的操作与链表的长度有关

B. 对于循环链表来说,从任意一个结点出发,都可以遍历整个链表

C. 对于双链表来说,寻找结点的前驱和后继都比较容易

D. 对于静态链表来说,可以随机存取结点中的数据

15. 在静态链表中,指针表示的是( )。

A. 数据域　　　　B. 数组下标　　　　C. 内存地址　　　　D. 下一元素地址

二、填空题

1. 线性表常用的两种存储结构分别是_____和_____。

2. 在长度为 n 的顺序表中, 插入一个新元素平均需要移动表中_____个元素, 删除一个元素平均需要移动_____元素。

3. 在长度为 n 的顺序表的表头插入一个新元素的时间复杂度为_____, 在表尾插入一个新元素的时间复杂度为_____。

4. 在长度为 n 的顺序表中, 若删除 i 位置处的元素, 则 i 的可能取值范围为_____。

5. 线性表的顺序存储结构通过_____来反映数据元素之间的逻辑关系, 链式存储结构通过_____来反映数据元素之间的逻辑关系。

6. 已知一个指针 p 指向非空不带头单链表的某一个结点, 若 p 满足条件"p -> next！ = NULL", 则 p 指向单链表的_____结点。

7. 在双向链表中, 若要求在 p 指针所指的结点之前插入指针 s 所指的结点, 则需执行语句: s -> prior = _____; _____ = s; s -> next = p; p -> prior = s;

8. 循环链表的操作与单链表的操作基本一致, 但其判断链表是否为空或是否遍历到链表尾的条件不是 p -> next 是否为空, 而是 p -> next 是否等于_____。

9. 若 p 指针指向不带头双向循环链表的某个结点, 则判断该链表只有一个结点的条件是_____。

10. 在静态链表中, 结点之间的逻辑关系通过_____来表示。

三、问答题

1. 链表的头指针、头结点、第一个结点有什么不同?

2. 在顺序表中插入和删除元素为什么要移动元素?

3. 与不带头链表相比, 带头链表的优点是什么?

4. 在单链表、单循环链表和双向链表中, 只知道 p 指针指向某结点, 但不知道链表头指针, 问能否在该结点前插入新结点? 请说明理由。

5. 请画出对图 2 - 21 所示的单链表执行以下操作后的结果。

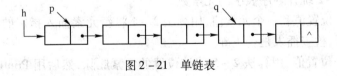

图 2 - 21　单链表

```
while(p -> next！ = q) p = p -> next;

p -> next = q -> next;

free(q);
```

四、算法设计题

1. 设有一个顺序表 L, 请编写一个算法将其逆置。要求逆置后的顺序表仍占用原表的空间, 并且算法中只能多占用一个额外空间。

2. 设有一个顺序表 L, 请编写一个算法求第 i 个元素的后继结点的值。

3. 已知一个按元素递增有序排列的顺序表 L, 请编写一个算法将值为 value 的元素插入 L

中,且保持顺序表仍然有序。

4. 设有一个顺序表 L,请编写一个算法删除顺序表中数据域的值为 value 的元素。

5. 已知头指针为 h 的单链表,请编写一个算法删除从第 i 个结点开始的连续 n 个结点。

6. 已知一个不带头单链表,编写一个算法将该单链表复制一个拷贝。

7. 已知头指针 h1 和 h2 分别指向两个单链表的头结点,且已知单链表的长度分别为 m 和 n。试编写一个算法将这两个链表连接在一起。

8. 试编写一个算法将单循环链表逆置,要求不能增加新结点。

9. 编写一个算法,将一个头指针为 ha 的单链表 A 分解成两个单链表 B 和 C,使得 B 中含有 A 中序号为偶数的结点,C 中含有 A 中序号为奇数的结点。分解后,头指针 ha 指向 B 链表,头指针 hb 指向 C 链表。

10. 已知一个带头结点的单链表,结点结构为 | data | link |。假设该链表只给出了头指针 list。在不改变链表的前提下,请设计一个尽可能高效的算法,查找链表中倒数第 k(k 为正整数)个位置上的结点。若查找成功,算法输出该结点的 data 域的值,并返回 1;否则,只返回 0。(2009 年考研题)

2.7 实验

【实验 2 - 1】 线性表的顺序表示及实现。

1. 实验目的

(1) 掌握线性表的概念。

(2) 掌握线性表的顺序存储结构定义。

(3) 熟练运用 C 语言实现顺序表的基本操作。

(4) 在掌握顺序表基本操作的基础上,能够用顺序表解决简单问题。

2. 实验内容

(1) 定义一个顺序表,并输入 10 个整数,作为顺序表中的元素。然后编写一个函数 PrintList 输出表中的所有元素。

(2) 用算法 2 - 2 统计顺序表中的元素数。

(3) 输入一个位置值和一个元素值,用算法 2 - 4 将新元素插入指定的位置,然后输出顺序表中的所有元素,检查插入是否正确。

(4) 输入一个位置值,用算法 2 - 5 将该位置的元素删除,然后用 PrintList 输出表中的所有元素。

3. 选作

已知雇员记录定义如下:

```
struct employee{
    int id;
    int age;
    float salary;
};
```

其中,id 为雇员号,age 为雇员年龄,salary 为雇员工资。要求如下:

（1）输入以下数据，并保存于顺序表中。

```
1      30      2000
10     25      1250
30     20      1000
50     28      1582.5
51     41      2350
```

（2）编写函数 PrintByAge 输出指定年龄的所有记录。

（3）查找是否存在雇员号为 30 的记录，并输出结果。

（4）在雇员号为 50 的记录前插入一个新记录。

【实验 2 - 2】 线性表的链式表示及实现。

1. 实验目的

（1）掌握线性表的链式存储结构定义。

（2）熟练运用 C 语言实现链表的基本操作。

2. 实验内容

（1）定义一个链表，并输入 6 个整数，作为链表中的元素。然后编写一个函数 PrintList 输出表中的所有元素。

（2）输入一个位置值，用算法 2 - 13 将该位置处的结点删除，然后用 PrintList 输出表中的所有元素，以检测删除算法是否正确。

（3）输入一个位置值和一个元素值，用算法 2 - 12 将新元素插入指定的位置，然后输出链表中的所有元素，检查插入是否正确。

（4）用算法 2 - 16 清除链表中的所有结点，每删除一个结点都输出该结点值。

3. 选作

已知结点结构如下：

```
struct grade{
    int id;
    float score;
};
```

其中，id 为学号，score 为某门课程的分数。要求如下：

（1）输入以下数据，并将它们保存到一个单链表中。

```
101      85
103      90.5
105      55
104      73
```

（2）找到学号为 103 的记录，修改其成绩为 91。

（3）找到成绩不及格的记录并删除。

第3章 栈和队列

栈和队列是受限的线性表,它们与线性表的逻辑结构完全相同,所不同的是线性表允许在任何位置进行插入和删除操作,而栈只允许在一端进行插入和删除操作;队列只允许在一端进行插入操作,在另一端进行删除操作。

由于栈和队列使用非常广泛,因此,把栈和队列从线性表中分离出来,单独作为一章来介绍。

本章主要介绍栈和队列的基本概念及其特性,栈和队列在两种存储结构下基本操作的实现。

3.1 栈的定义及操作

3.1.1 栈的定义

栈是限定只能在一端进行插入和删除的线性表。允许进行插入和删除操作的一端称为栈顶,另一端称为栈底。为了操作方便,通常用一个栈顶指针 top 指示栈顶位置。在栈顶进行的插入操作称为入栈或进栈,在栈顶进行的删除操作称为出栈或退栈。如图 3-1 所示。

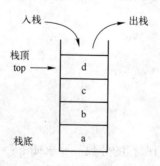

图 3-1 栈示意图

当栈中没有数据元素时,称为空栈。

栈的特点是"后进先出"(Last In First Out,LIFO),即后入栈的元素先出栈。因此栈又称为后进先出的线性表。下面通过例 3-1 体会一下栈的特点。

【例 3-1】 已知一个列车编组站如图 3-2(a)所示。现在有编号为 1、2、3 的车厢进入编组站,希望编组后的车厢序号为 3、2、1,请给出具体操作过程。

解:

用车头依次把车厢 1、2、3 拉入编组站,如图 3-2(b)和图 3-2(c)所示。然后,再用车头依次把车厢从编组站中拉出到左端的铁轨上,如图 3-2(d)和图 3-2(e)所示。此时,车厢次序已由1、2、3变为3、2、1。这个编组站就相当于栈,进入编组站就相当于入栈,出编组站就相当于出栈。

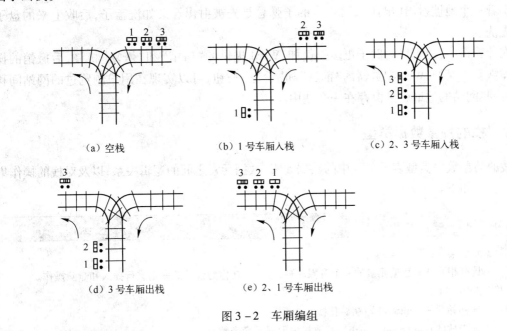

（a）空栈　　　　　　　（b）1号车厢入栈　　　　　　（c）2、3号车厢入栈

（d）3号车厢出栈　　　　　　　　（e）2、1号车厢出栈

图3-2　车厢编组

【例3-2】 已知数据元素序列为(a,b,c,d),请给出数据元素顺序入栈后的栈状态,以及数据元素 c 和 d 出栈后的栈状态。

解:

操作过程及栈的状态如图3-3所示。图中箭头表示栈顶指针 top 所指位置,即栈顶。图3-3(a)表示一个空栈;图3-3(b)表示元素 a 入栈后的状态;图3-3(c)表示元素 b 入栈后的状态;图3-3(d)表示元素"c,d"依次入栈后的状态;图3-3(e)表示元素 d 出栈后的状态;图3-3(f)表示元素 c 出栈后的状态。

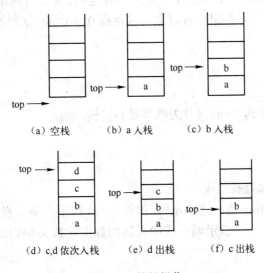

（a）空栈　　　（b）a 入栈　　　（c）b 入栈

（d）c,d 依次入栈　　　（e）d 出栈　　　（f）c 出栈

图3-3　栈的操作

实际上,在日常生活中还有许多栈的例子。例如子弹夹,在装填子弹时,子弹是一个接着一个地压入弹夹中(入栈),后压入的子弹总是在弹夹的上端,而射击时子弹又从弹夹的顶端一个接着一个地被射出(出栈),后压入的子弹总是先被射出。又如洗盘子,后收上来的盘子总是先洗。

在计算机中,使用栈的例子更多。例如,Word 提供的"撤销"和"恢复"机制,后撤销的操作先被恢复。又如,Web 浏览器的"前进"和"后退"按钮,可以实现在用户浏览过的网站间移动,而这些网站的地址就是保存在一个栈中。

3.1.2　栈的抽象数据类型

栈的抽象数据类型表示了栈中的数据元素、数据元素之间的逻辑关系,以及对栈的操作集合。其定义如下。

ADT Stack

数据元素集合:

　　具有相同性质数据元素的一个有限序列,且只能在称为栈顶的一端进行插入和删除操作。

基本操作:

　　↳ 初始化栈(InitStack):初始化栈

　　↳ 求栈的长度(StackLength):获取栈中数据元素个数

　　↳ 入栈(Push):在栈顶插入新的数据元素

　　↳ 出栈(Pop):删除栈顶数据元素

　　↳ 取栈顶元素(GetTop):获取栈顶的数据元素值

　　↳ 判栈空(StackEmpty):判断所给的栈是否为空栈

　　↳ 清空栈(ClearStack):清空栈

　　↳ 销毁栈(DestroyStack):销毁栈

对于抽象数据类型 Stack,其操作并不仅仅只有这些,这里所列出的只是一些基本操作。有了基本操作以后,可以由它们组合或派生出其他操作。例如,复制栈、合并栈、拆分栈等,这里就不一一列举了。

3.2　顺序栈

根据所采用的存储结构不同,栈分为顺序栈和链栈。

3.2.1　顺序栈的定义

栈的顺序存储表示称为顺序栈。

与顺序表类似,可以用一维数组表示栈,用指针 top 指示栈顶元素在顺序栈中的位置。如图 3-4 所示,"$\alpha_0,\alpha_1,\alpha_2,\alpha_3$"表示顺序栈中存储的数据元素,STACKSIZE 表示顺序栈的最大存储单元数。

图 3 - 4 顺序栈

使用 C 语言描述的顺序栈如下：

```
#define STACKSIZE 100
typedef struct{
    DataType items[STACKSIZE];
    int top;
}SqStack;
```

其中,top 表示栈顶指针,它是一个整型变量,用于存放数组的下标,而不是真正的指针(存储单元的地址)。其取值范围为 -1 ~ STACKSIZE -1。当 top 等于 -1 时,表示空栈;当 top 等于 STACKSIZE -1 时,表示满栈。

STACKSIZE 为初始时顺序栈的最多元素个数。

3.2.2 顺序栈的基本操作

1. 初始化顺序栈

初始化顺序栈就是构造一个空的顺序栈,只需要把栈顶指针置为 -1 即可。

♨算法 3 -1 初始化顺序栈

```
int InitStack(SqStack * S)
{/* S 为指向顺序栈的指针 */
    S->top = -1;
    return 1;
}
```

其中,函数参数 S 为一个指向顺序栈的指针。这是因为在函数中,需要改变顺序栈 top 域的值,如果不是指针类型就不能改变实参的值。

2. 判断顺序栈是否为空

判断是否空栈,只需判断栈顶指针是否为 -1。若为 -1,则是空栈,算法返回 1;若不为 -1,则不是空栈,算法返回 0。

♨算法 3 -2 判空栈

```
int StackEmpty(SqStack S)
{/* S 为顺序栈 */
    if(S.top == -1)
        return 1;
    else
```

```
    return 0;
    }
```

3. 入栈

入栈操作如图 3 – 5 所示。

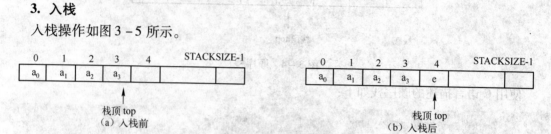

图 3 – 5　入栈操作示意图

操作步骤如下：

① 判断所给顺序栈是否已满,若满则产生上溢出错误,退出算法;否则执行第②步;

② 栈顶指针增一,指向新的栈顶位置;

③ 将新元素置于栈顶。

♨ 算法 3 – 3　入栈

```
int Push(SqStack * S,DataType e)
{/* S 为指向顺序栈的指针,e 为待入栈的数据元素 */
    if(S -> top >= STACKSIZE - 1)
    {
        printf("栈已满,不能完成入栈操作!\n");
        return 0;
    }
    S -> top ++;
    S -> items[S -> top] = e;
    return 1;
}
```

4. 出栈

出栈操作如图 3 – 6 所示。

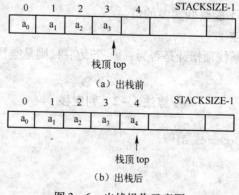

图 3 – 6　出栈操作示意图

操作步骤如下：

① 判断所给顺序栈是否为空,若空则产生下溢出错误,退出算法;否则执行第②步;

② 栈顶元素出栈;

③ 栈顶指针减一,指向新的栈顶位置。

♨算法 3-4　出栈

```
int Pop(SqStack *S,DataType *e)
{/* S 为指向顺序栈的指针,e 用于返回出栈元素 */
    if(S->top <= -1)
    {
        printf("堆栈已空,不能完成出栈操作!\n");
        return 0;
    }
    *e = S->items[S->top];
    S->top--;
    return 1;
}
```

5. 取栈顶元素

该操作只是获取栈元素的值,栈顶元素并不出栈。因此,与出栈操作的区别是栈顶指针并不减一。

♨算法 3-5　取栈顶元素

```
int GetTop(SqStack S,DataType *e)
{/* S 为顺序栈,e 用于返回栈顶元素 */
    if(S.top <= -1)
    {
        printf("栈已空,不能完成取栈顶元素操作!\n");
        return 0;
    }
    *e = S.items[S.top];
    return 1;
}
```

【例 3-3】　已知两个顺序栈共享一个存储空间,试设计栈的存储结构,以及入栈和出栈算法。

【设计思路】这是一个典型的两个栈共享同一空间的问题。为了尽量利用空间,减少溢出的可能,可以采用"栈顶相向,迎面增长"的存储方式,即将共享空间的两端作为两个栈的栈底,两个栈的栈顶都向共享空间的中间伸展,直到两个栈的栈顶指针相遇,才认为发生了溢出。对于第 1 个栈,当栈顶指针取值为 -1 时为栈空,入栈时栈顶指针增 1,出栈时栈顶指针减 1;对于第 2 个栈,当栈顶指针取值为存储空间最大值时为栈空,入栈时栈顶指针减 1,出栈时栈顶指针增 1。当两个栈的栈顶指针相遇时,为栈满。

【程序设计】

```
#define STACKSIZE 100
typedef int DataType;
typedef struct
{
    DataType items[STACKSIZE];
    int top[2];
}DualStack;

int Push(DualStack *S,DataType e,int port)
{/* 入栈算法,port 用于指定使用哪个栈,0 为第 1 个栈,1 为第 2 个栈 */
    if(S->top[0]+1>=S->top[1])
    {
        printf("栈已满,不能进行入栈操作!\n");
        return 0;
    }
    if(port==0)
        S->top[0]++;
    else
        S->top[1]--;
    S->items[S->top[port]]=e;
    return 1;
}


int Pop(DualStack *S,DataType *e,int port)
{/* 出栈算法 */
    if(S->top[0]==-1 || S->top[1]==STACKSIZE)
    {
        printf("栈空,不能进行出栈操作!\n");
        return 0;
    }
    *e=S->items[S->top[port]];
    if(port==0)
        S->top[0]--;
    else
        S->top[1]++;
    return 1;
}
```

【例 3-4】　已知有 n 个元素"1,2,3,…,n"入栈,出栈后得到的输出序列是"$p_1,p_2,p_3,…,p_n$",若 p_1 为 3,则 p_2 的值为(　　)。

A. 一定是 1　　　　B. 不可能是 1　　　　C. 一定是 2　　　　D. 以上都不对

解：

如果第一个出栈的是3,则一定是"1,2,3"依次入栈,因此第二个出栈的不可能是1。如果"1,2,3"依次入栈后,出栈3,那么第二个出栈的不一定是2,比如入栈4,再出栈4。

答案：B

【例3-5】　试设计阶乘的递归和非递归算法。

【设计思路】递归函数在执行时分成调用和返回两个部分。在实现递归时,要设立一个递归工作栈。每当调用函数时,将参数、返回地址等数据入栈。在多次调用后满足递归结束条件时,需要逐层返回。返回次序与调用次序相反,即后调用先返回,正好符合堆栈的特性,这样每次返回时只需要将栈顶数据出栈即可。例如,计算3!,需要调用 fact(3)→fact(2)→fact(1)→fact(0),此时满足递归结束条件 n==0,开始逐层返回,即返回 1→1*fact(1)=1→2*fact(2)=2→3*fact(3)=6。在明白递归调用基本原理以后,就可以利用堆栈实现将递归算法转化为非递归算法。

【程序设计】

递归算法：

```
long fact(long n)
{
    long num;
    if(n==0)
        return 1;
    num = n * fact(n-1);
    return num;
}
```

非递归算法：

```
long fact(long n)
{
    int e;
    long num = 1;
    SqStack sta;
    InitStack(&sta);
    if(n==0)
        return 1;
    Push(&sta,n);
    e = n;
    while(e! =1)
    {
        Pop(&sta,&e);
        num * = e;
        Push(&sta,e-1);
        GetTop(sta,&e);
    }
```

```
        return num;
    }
```

3.3 链栈

3.3.1 链栈的定义

栈的链式存储表示称为链式栈,简称链栈。

与链表类似,可以用线性链表实现链式栈。栈中每一个元素用一个链结点表示,每个结点由一个数据域和一个指针域组成。其中,数据域用来存放数据元素,指针域用来表示元素之间的逻辑关系。同时附设一个指针 top,用来指示栈顶元素所在结点的存储位置。如图3-7所示,图中靠近 top 指针的一端定义为栈顶,远离 top 指针的一端定义为栈底。

链式栈可以有头结点,也可以没有头结点。图3-7表示的是一个带头结点的链式栈。对于带头结点的链式栈,当头结点的指针域为空时,表示空栈。对于不带头结点的链式栈,栈为空的条件是栈顶指针 top 为空。本书以带头结点链栈为例讲解链栈的基本操作,不带头结点链栈可参见例3-6。

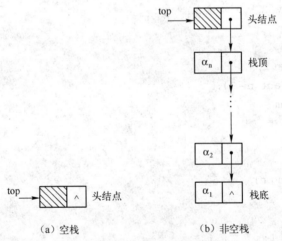

（a）空栈 （b）非空栈

图3-7 链栈示意图

使用 C 语言描述的带头结点链式栈如下:

```
typedef struct SNode{
    DataType data;
    struct SNode * next;
}SNode, *LinkStack;
```

3.3.2 链栈的基本操作

1. 初始化链栈

初始化链栈就是构造一个空的链栈。空链栈就是只含头结点的链栈,因此先生成头结点,然后,让 top 指针指向头结点。

♨ 算法 3 – 6 初始化链栈

```
int InitStack(LinkStack *top)
{
    *top = (LinkStack)malloc(sizeof(SNode));
    if(*top == NULL){printf("初始化链栈出错!\n");return 0;}
    (*top)->next = NULL;
    return 1;
}
```

其中,函数参数 top 为指向栈顶指针的指针。因为初始化链栈时,必须改变链栈头指针的值,而头指针的值发生改变应该反映到实参上,实参也应跟随改变。

2. 判断链栈是否为空

判断是否空栈,只需判断头结点的指针域是否为空。若为空,则是空栈,算法返回 1;若不为空,则不是空栈,算法返回 0。

♨ 算法 3 – 7 判断空栈

```
int StackEmpty(LinkStack top)
{
    if(top->next == NULL)
        return 1;
    else
        return 0;
}
```

3. 入栈

入栈操作如图 3 – 8 所示。

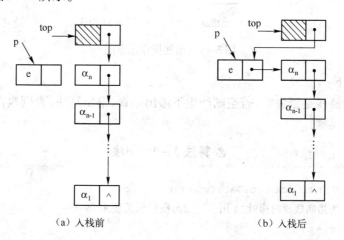

（a）入栈前　　　　　　　　　　（b）入栈后

图 3 – 8 入栈操作示意图

操作步骤如下:

① 生成新结点;

② 在栈顶位置插入新结点。

♨ 算法 3 – 8　入栈

```
int Push(LinkStack top,DataType e)
{/* top 为指向栈顶的指针,e 为待插入数据元素 * /
    SNode * p;
    p = (SNode * )malloc(sizeof(SNode));        /*生成新结点 * /
    if(!p){printf("入栈操作出错!\n");return 0;}
    p ->data = e;
    p ->next = top ->next;                      /* 在栈顶位置插入新结点 * /
    top ->next = p;
    return 1;
}
```

4. 出栈

出栈操作如图 3 – 9 所示。

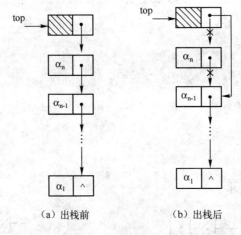

（a）出栈前　　　　　　（b）出栈后

图 3 – 9　出栈操作示意图

操作步骤如下：
① 判断所给链栈是否为空,若空则产生下溢出错误,退出算法;否则执行步骤②;
② 删除栈顶元素。

♨ 算法 3 – 9　出栈

```
int Pop(LinkStack top,DataType * e)
{/* top 为指向栈顶的指针,e 用于返回出栈数据元素 * /
    SNode * p;
    if(!top ->next)
    {
        printf("栈已空,无法完成出栈操作!\n");
        return 0;
```

```
    }
    p = top ->next;
    top ->next = p ->next;              /* 删除栈顶结点 */
    *e = p ->data;
    free(p);                            /* 释放被删结点所占的内存空间 */
    return 1;
}
```

5. 取栈顶元素

该操作获取栈顶元素的值,但栈顶元素并不出栈。

♨ 算法 3 - 10　取栈顶元素

```
int GetTop(LinkStack top,DataType *e)
{/* top 为指向栈顶的指针,e 用于返回栈顶数据元素 */
    SNode *p;
    if(!top ->next)
    {
        printf("栈已空,无法完成取栈顶元素操作!\n");
        return 0;
    }
    p = top ->next;
    *e = p ->data;
    return 1;
}
```

6. 销毁链栈

由于链栈中的结点都是动态申请的,因此必须有与之相配的释放所申请内存空间的操作。其操作过程是,从头结点开始依次删除所有结点,如图 3 - 10 所示。

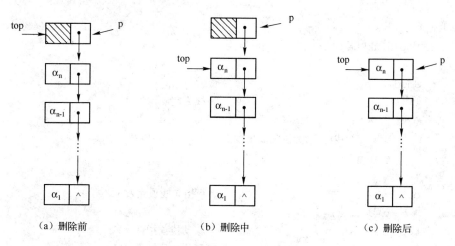

(a) 删除前　　　　　　(b) 删除中　　　　　　(c) 删除后

图 3 - 10　删除一个结点

♨ 算法 3 – 11　销毁链栈

```
int Destroy(LinkStack top)
{
    SNode * p;
    while(top)                /* 依次删除所有结点 */
    {
        p = top;
        top = top -> next;
        free(p);
    }
    return 1;
}
```

【例 3 – 6】　若有一个不带头结点的链式栈,请设计其入栈和出栈算法。

【设计思路】与带头结点的链式栈区别是:不带头结点的链式栈为空的条件是栈顶指针为空;入栈操作后,需要移动栈顶指针使其指向新的栈顶;出栈操作后,需要移动栈顶指针使其指向新的栈顶。

【程序设计】

```
int Push(LinkStack * top,DataType e)
{
    SNode * p;
    p = (SNode * )malloc(sizeof(SNode));
    if(!p){printf("入栈操作出错!\n");return 0;}
    p -> data = e;
    p -> next = * top;               /* 插入 */
    * top = p;                       /* 移动栈顶指针 */
    return 1;
}

int Pop(LinkStack top,DataType * e)
{
    SNode * p;
    if(!top)                         /* 栈为空 */
    {
        printf("栈已空,无法完成出栈操作!\n");
        return 0;
    }
    p = top;                         /* p 指向栈顶元素 */
    * e = p -> data;
    top = top -> next;               /* 移动栈顶指针 */
    free(p);                         /* 释放栈顶结点 */
    return 1;
}
```

3.4 队列的定义及操作

3.4.1 队列的定义

队列是限定在一端进行插入,在另一端进行删除的线性表。

队列中允许插入一端称为队尾。通常用一个队尾指针 rear 指示队尾位置。队列中允许删除的一端称为队头。通常用一个队头指针 front 指示队头位置,如图 3－11 所示。

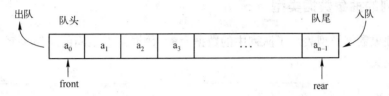

图 3－11 队列示意图

在队尾插入元素的操作称为入队。在队头删除元素的操作称为出队。入队时,只涉及队尾指针的变化;出队时,只涉及队头指针的变化。

当队列中没有数据元素时,称为空队。

队列的特点是"先进先出"(First In First Out,FIFO),即先入队的元素先出队。因此队列又被称为先进先出的线性表。

【例 3－7】 从 2007 年 10 月至 2007 年 12 月,北京奥运会门票采取先到先得策略销售。已知王一在 10 月 1 日 0 点 01 分在奥运会票务网站上提交了申请,刘东在 0 点 10 分提交了申请,李林在 1 点整提交了申请,张维在 1 点 30 分提交了申请。最终王一和刘东如愿获得了奥运门票。请用队列把这一过程描述出来。

解:

提交申请即进入票务系统的队列中,当有票时,肯定是排在队列前面的申请先获得门票。获得门票后,王一和刘东就从队列中出队了,其操作如图 3－12 所示。图 3－12(a)表示一个空队;图 3－12(b)表示王一入队(提交申请)后的状态;图 3－12(c)表示刘东入队后的状态;图 3－12(d)表示李林和张维入队后的状态;图 3－12(e)表示王一出队(获得门票)后的状态;图 3－12(f)表示刘东出队后的状态。

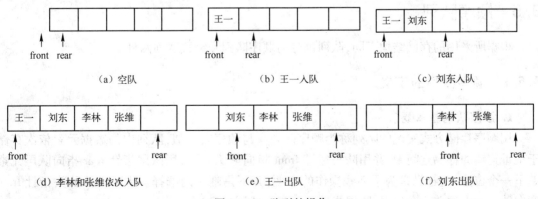

图 3－12 队列的操作

实际上,在日常生活中还有许多队列的例子。例如,排队上车、高速公路收费站前等待出高速公路的一排汽车、运动场上等待检录的一队运动员、医院里等待看病的病人、预订球票的一打订单等,乘客、汽车、运动员、病人、订单都是从队尾进入队列,第一个进入队列的第一个得到服务,然后从队头离开。

在计算机中,使用队列的例子更多。例如,在打印时,打印缓冲区就维护一个队列,使得先来的打印任务先被打印。又如,操作系统的作业调度,实行的就是先来先服务原则。再如,Windows 为每个进程维护的消息队列。

3.4.2　队列的抽象数据类型

队列的抽象数据类型表示了队列中的数据元素、数据元素之间的逻辑关系及对队列的操作集合。其定义如下。

ADT Queue
数据元素集合: 　　具有相同性质数据元素的一个有限序列,且只能在称为队尾的一端进行插入操作和在队头的一端进行删除操作。 基本操作: 　　↳ 初始化队列(InitQueue):初始化队列 　　↳ 求队列长度(QueueLength):获取队列中数据元素个数 　　↳ 入队(EnQueue):在队尾插入新的数据元素 　　↳ 出队(DeQueue):删除队头的数据元素 　　↳ 取队头元素(GetHead):获取队头的数据元素值 　　↳ 判队空(QueueEmpty):判断所给的队列是否为空队列 　　↳ 清空队列(ClearQueue):清空队列 　　↳ 销毁队列(DestroyQueue):销毁队列

对于抽象数据类型 Queue,其操作并不仅仅只有这些,这里所列出的只是一些基本操作。有了基本操作以后,可以由它们组合或派生出其他操作。例如,合并队列、拆分队列等,这里就不一一列举了。

3.5　顺序队列

根据所采用的存储结构不同,队列也分为顺序队列和链式队列两种。

3.5.1　顺序队列的定义

1. 顺序队列基本概念

用顺序存储方式实现的队列称为顺序队列。与顺序表类似,队列中的数据元素依次存储于地址连续的存储空间中,并用队头指针 front 指向队头元素,用队尾指针 rear 指向队尾元素的下一个位置(这样做是为了某些操作的方便,并不是唯一的选择。也可以让队头指针 front 指向队头元素的前一个位置,队尾指针 rear 指向队尾元素)。

入队操作步骤:新元素插入队尾指针所指的位置;队尾指针增一,指向新的位置。

出队操作步骤:队头元素出队;队头指针增一。

使用 C 语言描述的顺序队列如下:

```
#define QUEUESIZE 100
typedef struct{
    DataType items[QUEUESIZE];
    int front,rear;
}SqQueue;
```

其中,front 表示队头指针,rear 表示队尾指针,都是整型变量,用于存放数组的下标,而不是真正的指针(存储单元的地址)。其取值范围为 0 ~ QUEUESIZE – 1。

初始建队时,令 front = rear = 0。

QUEUESIZE 为初始时顺序队列的最多元素个数。

2. 顺序队列的"溢出"问题

由于顺序存储方式的特点,顺序队列会产生溢出问题。当队满时若进行入队操作,就会产生空间的溢出,称为"上溢出";当队空时若进行出队操作,也会产生空间的溢出,称为"下溢出"。

除此之外,顺序队列还有"假溢出"问题。随着对队列的插入和删除操作,整个队列向数组中下标较大的位置移动。当移动到数组中下标最大的位置后,队列的空间就用尽了。此时,即使数组下标较小的位置处还有空闲空间,也不能进行入队操作,这种现象叫作"假溢出",如图 3 – 13 所示。队列通过入队和出队操作后,达到图 3 – 13(d)所示状态,此时队尾指针已经超出队列存储空间的范围,不能再通过队尾插入新的元素,但队列并没有满,从而产生"假溢出"。

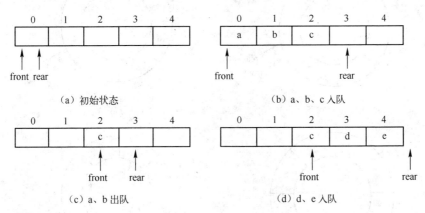

图 3 – 13　假溢出

可以通过移动队列中的元素解决该问题,即在每次出队时将整个队列中的元素向前移动一个位置,或在发生"假溢出"时将整个队列中的元素向前移动,但这种做法会引起大量元素的移动,因此该方法并不实用。较实用的方法是采用循环队列解决"假溢出"问题。

3. 循环队列基本概念

为了解决"假溢出"问题,可以把队列的首尾相连,形成一个环,即允许队列直接从数组中下标最大的位置前进到下标最小的位置,这就是循环队列,如图 3 – 14 所示。

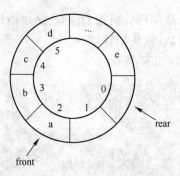

图 3 - 14　循环队列

　　当然,这个环是一个逻辑环,可以通过队头、队尾指针的运算实现。当队头或队尾指针到达 QUEUESIZE - 1 单元后,若队头或队尾指针增一,可通过以下运算使队头或队尾指针指向 0 号单元,即由队尾指向队头。

```
front = (front + 1) % QUEUESIZE
rear = (rear + 1) % QUEUESIZE
```

　　下面看一个循环队列的例子,如图 3 - 15 所示。图 3 - 15(a)为循环队列的初始状态,此时 front = rear = 0,为空队;图 3 - 15(b)为入队 a、b、c、d 后队列的状态,此时 front = 0, rear = 4;图 3 - 15(c)为出队 a,入队 e、f、g、h、i 后队列的状态,此时 front = rear = 1;图 3 - 15(d)为出队 b、c、d、e、f、g、h、i 后队列的状态,此时 front = rear = 1。

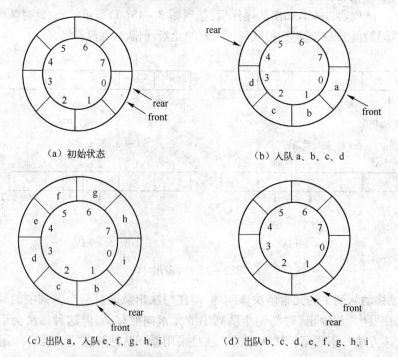

(a) 初始状态　　　　　　　　　　　(b) 入队 a、b、c、d

(c) 出队 a,入队 e、f、g、h、i　　　　(d) 出队 b、c、d、e、f、g、h、i

图 3 - 15　循环队列的操作

4. 如何区分循环队列是队空还是队满的问题

从图 3 - 15 可以看出,无论队空还是队满,都存在"front == rear",即队空和队满的条件相同。因此设计算法时无法区分队空和队满情况。解决该问题有以下 3 种方法。

（1）设置一个标志位

设置一个标志位 tag，用于标识前一个操作是入队操作，还是出队操作。初始时，把标志位 tag 置为 0；执行入队操作后，把标志位置为 1；执行出队操作后，把标志位置为 0。

因为只有出队操作才能使队空，所以当 front == rear，并且 tag ==0 时，表示队空。

因为只有入队操作才能使队满，所以当 front == rear，并且 tag ==1 时，表示队满。

（2）设置一个计数器

设置一个计数器 count，用于计数队列中的元素数，同时还能起到标志位的作用。初始时，把计数器 count 置为 0；执行入队操作后，使计数器 count 增一；执行出队操作后，使计数器 count 减一。

当计数器 count ==0 时，表示队空。

当计数器 count >0，并且 front == rear 时，表示队满。

（3）少用一个存储空间

当 rear == front 时，表示队空。

当队尾指针 rear 加 1 等于队头指针 front 时，表示队满，如图 3 - 16 所示。即队满的条件为：(rear +1)% QUEUESIZE == front。

此时，队尾指针 rear 所指的存储空间始终保持为空。这样通过损失一个存储空间从而解决队满和队空条件一致的矛盾。

在这三种方法中，显然第 3 种方法的时间效率较高，因此本书采用此方法区分循环队列是队空还是队满。

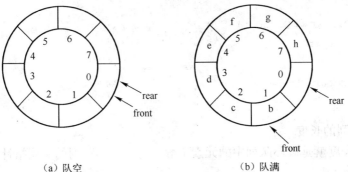

（a）队空　　　　　　　　（b）队满

图 3 - 16　循环队列队空队满状态

3.5.2　顺序队列的基本操作

由于循环队列解决了假溢出问题，因此以下主要讨论循环队列的基本操作。使用 C 语言描述的循环队列如下：

```
#define QUEUESIZE 100
typedef struct{
    DataType items[QUEUESIZE];
    int front,rear;
}SqQueue;
```

其中, front 表示队头指针, rear 表示队尾指针。

1. 初始化循环队列

初始化循环队列就是构造一个空的循环队列, 只需要把队头和队尾指针置为 0 即可。

♨ 算法 3 – 12　初始化循环队列

```
int InitQueue(SqQueue *Q)
{
    Q -> front = 0;
    Q -> rear = 0;
    return 1;
}
```

其中, 函数参数 Q 为指向循环队列的指针, 之所以使用指针是因为在函数中需要改变循环队列 front 和 rear 域的值。

2. 判断循环队列是否为空

循环队列为空的条件是: front == rear。当满足该条件时, 循环队列是空队列, 算法返回 1; 当不满足该条件时, 不是空队列, 算法返回 0。

♨ 算法 3 – 13　判断空队

```
int QueueEmpty(SqQueue Q)
{
    if(Q.rear == Q.front)
        return 1;
    else
        return 0;
}
```

3. 求循环队列的长度

循环队列的长度就是循环队列中的元素个数。可用循环队列的头尾指针的差来求解。

♨ 算法 3 – 14　队列长度

```
int QueueLength(SqQueue Q)
{.
    return(Q.rear - Q.front + QUEUESIZE)% QUEUESIZE;
}
```

注: 表达式中加上 QUEUESIZE, 是为了保证队列长度不为负值。对于循环队列来说, 队头和队尾指针的位置通常有三种情况, 如图 3 – 17 所示。

图 3 – 17(a) 和图 3 – 17(b) 所示的情况, 相当于 (Q. rear – Q. front)% QUEUESIZE + QUEUESIZE% QUEUESIZE。

图 3 – 17(c) 所示的情况, 相当于 ((QUEUESIZE – Q. front) + Q. rear)% QUEUESIZE。

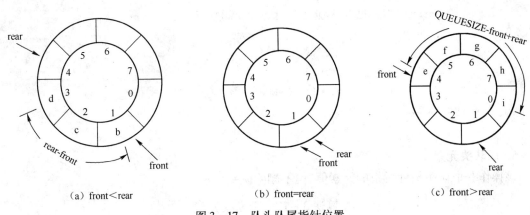

图 3 - 17　队头队尾指针位置

4. 入队

入队就是在队尾插入新的元素。其操作步骤如下：

① 判断所给循环队列是否已满，若满则产生上溢出错误，算法结束；否则执行步骤②；

② 将新元素插入队尾指针所指的位置；

③ 队尾指针增一，指向新的队尾位置。

♨ 算法 3 - 15　入队

```
int EnQueue(SqQueue * Q,DataType e)
{
    if((Q -> rear +1)% QUEUESIZE == Q -> front)
    {
        printf("队列已满,不能完成入队操作!\n");
        return 0;
    }
    Q -> items[Q -> rear] = e;
    Q -> rear = (Q -> rear +1)% QUEUESIZE;
    return 1;
}
```

5. 出队

出队就是删除队头指针所指元素。其操作步骤如下：

① 判断所给循环队列是否为空，若空则产生下溢出错误，算法结束；否则执行步骤②；

② 删除队头指针所指元素，并赋值给指定的变量；

③ 队头指针增一，指向新的队头位置。

♨ 算法 3 - 16　出队

```
int DeQueue(SqQueue * Q,DataType * e)
{
    if(Q -> front == Q -> rear)
    {
```

```
        printf("队列已空,不能完成出队操作!\n");
        return 0;
    }
    *e = Q->items[Q->front];
    Q->front = (Q->front +1)% QUEUESIZE;
    return 1;
}
```

6. 取队头元素

该操作获取队头指针所指的元素值,但不删除队头元素。

♨算法 3 – 17　取队头元素

```
int GetHead(SqQueue Q,DataType *e)
{
    if(Q.front ==Q.rear)
    {
        printf("队列已空,不能完成出队操作!\n");
        return 0;
    }
    *e = Q.items[Q.front];
    return 1;
}
```

7. 遍历队列

该操作依次访问队列中的所有元素,并且每个元素只被访问一次。

♨算法 3 – 18　遍历队列

```
int TraverseQueue(SqQueue Q)
{
    int pos;
    pos = Q.front;
    while((pos +1)% QUEUESIZE <= Q.rear)
    {
        printf("% d\t",Q.items[pos]);
        pos ++;
    }
    printf("\n");
    return 1;
}
```

【例 3 – 8】 已知循环队列的数据结构如下:

```
typedef struct {
    DataType items[QUEUESIZE];
```

```
        int front;
        int count;
    }SqQueue;
```

其中,front 为队头指针,count 为队列中的元素个数。请为该队列设计初始化队列、入队和出队算法。

【设计思路】知道队头指针和队列中的元素个数,就可以计算出队尾元素所在位置。因此,队尾元素所在位置:

```
    rear = (front + count) %  QUEUESIZE
```

队空的条件为:

```
    count == 0
```

队满的条件为:

```
    count == QUEUESIZE
```

【程序设计】

（1）初始化队列

```
    void InitQueue(SqQueue * Q)
    {
        Q -> front = 0;
        Q -> count = 0;
    }
```

（2）入队

```
    int EnQueue(SqQueue * Q,DataType item)
    {
        int rear;
        if(Q -> count >= QUEUESIZE)
        {
            printf("队列已满,不能完成入队操作!\n");
            return 0;
        }
        rear = (Q -> front + Q -> count)% QUEUESIZE;
        rear = (rear +1)% QUEUESIZE;              /* rear 指向队尾 */
        Q -> items[rear] = item;
        Q -> count ++;                            /* 队列元素个数增一 */
        return 1;
    }
```

（3）出队

```
    int DeQueue(SqQueue *Q,DataType * item)
    {
```

```
        if(Q -> count <= 0)
        {
            printf("队列已空,不能完成出队操作!\n");
            return 0;
        }
        * item = Q -> items[Q -> front];
        Q -> front = (Q -> front + 1)% QUEUESIZE;
        Q -> count -- ;
        return 1;
    }
```

【例 3 - 9】　利用两个栈模拟队列,并用栈的运算实现出队和入队操作,请设计入队和出队算法。

【设计思路】用一个栈 SIN 作为输入,另一个栈 SOUT 作为输出。即入队时,通过向 SIN 入栈元素模拟入队操作;出队时,则将 SIN 中元素全部入栈到 SOUT 中,再从 SOUT 中出栈元素,最后将 SOUT 中的元素全部入栈到 SIN 中。

【程序设计】

(1) 入队

```
    int EnQueue(SqStack * SIN,DataType item)
    {
        if(SIN -> top >= STACKSIZE - 1)
        {
            printf("队列已满,不能完成入队操作!\n");
            return 0;
        }
        Push(SIN,item);
        return 1;
    }
```

(2) 出队

```
    int DeQueue(SqStack * SOUT,SqStack * SIN,DataType * item)
    {
        DataType x;
        while(!StackEmpty( * SIN))
        {
            Pop(SIN,&x);
            Push(SOUT,x);
        }
        Pop(SOUT,item);
        while(!StackEmpty( * SOUT))
        {
            Pop(SOUT,&x);
            Push(SIN,x);
```

```
    }
    return 1;
}
```

3.6　链队列

3.6.1　链队列的定义

队列的链式表示称为链队列。

与顺序队列一样,链队列也有队头和队尾指针。队头指针指向链队列的头结点,队尾指针指向链队列的最后一个结点。在队尾插入新结点(入队),在队头删除结点(出队)。链队列的结构如图 3-18 所示。

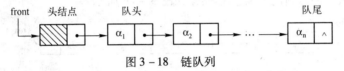

图 3-18　链队列

由于链队列也是链表的一种,所以链队列也分为带头结点的链队列和不带头结点的链队列,本书主要讲述带头结点的链队列。

链队列的存储结构如下:

```
typedef struct QNode{
    DataType data;
    struct QNode * next;
}LQNode, * PQNode;
typedef struct{
    PQNode front, rear;
}LinkQueue;
```

其中,QNode 为结点结构,front 为队头指针,rear 为队尾指针。

3.6.2　链队列的基本操作

1. 初始化链队列

生成一个只包含头结点的链队列,并使队头指针和队尾指针指向链队列的头结点。

♨ 算法 3-19　初始化链队列

```
int InitQueue(LinkQueue * Q)
{
    Q -> front = Q -> rear = (PQNode)malloc(sizeof(LQNode));
    if(!Q -> front){printf("初始化队列失败!\n");return 0;}
    Q -> front -> next = NULL;
    return 1;
}
```

2. 判队空

如果队头指针和队尾指针指向同一个位置,则队列为空。如果队列为空,则算法返回1,否则算法返回0。

♨ **算法 3-20   判断队空**

```
int QueueEmpty(LinkQueue Q)
{
    if(Q.front ==Q.rear)    return 1;
    else    return 0;
}
```

3. 入队

入队就是在队尾插入新的元素。其操作如图 3-19 所示。

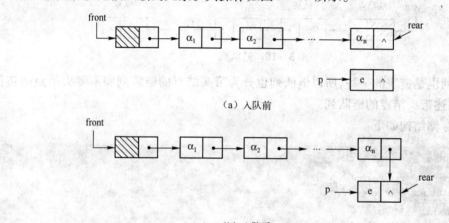

（a）入队前

（b）入队后

图 3-19   入队操作

操作步骤如下:

① 生成新结点;

② 在队尾指针所指位置插入新结点;

③ 队尾指针后移,指向新的队尾。

♨ **算法 3-21   入队**

```
int EnQueue(LinkQueue *Q,DataType e)
{
    PQNode p;
    p = (PQNode)malloc(sizeof(LQNode));
    if(!p)
    {
        printf("内存分配失败,不能完成入队操作!\n");
        return 0;
    }
    p ->data = e;
```

```
p -> next = NULL;        /* 初始化入队结点 */
Q -> rear -> next = p;
Q -> rear = p;
return 1;
}
```

4. 出队

出队就是删除队头指针所指元素。具体操作如图 3 – 20 所示。当队列中仅有一个结点时,其操作如图 3 – 21 所示。

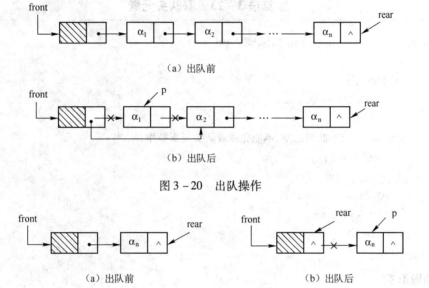

（a）出队前

（b）出队后

图 3 – 20　出队操作

（a）出队前　　　　　　　　　　　　（b）出队后

图 3 – 21　仅有一个结点的出队操作

操作步骤如下:

① 判断所给链队列是否为空,若空则产生下溢出错误,算法结束;否则执行步骤②;

② 删除队头指针所指结点;

③ 如果被删结点是队列的最后一个结点,则移动队尾指针,使其指向头结点。

🔥 **算法 3 – 22　出队**

```
int DeQueue(LinkQueue * Q,DataType * e)
{
PQNode p;
if(Q -> front == Q -> rear)
{
    printf("队列已空,不能完成出队操作!\n");
    return 0;
}
p = Q -> front -> next;
* e = p -> data;
```

```
Q -> front -> next = p -> next;
free(p);
if(Q -> rear == p) /* 若删除的是队列中最后一个结点,则移动队尾指针 */
    Q -> rear = Q -> front;
return 1;
}
```

5. 取队头元素

该操作获取队头指针所指的元素值,但不删除队头元素。

♨ 算法 3 – 23　取队头元素

```
int GetHead(LinkQueue Q,DataType * e)
{
    PQNode p;
    if(Q.front == Q.rear)
    {
        printf("队列已空,不能完成取队头元素操作!\n");
        return 0;
    }
    p = Q.front -> next;
    * e = p -> data;
    return 1;
}
```

6. 销毁队列

该操作从队头指针所指结点开始依次删除队列中的所有结点。具体操作如图 3 – 22 所示。

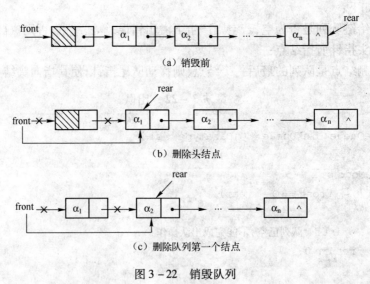

（a）销毁前

（b）删除头结点

（c）删除队列第一个结点

图 3 – 22　销毁队列

其中,队头指针 front 指向被删结点,队尾指针 rear 指向被删结点的后继。

👐算法 3 – 24 销毁队列

```
int DestroyQueue(LinkQueue *Q)
{
    while(Q -> front)
    {
        Q -> rear = Q -> front -> next;
        free(Q -> front);
        Q -> front = Q -> rear;
    }
    return 1;
}
```

【例 3 – 10】 已知一个链队列用如图 3 – 23 所示的带头结点的循环单链表来表示,并且只设一个队尾指针 rear 指向队尾结点。请为该链队列设计初始化队列、入队和出队算法。

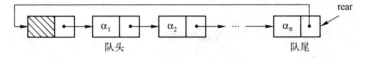

图 3 – 23 用循环单链表表示队列

【设计思路】由于是循环单链表,因此队列的队头指针 front = rear -> next。

【程序设计】

(1)初始化队列

```
int InitQueue(PQNode * rear)
{
    (* rear) = (PQNode)malloc(sizeof(LQNode));      /* 生成头结点 */
    if(!(* rear))
    {
        printf("初始化队列失败!\n");
        return 0;
    }
    (* rear) -> next = (* rear);                    /* 构成循环单链表 */
    return 1;
}
```

(2)入队

```
int EnQueue(PQNode * rear,DataType e)
{
    PQNode p;
    p = (PQNode)malloc(sizeof(LQNode));
    if(!p)
    {
```

```
            printf("内存分配失败,不能完成入队操作!\n");
            return 0;
        }
        p->data = e;
        p->next = (*rear)->next;                        /*初始化入队结点*/
        (*rear)->next = p;
        (*rear) = p;
        return 1;
    }
```

(3) 出队

```
    int DeQueue(PQNode *rear,DataType *e)
    {
        PQNode p,front;
        if((*rear)->next == (*rear))
        {
            printf("队列已空,不能完成出队操作!\n");
            return 0;
        }
        front = (*rear)->next;
        p = front->next;
        *e = p->data;
        front->next = p->next;
        free(p);
        if(front->next == front)
            (*rear) = front;
        return 1;
    }
```

3.7　栈与队列的应用

栈和队列是在计算机领域应用非常广泛的数据结构。只要问题中存在"后进先出"的情况,即可使用栈;存在"先进先出"的情况,即可使用队列。下面举几个例子说明栈和队列的应用。

3.7.1　数制转换

数制转换有多种情况,这里只研究将非负十进制数 N 转换为 d(二、八或十六)进制数这种情况。其他情况与此类似,这里不再赘述。

转换方法为"除取余"法。其操作步骤如下:

① 将 N 除以 d,取其商和余数;

② 判断商是否为零;

　　⇨若商不为零,则将商赋值给 N,并转向①;

　　⇨若商为零,则转换结束。

　　例如,将十进制数 3927 转换为八进制数,其转换过程如下:

N	商(N/8)	余数(N%8)
3927	490	7
490	61	2
61	7	5
7	0	7

　　转换结果为八进制数 7527。从转换过程可以看到,最先求得的余数是八进制数的最低位,最后求得的余数是八进制数的最高位,即运算顺序与求得的八进制数的各位数字的次序正好相反,符合栈的特点。因此,可以把在计算过程中求得的余数依次入栈,计算完成后再依次退栈,得到的就是数制转换的结果。

　　下面分别以顺序栈和链栈为存储结构,实现数制转换算法。

　　(1) 采用顺序栈的数制转换算法

```
void Convert(int num,int d)
{/*参数 num 为待转换的数,d 为进制*/
    SqStack s;
    char ch[] = "0123456789ABCDEF";/*二、八、十六进制所使用的数字*/
    int tmp;
    InitStack(&s);
    do
    {
        Push(&s,ch[num% d]);
        num = num/d;
    }while(num!=0);
    while(!StackEmpty(s))
    {
        Pop(&s,&tmp);
        printf("% c",tmp);
    }
}
```

　　(2) 采用链栈的数制转换算法

```
void Convert(int num,int d)
{
    LinkStack s;
    char ch[] = "0123456789ABCDEF";
    int tmp;
    InitStack(&s);
    do
    {
```

```
        Push(s,ch[num% d]);
        num = num /d;
    }while(num!=0);
    while(!StackEmpty(s))
    {
        Pop(s,&tmp);
        printf("% c",tmp);
    }
}
```

*3.7.2　表达式计算

让计算机求解一个算术表达式的值并不是一件很容易的事,因为表达式计算牵涉运算顺序与运算符优先级问题。

一个算术表达式是由操作数、运算符和表示运算关系的括号组成。例如

$$(10 +20) \times 4 - 10 \div 5 \tag{3-1}$$

从式(3-1)可以看出,运算符在操作数中间,这样的表达式称为中缀表达式。

在中缀表达式中,运算符具有不同的优先级,并且还可以使用括号改变运算的次序,因此运算规律比较复杂,不适于计算机求解表达式。与中缀表达式相对应的还有后缀表达式和前缀表达式。

运算符在操作数之后的表达式称为后缀表达式。式(3-1)的后缀表达式为

$$10\ 20\ + 4\ \times 10\ 5\ \div\ - \tag{3-2}$$

后缀表达式的特点如下:

◇ 后缀表达式的操作数与中缀表达式的操作数先后次序相同,而运算符的先后次序不同;

◇ 后缀表达式中没有括号,而且运算符没有优先级;

◇ 后缀表达式计算过程严格按照从左到右的顺序进行。

从以上特点可以看出,后缀表达式比较适合计算机求解。求解后缀表达式的过程为:从左到右依次扫描后缀表达式,若遇到运算符,则对该运算符前面的连续两个操作数用该运算符进行运算。图3-24所示为式(3-2)的运算过程。

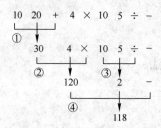

图3-24　后缀表达式运算过程

运算符在操作数之前的表达式称为前缀表达式。式(3-1)的前缀表达式为

$$-\ \times\ + 10\ 20\ 4\ \div 10\ 5 \tag{3-3}$$

前缀表达式的特点与后缀表达式的特点相同,只是求解过程不同,其求解过程为:从右到

左依次扫描前缀表达式,若遇到运算符,则对该运算符后面的连续两个操作数用该运算符进行运算。图 3-25 所示为式(3-3)的运算过程。

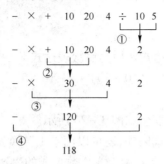

图 3-25 前缀表达式运算过程

综上所述,利用计算机求解表达式分为两个步骤:

① 把中缀表达式转换为后缀表达式或前缀表达式;

② 按照后缀表达式或前缀表达式的运算过程计算表达式的值。

这里仅讨论利用后缀表达式求值,前缀表达式求值与此类似,不再赘述。

1. 将中缀表达式转换为后缀表达式

由后缀表达式的特点可以知道,后缀表达式的操作数与中缀表达式的操作数先后次序相同,只是运算符的先后次序不同,因此,可以利用栈来保存运算符。具体转换过程如下。

① 设置一个存放运算符的栈(运算符栈),并置栈顶元素为"#"。"#"作为标识表达式开始的标志,另外在表达式的尾部添加一个"#",把它作为标识表达式结束的标志。

② 从左到右依次扫描表达式,每次取出一个字符(操作数、运算符和括号均看作一个字符)。

③ 若字符是操作数,则直接输出到后缀表达式中。

④ 若字符是运算符,则与栈顶运算符进行比较。如果它的优先级比栈顶运算符优先级高,则直接入栈;如果它的优先级比栈顶运算符优先级低或相等,则栈顶运算符出栈并输出到后缀表达式中。运算符的优先级如表 3-1 所示。

表 3-1 运算符优先级关系表

当前运算符 \ 栈顶运算符	+	-	*	/	(	)	#
+	>	>	<	<	<	>	>
-	>	>	<	<	<	>	>
*	>	>	>	>	<	>	>
/	>	>	>	>	<	>	>
(	<	<	<	<	<	=	
)	>	>	>	>		>	>
#	<	<	<	<	<		=

⑤ 若字符是"(",则直接入栈。

⑥ 若字符是")",则判断栈顶运算符是否为"("。若不是,则栈顶运算符出栈,并输出到

后缀表达式中,依次进行,直至栈顶运算符为"(",抛弃"("和")"。

⑦ 若字符是"#",则栈顶运算符依次出栈,并输出到后缀表达式中,直至栈顶运算符为"#",抛弃"#"。

⑧ 重复步骤②~⑦,直至表达式结束。

【例3-11】 将以下中缀表达式转换为后缀表达式。

$$(10 + 20) \times 4 - 10 \div 5$$

解:

转换过程及运算符栈的状态变化如图3-26所示。

除了可以用计算机转换表达式以外,还可以用手工转换表达式。具体转换方法如下:

① 按照运算规则将运算符与左右两个操作数形成的表达式用括号括起来;

② 顺序将每对括号中的运算符移到相应括号后边;

③ 删除所有括号,即可得到后缀表达式。

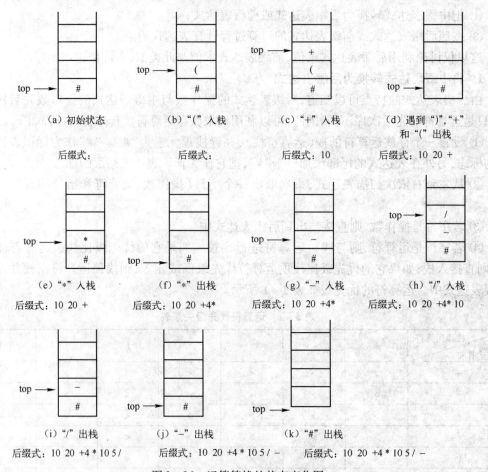

图3-26　运算符栈的状态变化图

【例3-12】 将以下中缀表达式用手工转换为后缀表达式。

$$(10 + 20) \times 4 - 10 \div 5$$

解:

转换过程如图3-27所示。其中,虚线圆表示移到括号后边的运算符。

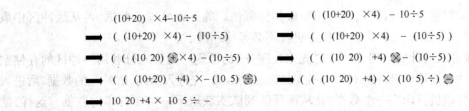

图 3－27　手工转换过程

2. 求后缀表达式的值

由于后缀表达式不需考虑运算符的优先级,因此计算较简单。计算过程为:从左到右依次扫描后缀表达式,遇到运算符,则与运算符前边连续两个操作数做运算。

由于遇到操作数时,不能立即进行计算,因此设立一个栈(操作数栈),用于存放操作数。具体运算过程如下:

① 从左到右依次扫描后缀表达式,每次取出一个字符;

② 若字符是操作数,则入栈;

③ 若字符是运算符,则连续出栈两个操作数,计算它们的值,然后把运算结果入栈;

④ 重复步骤①~③,直至表达式结束,栈中最后一个元素即是后缀表达式的值。

【例 3－13】　计算以下后缀表达式

$$10\ 20\ +\ 4\ *\ 10\ 5\ /\ -$$

解:

计算过程及操作数栈的状态变化如图 3－28 所示。

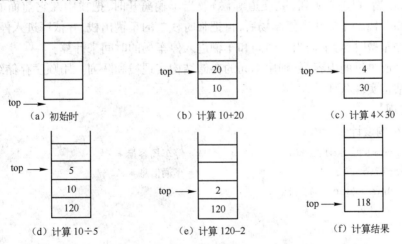

图 3－28　操作数栈的状态变化图

3.7.3　输入输出缓冲区

在计算机系统中,经常会遇到主机和外设之间传送数据的问题。例如,把计算机处理的数据送打印机打印输出。但主机和外设传送数据的速度不同,会造成主机经常处于等待状态,使计算机的处理效率大大降低。

为了解决这个问题,通常是在计算机主机和外设之间设立一个缓冲区。当计算机主机处理完数据后,就把它送到缓冲区,然后主机做其他事情。等外设处理完数据,再从缓冲区中取出下一个数据进行处理。这样,计算机主机就不必等待外设了。

通常把缓冲区设计成队列,以实现"先来先服务"的原则。为了充分利用缓冲区的存储空间,应该把缓冲区设计成循环队列。主机先处理完的数据,先进入队列,后处理的数据,后进入队列。例如,打印机打印完一个数据,就从循环队列队头获取下一个要打印的数据。这样,就解决了计算机主机与打印机之间速度不匹配问题。

3.8　综合实例——停车场管理

【问题描述】

有一个只能停放 N 辆汽车的停车场,且停车场的宽度只能容纳一辆汽车。因此,停车时,只能按照车辆到达时间的先后顺序,依次停放。若停车场内已停满 N 辆汽车,则后来的汽车不能进入停车场,只能在门外的便道上排队等候。停车场内一旦有车开走,则排在便道上的第一辆车即可进入停车场。若停车场内的车辆想要离开时,在它之后开入的车辆必须先退出停车场为它让路,待该辆车开出停车场后,退出的车辆再按原次序进入停车场,然后把在队列中等待的第一辆车入栈。车辆离开停车场时,必须按它停留的时间长短和车辆类型交纳停车费。请按要求编写一个停车场管理程序。

【问题分析】

根据停车场的情况,可以用栈模拟停车场,用队列模拟停车场外的便道。当车辆到达时,输入车辆的信息(包括汽车牌照号、汽车到达时间、车辆类型和停车位号),然后入栈(进入停车场)。如果栈满,则进入队列(到便道等候)。当车辆离开时,把栈中在它前面的车辆出栈,并进入一个临时栈。车辆开出停车场后,再把临时栈中的车辆出栈,并依序进入停车场。结算离开车辆的停车费时,可根据当前时间和车辆进入停车场的时间来计算。

为了综合所讲过的内容,分别用不同的存储结构实现栈和队列。用顺序存储结构实现栈,用链式存储结构实现队列。

【问题实现】

1. 数据结构设计

```
#define STACKSIZE 100              /*停车场容量*/
typedef struct{                    /*车辆信息*/
    char lisence[10];
    int type;
    clock_t reach;
    clock_t leave;
    int stop;
}CarInfo;
typedef CarInfo DataType;
typedef struct{                    /*停车场类型*/
    DataType items[STACKSIZE];
    int top;
}SqStack;
/*便道类型*/
```

```
typedef struct QNode{
    DataType data;
    struct QNode * next;
}LQNode, * PQNode;
typedef struct{
    PQNode front, rear;
}LinkQueue;
```

2. 操作实现

(1) 车辆到达

若停车场不满,则进入停车场;若停车场已满,则进入便道排队等待。

```
int Reach(SqStack * stop,LinkQueue * pave)
{ /* 车辆到达停车场 */
    DataType * car;
    car = (DataType * )malloc(sizeof(DataType));
    if(!car){printf("车辆进入出错");return 0;}
    flushall();
    printf("\n 欢迎进入!请输入车牌号:");
    gets(car -> lisence);
    if(stop -> top >= STACKSIZE - 1)      /* 停车场已满,车进入便道等待 */
    {
        printf("停车场已满,请进入便道等待 ... \n \n");
        EnQueue(pave, * car);
    }
    else                         /* 停车场未满,进入停车场 */
    {
        car -> reach = time(NULL);       /* 获取系统时间 */
        car -> stop = stop -> top + 1;
        Push(stop, * car);
        printf("\n 请车辆进入第% d 号停车位 . \n \n",car -> stop);
    }
    return 1;
}
```

(2) 车辆离开

在该车辆之后进入停车场的车辆必须先退出停车场,为该车辆让出通道,同时根据停车时间计算停车费用。车辆开出后,让路的车辆再依次回到停车场,同时在便道上等待的第一辆车开进停车场。

```
void Leave(SqStack * park,SqStack * tmp,LinkQueue * pave)
{    /* 车辆离开 */
    int locate;
    DataType p,t;
```

```
        if(!StackEmpty(*park))              /*停车场内有车*/
        {
            printf("\n请输入离开车辆的停车位号(1~%d):",park->top+1);
            scanf("%d",&locate);
            while(park->top>locate-1)/*排在离开车辆之前的车辆进入临时栈*/
            {
                Pop(park,&p);
                Push(tmp,p);
            }
            Pop(park,&p);                    /*离开车辆信息*/
            p.leave=time(NULL);
            printf("\n------------离开车辆信息---------------\n");
            printf("\n停车位      车牌号      应交费用      到达时间      离开时间\n");
            printf("--------------------------------------------\n");
            printf("%d",p.stop);
            printf("%s ",p.lisence);
            printf("%2.1f元",difftime(p.leave,p.reach)/60*price);
            printf(ctime(&p.reach));
            printf(ctime(&p.leave));
            while(tmp->top>=0)/*排在离开车辆之前的车辆从临时栈回到停车场*/
            {
                Pop(tmp,&p);
                Push(park,p);
            }
            /*如果停车场不满,而便道上不空,则便道上的车辆进入停车场*/
            if(!QueueEmpty(*pave) && park->top<STACKSIZE)
            {
                DeQueue(pave,&t);
                printf("\n便道上的%s号车进入第%d个停车位.",t.lisence,park->
    top+1);
                t.reach=time(NULL);
                t.stop=park->top+1;
                Push(park,t);
            }
            else    printf("便道上没有车.\n");
        }
        else    printf("\n停车场内没有车.");
    }
```

(3) 显示停车场信息

```
    void DispPark(SqStack *park)      /*显示停车场信息*/
    {
        int i;
```

```
    if(StackEmpty(*park))                 /*停车场内没有车辆*/
        printf("停车场没有车辆");
    else                                  /*停车场内有车辆*/
    {
        printf("\n 停车位      车牌号        到达时间\n");
printf("------------------------------------------------\n");
        for(i=0;i<=park->top;i++)
        {
            printf("\t%d\t",i+1);
            printf(park->items[i].lisence);
            printf("\t%s\n",ctime(&(park->items[i].reach)));
        }
    }
}
```

(4) 显示等待车辆信息

```
    void DispPave(LinkQueue *pave)        /*显示等待车辆信息*/
    {
        PQNode p;
        p=pave->front->next;
        if(QueueEmpty(*pave))             /*判断便道上是否有等待的车辆*/
            printf("没有等待的车辆\n");
        else
        {
            printf("以下车辆处于等待状态:");
            printf("\n 车牌号:\n");
            while(p)
            {
                puts(p->data.lisence);
                p=p->next;
            }
        }
    }
```

3. 主函数

```
    void main()
    {
        SqStack park,way;               /*停车场、临时栈*/
        LinkQueue pavement;             /*便道*/
        int choice;
        InitStack(&park);               /*初始化停车场*/
        InitStack(&way);                /*初始化让路的临时栈*/
        InitQueue(&pavement);           /*初始化便道*/
        do
```

```
{
    printf("\n-------------主菜单-------------\n");
    printf("    (1)车辆到达...          \n");
    printf("    (2)车辆离开...          \n");
    printf("    (3)显示停车场信息...          \n");
    printf("    (4)显示等待车辆信息...          \n");
    printf("    (0)退出系统...          \n");
    printf("\n请选择(1,2,3,4,0):");
    scanf("%d",&choice);
    if(choice<0 && choice>4) continue;
    switch(choice)
    {
    case 1:Reach(&park,&pavement);break;            /*车辆到达停车场*/
    case 2:Leave(&park,&way,&pavement);break;       /*车辆离开*/
    case 3:DispPark(&park);break;                   /*显示停车场信息*/
    case 4:DispPave(&pavement);break;               /*显示等待车辆信息*/
    case 0:exit(0);                                 /*退出主程序*/
    default:break;
    }
}while(1);
}
```

运行结果如图 3 - 29 所示。

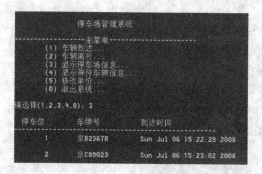

图 3 - 29　运行结果

3.9　习题

一、单项选择题

1. 若 5 个元素的出栈序列为"e1,e2,e3,e4,e5",则可能的入栈序列为(　　　)。

A. e2,e3,e4,e1,e5

B. e3,e1,e4,e5,e2

C. e5,e3,e4,e2,e1

D. e4,e1,e3,e2,e5

2. 元素 a、b、c、d、e 依次进入初始为空的栈中,若元素入栈后可停留、可出栈,直到所有的元素都出栈,则所有可能的出栈序列中,以元素 d 开头的序列个数是(　　　)。(2011 年考研题)

　　A. 3　　　　　　　　B. 4　　　　　　　　C. 5　　　　　　　　D. 6

3. 若元素 a、b、c、d、e、f 依次入栈,允许入栈、出栈的操作交替进行,但不允许连续三次出栈操作,则不可能得到的出栈序列是(　　　)。(2010 年考研题)

　　A. dcebfa　　　　　B. cbdaef　　　　　C. bcaefd　　　　　D. afedcb

4. 一个栈的入栈序列为 $1,2,3,\cdots,n$,其出栈序列是 $p_1,p_2,p_3,\cdots,p_n$。若 $p_2=3$,则 p_3 可能取值的个数是(　　　)。(2013 年考研题)

　　A. $n-3$　　　　　B. $n-2$　　　　　C. $n-1$　　　　　D. 无法确定

5. 栈的顺序表示中,用 top 表示栈顶指针,那么栈空的条件是(　　　)。

　　A. top == STACKSIZE　　B. top == 1　　　C. top == 0　　　D. top == -1

6. 已知链栈的结点结构为(data, next),且 top 为栈顶指针,则删除栈顶结点,并将被删除结点的值保存到 m 中,应该执行(　　　)操作。

　　A. top = top -> next; m = top -> data;　　　B. m = top -> data; top = top -> next;

　　C. m = top -> next;　　　　　　　　　　　D. m = top -> data;

7. 已知队列的操作序列为:EnQueue(1)、EnQueue(2)、DeQueue()、EnQueue(3)、EnQueue(4)、DeQueue()、EnQueue(5)。则操作之后,队头元素是(　　　)。

　　A. 5　　　　　　　　B. 4　　　　　　　　C. 3　　　　　　　　D. 2

8. 某队列允许在其两端进行入队操作,但仅允许在一端进行出队操作。若元素 a、b、c、d、e 依次入此队列后再进行出队操作,则不可能得到的出队序列是(　　　)。(2010 年考研题)

　　A. bacde　　　　　　B. dbace　　　　　C. dbcae　　　　　D. ecbad

9. 假定一个循环队列的队头和队尾指针分别为 p 和 q,则判断队空的条件为(　　　)。

　　A. p == 0　　　　　B. p + 1 == q　　　C. q + 1 == p　　　D. p == q

10. 若以数组 Q[8]存放循环队列的元素,且当前队尾指针 rear 的值为 0,队头指针 front 的值为 3。当从队列中出队两个元素,再入队一个元素后,rear 和 front 的值分别为(　　　)。

　　A. 7 和 1　　　　　B. 1 和 7　　　　　C. 5 和 1　　　　　D. 1 和 5

11. 已知循环队列存储在一维数组 A[0⋯n-1]中,且队列非空时 front 和 rear 分别指向队头元素和队尾元素。若初始时队列为空,且要求第一个进入队列的元素存储在 A[0]处,则初始时 front 和 rear 的值分别是(　　　)。(2011 年考研题)

　　A. 0,0　　　　　　B. 0,n-1　　　　　C. n-1,0　　　　　D. n-1,n-1

12. 若链队列的队头指针和队尾指针分别为 front 和 rear,则从队列中删除一个结点的操作是(　　　)。

　　A. p = front; rear = p -> next; free(p);　　　B. p = rear; front = p; free(p);

　　C. p = front; front = p -> next; free(p);　　　D. p = rear; front = p -> next; free(p);

13. 设栈 S 和队列 Q 的初始状态均为空,元素 a、b、c、d、e、f、g 依次进入栈 S。若每个元素出栈后立即进入队列 Q,且 7 个元素的出队的顺序是 b、d、c、f、e、a、g,则栈 S 的容量至少是(　　　)。(2009 年考研题)

　　A. 1　　　　　　　　B. 2　　　　　　　　C. 3　　　　　　　　D. 4

14. 表达式 a/(b+c)-d 的后缀表达式是(　　　)。

　　A. abc +/d -　　　　B. - +/abcd　　　　C. a/b + c - d　　　　D. ab/ + -cd

15. 已知操作符包括"+"、"-"、"*"、"/"、"("和")"。将中缀表达式"a + b - a * ((c

$+ d)/e - f) + g$"转换为等价的后缀表达式"$ab + acd + e/f - * - g +$"时,用栈来存放暂时还不能确定运算次序的操作符,若栈初始为空,则转换过程中同时保存在栈中的操作符的最大个数是( )。(2012 年考研题)

A. 5   B. 7   C. 8   D. 11

二、填空题

1. 栈的特点是_____,队列的特点是_____。

2. 对于栈和队列,无论它们采用顺序存储结构还是链式存储结构,进行插入和删除操作的时间复杂度都是_____。

3. 设有一个空栈,现有输入序列为 $1,2,3,4,5$,经过 PUSH,PUSH,POP,PUSH,POP,PUSH,PUSH 之后,输出序列是_____。

4. 允许在一端插入,在另一端删除的线性表称为_____。插入的一端为_____,删除的一端为_____。

5. 判别循环队列空和满的方法有_____、_____和_____。

6. 已知用数组 sq[50] 存放循环队列的元素,且头指针和尾指针分别为 19 和 2,则该队列的当前长度为_____。

7. 若用不带头结点的单链表来表示链队列,且链队头指针为 front,则队列为空的条件是_____。

8. 已知链队列 Q 的头、尾指针分别是 front 和 rear,则出队操作是:$p = Q - > front$;_____;$free(p)$;

9. 前缀表达式"$- 2 + 8 / 6 3$"的运算结果是_____。

10. 表达式 $d/(b - c) + a$ 的后缀表达式是_____。

三、判断题

1. 栈的数据存储原则是先进先出。

2. 栈中只有栈底元素不能被删除。

3. 若某栈的输入序列为"a,b,c,d",则"d,c,a,b"不可能是栈的输出序列之一。

4. 若用数组 S[M] 存储栈的元素,则对该栈的入栈和出栈操作最多不能超过 M 次。

5. 已知非空链栈的栈顶指针为 top,则删除栈中一个元素的过程是:$p = top$;$top = p -> next$;$free(p)$。

6. 栈是一种对入栈和出栈操作的次序作了限制的线性表。

7. 若一个栈为空,则可以不用栈顶指针。

8. 队列是一种可以在表头和表尾都能进行插入和删除操作的线性表。

9. 队列的入队序列为"$1,2,3,\cdots,n$",出队序列为"$p_1,p_2,p_3,\cdots,p_n$",则 $p_{i+1} > p_i$。

10. 在循环队列中,front 指向队头元素,rear 指向队尾元素的前一个位置,则队满的条件是 front == rear。

11. 循环队列就是采用循环链表作为存储结构的队列。

12. 循环队列也存在空间溢出问题。

13. 对于链队列来说,即使不设置尾指针也能进行入队操作。

14. 栈和队列的存储方式,只能是顺序方式。

15. 栈和队列逻辑上都是线性表。

四、算法设计题

1. 利用栈的基本操作,编写一个清空顺序栈 S 的算法。

2. 能否借助一个空栈 tmp,将一个非空栈 S 中值等于 value 的元素全部删去? 若能,请给出算法。

3. 利用栈的基本操作完成复制栈的任务。

4. 已知一个 Fibonacci 序列,请设计算法逆转该序列。

5. 请编写一个算法,利用栈的基本操作 InitStack( )、Push( )、Pop( )和 StackEmpty( )返回栈底元素的值,要求操作后栈中的元素不发生变化。

6. 已知 Fibonacci 序列的递归求解为:

```
int fib(int n)
{
    if(n<0)  return -1;
    if(n==0||n==1)  return n;
    returnfib(n-2)+fib(n-1);
}
```

请设计一个算法,利用堆栈实现 Fibonacci 序列的非递归求解。

7. 已知循环队列 Q,并设置一个判断队列状态为"空"还是"满"的标志 tag。请设计该队列的入队和出队算法。

8. 一个双端队列 deque 是限定在两端 end1 和 end2 都可进行插入和删除的线性表。队空条件是 end1 = end2。若用顺序方式来组织双端队列,试根据下列要求定义双端队列的结构,并给出在指定端 $i(i=1,2)$ 的插入 enq 和删除 deq 操作的实现。

(1) 当队满时,最多只能有一个元素空间可以是空的。

(2) 在做两端的插入和删除时,队列中其他元素一律不动。

9. 若表达式中可以包含三种括号:圆括号"("和")",方括号"["和"]"以及花括号"{"和"}"。试编写算法判断给定的表达式中括号是否匹配。

10. 回文是指正读反读均相同的字符序列,如"abba"和"abdba"均是回文,但"abcd"不是回文。试编写一个算法判定给定的字符序列是否为回文。(提示:利用栈和队列)

3.10 实验

【实验 3-1】 栈的表示及实现

1. 实验目的

(1) 通过实验进一步理解栈的"后进先出"特性。

(2) 掌握栈的逻辑结构,以及顺序存储结构和链式存储结构。

(3) 熟练运用 C 语言实现栈的基本操作。

(4) 灵活运用栈解决实际问题。

2. 实验内容

已知学生数据元素的数据类型如下:

```
struct Student{
```

```
int ID;                        /*学号*/
char name[10];                 /*姓名*/
};
```

（1）请设计 4 个学生数据，学号分别为 10、20、30 和 40，并把这些数据依次入顺序栈，然后出栈并在屏幕上显示出来。

（2）入栈两个学生数据，然后出栈一个学生数据。再次入栈两个学生数据，然后出栈 3 个学生数据。并与(1)的结果进行比较。

（3）如何操作才能得到"20、40、30、10"的结果。

（4）使用与(1)同样的学生数据，并把这些数据依次入链栈，然后出栈并在屏幕上显示出来。与(1)的结果进行比较看是否一样。

（5）请设计一个能够测试栈空和栈满的实验。

3. 选作

仿照以下计算后缀表达式值的例子，编写计算前缀表达式值的程序。

```
int IsOperator(char oper)
{
    /*判断是否运算符*/
    switch(oper)
    {
        case' +': case '-': case '*': case '/': return 1;
        default: return 0;
    }
}
int Result(int op1,int op2,ch oper)
{
    /*计算两个操作数的值*/
    int value = 0;
    switch(oper)
    {
        case'+': value = op1 + op2;
        case'-': value = op1 - op2;
        case'*': value = op1 * op2;
        case'/': value = op1 /op2;
    }
    return value;
}
int main()
{
    char express[30];              /*后缀表达式*/
    int pos = 0;
    int op1,op2;                   /*两个操作数*/
    LinkStack operand;             /*操作数栈*/
```

```
    InitStack(&operand);
    printf("\n请输入后缀表达式:\n");
    gets(express);
    printf("\n后缀表达式:%s",express);
    while(express[pos]!='\0'&& express[pos]!='\n')
    {
        if(IsOperator(express[pos]))
        {
            Pop(operand,&op1);
            Pop(operand,&op2);
            Push(operand,Result(op1,op2,express[pos]));
        }
        else
            Push(operand,express[pos]-48);
        pos++;
    }
    Pop(operand,&op1);
    printf("值%d",op1);
}
```

【实验 3 – 2】 队列的表示及实现

1. 实验目的

(1) 通过实验进一步理解队列的"先进先出"特性。

(2) 掌握队列的逻辑结构以及顺序存储结构和链式存储结构。

(3) 熟练运用 C 语言实现队列的基本操作。

(4) 灵活运用队列解决实际问题。

2. 实验内容

(1) 实现链队列,并编写主函数进行测试。测试方法为:依次入队 10、20、30、40,然后,出队 3 个元素。再次入队 50、60,然后出队 3 个元素。查看屏幕上显示的结果是否与你分析的结果一致。

(2) 在(1)的基础上,再出队一个元素。查看屏幕上显示的结果是否与你分析的结果一致。

(3) 编写主函数比较取队头元素操作和出队操作。

3. 选作

仿照例 3 – 8,设计循环队列的出队和入队算法,并编写一个主函数测试这些算法。要求设置一个标志位来区分空队和满队。

第4章 串

字符串是一种特殊的线性表,简称为串。它是非数值计算问题所要处理的主要对象之一,在文本编辑、符号处理等领域使用得非常广泛。在许多高级程序设计语言中,字符串已经成为必不可少的数据类型。

本章主要介绍串的基本概念,串的存储结构,串基本操作的实现,模式匹配算法。

4.1 串的基本概念及操作

4.1.1 串的基本概念

1. 串的定义

串是由 $n(n \geq 0)$ 个字符组成的有限序列。一般表示为:

$$s = "a_0 a_1 a_2 \cdots a_{n-1}"$$

其中,s 为串名;n 为串的长度;"""为字符串的定界符;由定界符引起来的字符序列为串值;$a_i(0 \leq i \leq n-1)$ 为串中的字符,可以是字母、数字及其他 ASCII 码字符。

2. 串的术语

长度为零的串称为**空串**,表示串中不包含任何字符。通常用"φ"表示。

由一个或多个空格组成的串称为**空格串**。空格串依然有长度,因此它不是空串。

由串中任意连续字符组成的子序列称为**子串**,而包含子串的串称为该子串的**主串**。空串是任意串的子串。

单个字符在字符串中的序号(大于等于 0 的整数)称为该字符在串中的**位置**,而子串的第一个字符在主串中的位置称为**子串的位置**。

若两个串的长度相等且对应位置上的字符也相等,则称两个**串相等**。

例如,以下 4 个字符串:

```
S1 = φ
S2 = " "
S3 = "Data Structure"
S4 = "Struct"
```

其中,S1 是空串,S2 是空格串,S4 是 S3 的一个子串,S4 在 S3 中的位置是 6,S3 与 S4 串不相等。

【例 4 - 1】 中文姓名与英文姓名最大不同是,中文姓在前名在后,而英文名在前姓在后。试编写程序把以汉语拼音表示的中文名转换为英文名。

【设计思路】利用 C 库函数 strchr( )、strcpy( )和 strcat( )实现。

【程序设计】

```
void Change(char * cname,char * ename)
{
    char * r;
    r = strchr(cname,' ');
    * r ='\0';                     /* 将姓和名分开 */
    strcpy(ename,r +1);            /* 提取名 */
    strcat(ename," ");
    strcat(ename,cname);          /* 提取姓 */
}
```

那么,能否用数据结构解决这个问题呢? 请接着看下面内容即可获得答案。

3. 串与线性表

串的逻辑结构与线性表相同,但串有其特殊性,具体体现在:

◊ 线性表的数据元素类型可以是任意数据类型,而串的数据元素只能是字符类型;

◊ 线性表一次操作一个数据元素,而串一次操作多个数据元素,即以子串为操作单位。

因此,串是一种特殊的线性表。

4.1.2　串的抽象数据类型

串的抽象数据类型表示串中的数据元素、数据元素之间的逻辑关系,以及对串的操作集合。其定义如下。

ADT String
数据元素集合:
字符的一个有限序列。
基本操作:
◊ 初始化串(InitString):初始化串
◊ 求串长(StrLen):求取字符串中字符的个数
◊ 取子串(SubStr):获取字符串中的一个连续字符序列
◊ 定位串(Index):查找是否存在子串
◊ 串连接(Concat):连接两个字符串形成一个新串
◊ 串比较(StrCmp):比较两个串的大小
◊ 判空串(StrEmpty):判断所给字符串是否为空串
◊ 串替换(StrReplace):替换字符串中指定的所有子串
◊ 串赋值(StrAssign):给串赋值
◊ 串插入(StrInsert):在串的指定位置处插入新串
◊ 串删除(StrDelete):删除串中指定位置开始的数个字符

在串的操作中,串赋值 StrAssign、串比较 StrCmp、求串长 StrLen、串连接 Concat 和求子串 SubStr 为串的最小操作子集。利用它们可以实现串的其他操作。

4.2　串的顺序存储结构

串的存储结构分为顺序存储结构和链式存储结构。在使用时,应根据具体情况进行选择。

由于顺序存储结构较容易实现,因此使用较多一些。

与线性表的顺序存储类似,串的顺序存储也是用一组地址连续的存储单元存放串的字符序列。这组连续的存储单元可以是静态分配的,也可以是动态分配的。因此,形成了串的定长顺序存储表示和堆存储表示。

4.2.1　串的定长顺序存储表示

1. 定义

串的定长顺序存储表示与线性表的顺序存储结构类似,也是采用静态内存分配方式,分配一组地址连续的存储单元,用来存放串的字符序列。在 C 语言中,静态内存分配通常是用数组来实现的。

串的定长顺序存储表示用 C 语言描述为:

```
#define STRSIZE 100
typedef struct{
    char ch[STRSIZE];
    int length;
}SqString;
```

其中,ch 数组用于存放串中的每个字符,STRSIZE 为串的最大长度,length 为串的当前实际长度。length 的取值范围为: $0 \leqslant length \leqslant STRSIZE$。

需要注意的是:由于串长是固定的,因此超过串长的串值必须舍去,称为截断。

2. 基本操作

(1) 初始化串

初始化串就是用指定的字符序列生成串。算法的关键是根据 C 语言字符串的结束符求得字符序列的长度。

♓ 算法 4 – 1　初始化串

```
int InitString(SqString * S,char * str)
{/* S 为指向字符串的指针,str 为字符序列 */
    int i,len = 0;
    char * c = str;
    while(* c!='\0'){len ++ ;c ++ ;}        /* 求 str 的长度 */
    S -> length = len;                       /* 置串的当前长度值 */
    for(i = 0; i < S -> length; i ++)        /* 赋值串值 */
        S -> ch[i] = str[i];
    return 1;
}
```

(2) 串插入

在串的指定位置 i(0 ≤ i ≤ length)的后面,插入指定的子串。指定位置为 0 时,表示在串的最前面插入。

由于串长是固定的,因此在插入的过程中,就可能出现插入后的串长超过串的最大长度的情况,这时就必须对串作截断处理。

操作步骤如下。

① 判断指定的插入位置是否合法。若不合法,则算法结束。

② 根据串长决定是否作截断处理。分为以下 3 种情况(如图 4-1 所示):

↪ 若插入后的串长小于 STRSIZE,则正常插入;

↪ 若插入后的串长大于 STRSIZE,且串 T 可以全部插入,则主串 S 被部分截断;

↪ 否则串 T 和串 S 都要被部分截断。

③ 插入位置后的所有字符依次后移子串的长度。

④ 插入子串。

⑤ 修改串长域。

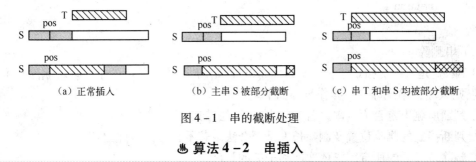

(a) 正常插入　　　　　　(b) 主串 S 被部分截断　　　　　(c) 串 T 和串 S 均被部分截断

图 4-1　串的截断处理

🔥 **算法 4-2　串插入**

```
int StrInsert(SqString * S,int pos,SqString T)
{/* S 为指向字符串的指针,pos 为插入位置,T 为待插入的子串 * /
    int i;
    if(pos < 0 ‖ pos > S -> length)
    {
        printf("插入位置不合法,其取值范围应该是[0,length]");
        return 0;
    }
    /*插入后串长小于等于 STRSIZE,则正常插入 * /
    if (S -> length + T.length <= STRSIZE)
    {
        for(i = S -> length - 1; i >= pos - 1; i --)        /*插入位置后的字符后移 * /
            S -> ch[i + T.length] = S -> ch[i];
        for(i = 0; i < T.length; i ++)                      /*插入 * /
            S -> ch[i + pos] = T.ch[i];
        S -> length + = T.length;                           /*设置串长 * /
    }
    /*插入后串长大于 STRSIZE,则串 T 可以全部插入,串 S 部分被截断 * /
    else if(T.length + pos <= STRSIZE)
    {
        for(i = STRSIZE - 1;i > T.length + pos - 1;i --)/*插入位置后的字符后移 * /
```

```
                    S->ch[i]=S->ch[i-T.length];
         for (i=0;i<T.length;i++)                    /*插入*/
             S->ch[i+pos]=T.ch[i];
         S->length=STRSIZE;
     }
     /*插入后串长大于STRSIZE,并且串T部分也要被截断*/
     else
     {
         for (i=0;i<STRSIZE-pos;i++)                 /*插入*/
             S->ch[i+pos]=T.ch[i];
         S->length=STRSIZE;
     }
     return 1;
}
```

(3) 串删除

串删除就是从串的指定位置($0 \leqslant i \leqslant length$)开始,删除指定长度的子串。若删除长度超过串长度,则只删到串尾即可。操作步骤如下。

① 判断所删串是否为空串。若为空串,则算法结束。

② 判断指定的删除位置及删除长度是否合法。若不合法,则算法结束。

③ 删除位置后的所有字符依次前移子串的长度。

④ 修改串长域。

♨ 算法 4-3　串删除

```
int StrDelete(SqString *S,int pos,int len)
{/*S为指向字符串的指针,pos为删除的起始位置,len为删除子串的长度*/
    int i;
    if(S->length<=0){printf("空串,无法进行删除操作!");return 0;}
    if(pos<0 || len<=0 || pos>S->length)
    {
        printf("删除位置pos以及删除长度len不合法,无法完成删除操作!");
        return 0;
    }
    /*当删除长度超过串长度,则只删到串尾即可*/
    if(pos+len>S->length) len=S->length-pos+1;
    for(i=pos+len;i<S->length;i++)        /*前移,删除*/
        S->ch[i-len]=S->ch[i];
    S->length-=len;                        /*改变串长*/
    return 1;
}
```

(4) 求子串

该操作从串的指定位置$i(0 \leqslant i \leqslant length)$处开始,取指定长度的子串。

♨ 算法 4 – 4　求子串

```
int SubStr(SqString S,int pos,int len,SqString * T)
{/* S 为指向串的指针,pos 为子串的起始位置,len 为子串的长度,T 用于返回子串 * /
    int i;
    if(S.length <= 0){printf("空串,无法完成求子串操作!");return 0;}
    if(pos < 0 ‖ len <= 0 ‖ pos > S.length)
    {
        printf("子串位置 pos 及子串长度 len 不合法,无法完成求子串操作!");
        return 0;
    }
    /* 当子串长度超过主串长度,则只取到串尾即可 * /
    if(pos + len > S.length) len = S.length – pos + 1;
    for(i = 0;i < len;i ++ )                        /*取子串 * /
        T -> ch[i] = S.ch[i + pos];
    T -> length = len;
    return 1;
}
```

(5) 串连接

该操作把两个串 S 和 T 连接在一起,形成一个新串。在串连接过程中,也可能出现串长超过串最大长度的问题,因此也必须考虑串截断的问题。串连接一般有三种情况:

① 若串连接后,串的长度小于串的最大长度,则把 T 串连接到 S 串的尾部;

② 若串连接后,串的长度大于串的最大长度但 S 串小于串的最大长度,则对 T 串超出部分进行截断,截断后连接到 S 串的尾部;

③ 若 S 串等于串的最大长度,则 T 串全部被截断,不做连接操作。

♨ 算法 4 – 5　串连接

```
int Concat(SqString * S,SqString T)
{/* S 为指向字符串的指针,T 为被连接的字符串 * /
    int i;
    /* 串的长度小于串的最大长度 * /
    if(S -> length + T.length <= STRSIZE)
    {
        for(i = 0;i < T.length;i ++ ) S -> ch[i + S -> length] = T.ch[i];
        S -> length + = T.length;
    }
    /* 串的长度大于串的最大长度但 S 串小于串的最大长度 * /
    else if(S -> length < STRSIZE)
    {
        for(i = S -> length;i < STRSIZE;i ++ )
            S -> ch[i] = T.ch[i - S -> length];
```

```
        S -> length = STRSIZE;
    }
    return 1;
}
```

(6) 串比较

比较两个串 S 和 T,若串 S 和 T 相等则算法返回 0;若 S 大于 T 则返回正数;若 S 小于 T 则算法返回负数。

♨ 算法 4 – 6　串比较

```
int StrCmp(SqString S,SqString T)
{/* S 与 T 为参与比较的两个字符串指针 */
    int i;
    /* 依次比较两个字符串的相应字符 */
    for (i = 0;i < S.length && i < T.length;i ++)
        if (S.ch[i]!= T.item[i]) return(S.ch[i] – T.ch[i]);
    return(S.length – T.length);
}
```

【例 4 – 2】　已知串 S = "String"和串 T = " Operation",请用串的基本操作(不包括连接算法)实现连接串 S 和串 T 的算法。

【设计思路】在串 S 的尾部插入串 T,即可求得问题的解。

【程序设计】

```
#include < stdio.h >
#include "SqString.h"              /* 包含串的基本操作 */
int concat(SqString * s,SqString t)
{
    StrInsert(s,s -> length,t);    /* 使用算法 4 – 2 在 S 串的尾部插入串 T */
    return 1;
}

int main(int argc,char * argv[])
{
    int i;
    SqString S = {"String",6};
    SqString T = {" Operation",10};
    concat(&S,T);
    for(i = 0;i < S.length;i ++) printf("% c",S.ch[i]);
    return 1;
}
```

【运行结果】

```
String Operation
```

4.2.2　串的堆存储表示

1. 定义

串的堆存储表示是指采用动态内存分配方式,分配一组地址连续的存储单元,用来存放串的字符序列。由于采用动态内存分配方式,因此,串的长度是可变的,不存在串截断的问题。

串的堆存储表示用 C 语言描述为:

```
typedef struct{
    char * ch;
    int length;
}SqVString;
```

其中,ch 指向动态分配内存的首地址,length 为串的当前实际长度。

2. 基本操作

(1) 初始化串

初始化串就是用指定的字符序列生成串。

☚算法 4 – 7　初始化串

```
void InitString(SqVString * S,char * str)
{/* S 为指向字符串的指针,str 为字符序列 */
    int i,len = 0;
    char * c = str;
    while( * c!='\0'){len ++;c ++;}            /*求 str 的长度 */
    S -> ch = (char * )malloc(len * sizeof(char));  /* 为串动态分配内存空间 */
    S -> length = len;                          /* 置串的当前长度值 */
    for(i = 0; i < S -> length; i ++)          /* 赋值串值 */
        S -> ch[i] = str[i];
}
```

(2) 串插入

该操作在串的指定位置 i(1≤i≤length + 1)处,插入指定的子串。在插入时,根据插入子串后的总长度重新分配内存空间。具体操作步骤如下。

① 判断指定的插入位置是否合法。若不合法,则算法结束。

② 重新分配串的存储空间,使之有足够空间容纳被插入的子串。

③ 插入位置后的所有字符依次后移子串的长度。

④ 插入子串。

⑤ 修改串长域。

☚算法 4 – 8　串插入

```
int StrInsert(SqVString * S,int pos,SqVString T)
{/* S 为指向字符串的指针,pos 为插入位置,T 为待插入的子串 */
```

```
    int i,len;
    if(pos < 0 ‖ pos > S -> length)
    {
        printf("插入位置不合法,其取值范围应该是[0,length]");
        return 0;
    }
    len = S -> length + T.length;                /*计算插入后的串长*/
    S -> ch = (char*)realloc(S -> ch,len*sizeof(char));/*为串开辟足够空间*/
    if(!S -> ch){printf("分配空间出错,无法完成串插入操作");return 0;}
    for(i = S -> length -1;i >= pos;i --)        /*后移,腾出插入子串的空间*/
        S -> ch[i + T.length] = S -> ch[i];
    for(i = 0; i < T.length; i ++)               /*插入*/
        S -> ch[i + pos] = T.ch[i];
    S -> length = len;                           /*改变串长*/
    return 1;
}
```

(3) 串删除

该操作从串的指定位置 i(1≤i≤length)开始,删除指定长度的子串。删除时,直接把串中不删除部分复制到一个临时串中,从而完成删除任务,而不是直接在串上删除。操作步骤如下。

① 判断所删串是否为空串。若为空串,则算法结束。

② 判断指定的删除位置及删除长度是否合法。若不合法,则算法结束。

③ 为临时串分配空间。

④ 把删除位置前的所有字符复制到临时串。

⑤ 把被删串的后半部分复制到临时串。

⑥ 释放原有串。

⑦ 把临时串作为删除后的串。

♨ 算法 4-9　串删除

```
    int StrDelete(SqVString * S,int pos,int len)
    {/*S 为指向字符串的指针,pos 为删除位置,len 为删除子串的长度*/
    int i,size;
    char * str;
    if(pos < 0 ‖ len <= 0 ‖ pos > S -> length ‖ S -> length <= 0)
    {
        printf("删除位置 pos 及删除长度 len 不合法,无法完成删除操作!");
        return 0;
    }
    /*计算插入后的串长,若 pos + len 大于串长,则从 pos 删到串尾*/
    size = S -> length - len;
    if(size <= 0) size = pos;
```

```
    str = (char * )malloc(size * sizeof(char));          /* 为临时串分配空间 */
    if(!str){printf("分配空间出错,无法完成串删除操作");return 0;}
    for(i = 0; i < pos; i ++)                /* 把删除位置前的所有字符复制到临时串 */
        str[i] = S -> ch[i];
    for(i = pos + len;i < S -> length;i ++)    /* 把被删串的后半部分复制到临时串 */
        str[i - len] = S -> ch[i];
    free(S -> ch);                               /* 释放原有串 */
    S -> length = size;                          /* 生成删除后的串 */
    S -> ch = str;
    return 1;
}
```

（4）求子串

该操作从串的指定位置 i(1≤i≤length) 处开始,取指定长度的子串。

♨ 算法 4 – 10　求子串

```
int SubStr(SqVString S,int pos,int len,SqVString  * T)
{/* S 为指向串的指针,pos 为子串起始位置,len 为子串的长度,T 用于返回子串 */
    int i;
    if(S.length <= 0){printf("空串,无法完成求子串操作!");return 0;}
    if(pos < 0 ‖ pos > S.length ‖ len <= 0)
    {
        printf("子串位置 pos 及子串长度 len 不合法,无法完成求子串操作!");
        return 0;
    }
    /* 当子串长度超过主串长度,则只取到串尾即可 */
    if(pos + len > S.length) len = S.length – pos + 1;
    if(T -> length) free(T -> ch);                    /* 释放 T 的原有空间 */
    T -> ch = (char * )malloc(len * sizeof(char));    /* 为子串分配空间 */
    if(!T -> ch){printf("分配空间出错,无法完成求子串操作");return 0;}
    for(i = 0;i < len;i ++)                            /* 复制子串 */
        T -> ch[i] = S.ch[i + pos];
    T -> length = len;
    return 1;
}
```

（5）串连接

该操作把两个串 S 和 T 连接在一起,形成一个新串。

♨ 算法 4 – 11　串连接

```
int Concat(SqVString  * S,SqVString T)
{/* S 为指向字符串的指针,T 为被连接字符串 */
    int i,len;
```

```
        len = S -> length + T.length;                    /*计算连接后,字符串的长度*/
        S -> ch = (char *)realloc(S -> ch,len * sizeof(char));    /*为新串开辟空间*/
        if(!S -> ch){printf("分配空间出错,无法完成串连接操作");return 0;}
        for(i = 0;i < T.length;i ++)                      /*把串 T 连接到串 S 的尾部*/
            S -> ch[i + S -> length] = T.ch[i];
        S -> length = len;
        return 1;
    }
```

【例 4 - 3】 设计一个串替换算法。在串 S 中,将第 pos 个字符开始的 len 个字符构成的子串用串 T 替换。

【设计思路】生成一个新串 str,将 S 串的 1 ~ pos 个字符复制到 str 中,再将 T 串中的 1 ~ len 个字符复制到 str 中,最后将 S 串的 pos + len ~ length 个字符复制到 str 中。

【程序设计】

```
        int StrReplace(SqVString * S,int pos,int len,SqVString T)
        {/* S 为指向串的指针,pos 为被替换子串的起始位置,len 被替换子串的长度,T 为替换子串*/
            int i,size;
            char * str;
            if(pos < 0 ‖ len <= 0 ‖ pos > S -> length ‖ pos + len - 1 > S -> length)
            {
                printf("参数不合法,无法完成串替换操作!");
                return 0;
            }
            size = S -> length - len + T.length;             /*计算替换后的串长*/
            str = (char *)malloc(size * sizeof(char));        /*为临时串分配空间*/
            if(!str){printf("分配空间出错,无法完成串替换操作");return 0;}
            for(i = 0; i < pos; i ++)                         /*将 S 串的 1 ~ pos 个字符复制到 str 中*/
                str[i] = S -> ch[i];
            for(i = 0;i < T.length;i ++)                      /*将 T 串中的 1 ~ len 个字符复制到 str 中*/
                str[pos + i - 1] = T.ch[i];
            for(i = pos;i < S -> length;i ++)   /*将 S 串的 pos + len ~ length 个字符复制
                                                               到 str 中*/
                str[i + len - 1] = S -> ch[i + 1];
            free(S -> ch);                         /*释放原有串*/
            S -> length = size;                    /*生成替换后的串*/
            S -> ch = str;
            return 1;
        }
```

4.3　串的链式存储结构

1. 定义

与线性表的链式存储结构类似,串的链式存储也是用链表存储串值的字符序列。与线性表的链式存储结构不同的是,串的链式存储存在结点大小的问题,即每个结点存放一个字符,还是存放多个字符,如图4-2所示。图4-2(a)所示的结点大小为1,图4-2(b)所示的结点大小为3。每个结点存放多个字符的链式存储结构又称为块链。

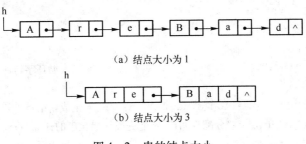

（a）结点大小为1

（b）结点大小为3

图4-2　串的结点大小

结点大小为1的串的存储结构为:

```
typedef struct Node{
    char data;
    struct Node * next;
}SNode, * PSNode;
typedef SNode * LinkString;
```

结点大小大于1的串的存储结构为:

```
#define NODESIZE 10
typedef struct Node{
    char data[NODESIZE];
    struct Node * next;
}SSNode, * PSSNode;
typedef SSNode * SLinkString;
```

当结点大小大于1时,串的长度不一定是结点大小的整数倍,因此最后一个结点不一定被串值占满。这时,可以用一个特殊字符,例如"#"(它一定不属于串的字符集),填充剩余空间。而且对结点大小大于1的链串,在进行插入和删除操作时,可能会引起大量字符的移动,使操作变得复杂,因此,这里仅介绍结点大小为1的链串。

2. 基本操作

（1）初始化串

初始化串就是用指定的字符序列生成串。算法的基本思想是:建立一个新结点,并用读入的字符初始化该结点,然后把结点链入串的尾部。如果是第一个字符,则不需链入串,而是用串指针S指向它。以上过程反复进行,直至达到字符序列的尾部。在操作过程中,设置一个指针p指向新生成的结点,指针r指向p的前驱。

♨算法 4 – 12　初始化串

```
int InitString(LinkString * S,char * str)
{/* S 为指向串的二级指针,str 为字符序列 */
    char * ch = str;
    PSNode p,r = NULL;
    * S = NULL;
    while(* ch!='\0')                      /* 依次循环字符序列的每一个字符 */
    {
        p = (PSNode)malloc(sizeof(SNode)); /* 生成新结点 */
        if(!p){printf("分配空间错,不能完成初始化串的任务");return 0;}
        p -> data = * ch;                  /* 初始化新结点 */
        p -> next = NULL;
        if(!* S) * S = p;                  /* 第一个字符,用 S 指针指向它 */
        else                               /* 其他字符,链入串中 */
            r -> next = p;
        r = p;                             /* 移动 r 指针,使之始终指向 p 的前驱 */
        ch ++;                             /* 指向下一个字符 */
    }
    return 1;
}
```

(2) 串插入

该操作在串 S 的第 pos 个字符后面插入串 T。算法基本思想是:设置一个指针 p,指向 S 的第 pos 个字符所在的结点。然后,在 S 的第 pos 个结点和第 pos + 1 个结点处将 S 断开,把串 T 插入。若 pos 为 0,则直接把 T 插在 S 的最前面。

♨算法 4 – 13　串插入

```
int StrInsert(LinkString * S,int pos,LinkString T)
{/* S 为指向字符串的二级指针,pos 为插入位置,T 为待插入的子串 */
    int j = 0;
    LinkString p,r;
    p = * S;
    if(!* S)                               /* 若 S 为空串,则 T 即为 S 串 */
    {
        * S = T;
        return 1;
    }
    while(p && j < pos - 1)                /* 寻找插入位置 */
    {
        j ++;
        p = p -> next;
    }
```

```
    if(!p || j > pos)
    {
        printf("插入位置不合法,不能完成串插入的任务");
        return 0;
    }
    r = T;
    while(r -> next) r = r -> next;          /* 寻找 T 串的尾 */
    if(pos == 0)                             /* 在串 S 的最前面插入 T */
    {
        r -> next = p;
        *S = T;
    }
    else                                     /* 在其他位置插入 T */
    {
        r -> next = p -> next;
        p -> next = T;
    }
    return 1;
}
```

(3) 串删除

该操作从串 S 的第 pos 个字符开始,删除长度为 len 的子串。算法基本思想:首先寻找被删子串的起始位置 pos,并用 q 指针指向其前驱。然后根据子串的长度 len 寻找被删子串尾,并用指针 p 指向它。最后从主串中删除子串,并依次释放 p -> next 至 q 之间的所有结点(即被删子串的所有结点)。

♨ 算法 4-14　串删除

```
int StrDelete(LinkString * S,int pos,int len)
{/* S 为指向串的二级指针,pos 为被删子串的起始位置,len 为被删子串的长度 */
    int j = 1,k = 0;
    PSNode p = NULL,q = NULL,r;
    p = *S;
    while(p&&j < pos)                    /* 寻找删除位置,并用 q 指向它的前驱 */
    {
        q = p;
        p = p -> next;
        j ++;
    }
    if(!p || j > pos)                    /* 未找到删除子串 */
    {
        printf("删除位置不合法,不能完成串删除任务");return 0;
    }
    while(p && k < len -1)               /* 寻找被删子串尾位置,并用 p 指向它 */
```

```
    {
        p = p -> next;
        k ++;
    }
    if(!p || k > len - 1)
    {
        printf("删除长度不合法,不能完成串删除任务");
        return 0;
    }
    /*从主串中删除子串*/
    if(!q)                          /*被删子串在 S 的最前面*/
    {
        r = *S;
        *S = p -> next;             /*删除子串*/
    }
    else                            /*被删子串在其他位置*/
    {
        r = q -> next;
        q -> next = p -> next;      /*删除子串*/
    }
    p -> next = NULL;
    while(r)                        /*依次释放被删子串的每一个结点*/
    {
        p = r;    r = r -> next;
        free(p);
    }
    return 1;
}
```

(4) 求子串

求子串就是从串的指定位置开始取指定长度的字符序列。算法基本思想:首先在串 S 中找到作为子串起始字符的第 pos 个字符,复制该结点,并把它作为子串链表的第一个结点;然后继续扫描串 S,每扫描一个结点,就把该结点复制下来,并插入到子串链表的尾部,重复此过程,直至扫描完 len(指定长度)个结点为止,如图 4 – 3 所示。

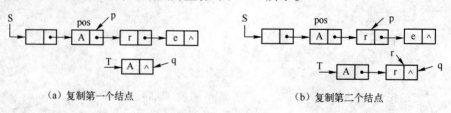

（a）复制第一个结点   （b）复制第二个结点

图 4 – 3   求子串

由于每次均在子串链表的尾部进行插入操作,因此为了操作方便,特设置一个指针 q,指向子串链表的尾部。

♨ 算法 4 – 15   求子串

```
int SubStr(LinkString S,int pos,int len,LinkString * T)
{/* S 为指向串的指针,pos 为子串的起始位置,len 为子串的长度,T 用于返回子串 */
    int i =1;
    PSNode p,q,r;
    p = S;
    while(p && i < pos)                          /* 寻找子串的位置,并用 p 指向它 */
    {
        p = p -> next;
        i ++;
    }
    if(!p || i > pos)                            /* 未找到 */
    {
        printf("位置不合法,不能完成求子串任务");  return 0;
    }
    * T = (PSNode)malloc(sizeof(SNode));    /* 生成子串的第一个结点 */
    ( * T) -> data = p -> data;
    ( * T) -> next = NULL;
    i =1;
    q = * T;
    while(p -> next&& i < len)                   /* 生成子串的其他结点 */
    {
        p = p -> next;i ++;
        r = (PSNode)malloc(sizeof(SNode));
        r -> data = p -> data;
        q -> next = r;q = r;
    }
    if(i < len){printf("子串长度不合法,不能完成求子串任务");return 0;}
    q -> next = NULL;
    return 1;
}
```

（5）串连接

该操作把两个串 S 和 T 连接在一起。算法基本思想：首先扫描 S 串，找到 S 串的最后一个结点，并用指针 p 指向之；然后把串 T 作为 p 的后继链到 S 串中。

♨ 算法 4 – 16   串连接

```
int Concat(LinkString * S,LinkString T)
{/* S 和 T 为待连接的两个字符串 */
    PSNode p;
    if(!* S)                                     /* 若 S 为空串,则直接返回 T 串 */
    {
```

```
            * S = T;
            return 0;
        }
        p = * S;
        while(p ->next) p = p ->next;        /* 寻找 S 串的最后一个结点 * /
        p ->next = T;                        /* 连接 * /
        return 1;
    }
```

【例 4 - 4】　设计一个算法判断串 S 是否为有序串,即串中的字符为递增或递减排列。

【设计思路】设置两个指针 p 和 q,分别指向串中相邻的两个字符。依次比较这两个字符,若满足递增或递减关系,则为有序串,否则为无序串。

【程序设计】

```
        int SortedString(LinkString S)
        {/* S 为指向字符串的指针 * /
            PSNode p,q = NULL;
            p = S;
            q = p ->next;
            while(q && q ->data >= p ->data)       /* 依次比较 p 和 q * /
            {
                p = p ->next;                      /* p 后移 * /
                q = q ->next;                      /* q 后移 * /
            }
            if(!q)  return 1;     /* q 为空,说明整个串的所有字符均比较过了,是有序串 * /
            else    return 0;
        }
```

4.4　串的模式匹配

扫描主串 S,寻找子串 T 在主串 S 中首次出现的起始位置,称为串的模式匹配。其中,主串 S 又称为目标串;子串 T 又称为模式串。

由于串的顺序存储表示使用较多,因此这里介绍采用顺序存储结构的两种串的模式匹配算法——Brute-Force(布鲁斯 - 福特斯)算法和 KMP 算法。

4.4.1　Brute-Force 算法

1. 算法基本思想

Brute-Force 算法也称为朴素的模式匹配算法,其基本思想是:从主串 S = "$s_0 s_1 \cdots s_{n-1}$" 的第一个字符起,与模式串 T = "$t_0 t_1 \cdots t_{m-1}$" 的第一个字符比较。若相等,则依次比较后续字符;否则,从主串的第二个字符起,重新与模式串中的字符比较。重复这个过程,直至模式串中的每个字符依次与主串中的一个连续字符序列相等,则匹配成功;否则,匹配失败。下面以一个例子演示匹配过程。

【例 4 - 5】　设主串 S = "cbaccbacbbb",模式串 T = "cbacb",请在主串 S 中寻找模式串 T。

解：

设置两个变量 i 和 j,用 i 指向主串 S 中当前比较字符在串中的位置,j 指向模式串 T 中当前比较字符在串中的位置。具体匹配过程如图 4 - 4 所示,图中箭头指示当前比较的字符。

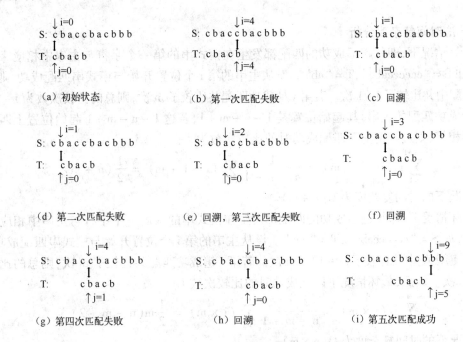

图 4 - 4　Brute-Force 算法模式匹配过程

从比较过程可以看到,算法非常简单,但匹配中存在大量回溯。如第一趟匹配失败后,指针 i 由 4 回溯到 1,以便进行第二趟匹配。

2. 算法实现

算法 4 - 17　Brute-Force 算法

```
int BFIndex(SqString S,SqString T)
{/ * S 为主串,T 为模式串 * /
    int i = 0,j = 0,k = -1;
    while(i < S.length && j < T.length)
    {
        if(S.ch[i] == T.ch[j])              / * 相等,则继续比较 * /
        {
            i ++ ;
            j ++ ;
        }
        else                                / * 回溯 * /
        {
            i = i - j + 1;
            j = 0;
```

```
            }
        }
    if(j >= T.length)    k = i - T.length;        /*返回匹配位置*/
    return k;
}
```

3. 算法时间复杂度分析

在最好情况下,即每趟不成功的匹配都发生在模式串的第一个字符与主串中相应字符的比较中,如 S = "ccccccabc",T = "ab"。设从主串的第 i 个位置开始与模式串匹配成功,则在前 $i-1$ 趟匹配中共比较了 $i-1$ 次。若第 i 趟成功匹配共比较了 m 次,则总的比较次数为 $i-1+m$ 次。对于成功匹配的主串,其起始位置是 $1 \sim n-m+1$,若这 $1 \sim n-m+1$ 起始位置上匹配成功的概率相等,则最好情况下匹配成功时的比较次数为

$$\sum_{i=1}^{n-m+1} p_i(i-1+m) = \frac{1}{n-m+1}\sum_{i=1}^{n-m+1}(i-1+m) = \frac{1}{2}(n+m)$$

即最好情况下的时间复杂度为 $O(n+m)$。

在最坏情况下,即每趟不成功的匹配都发生在模式串的最后一个字符与主串中相应字符的比较中,如 S = "ccccccabc",T = "cca"。设从主串的第 i 个位置开始与模式串匹配成功,则在前 $i-1$ 趟匹配中共比较了 $(i-1) \times m$ 次。若第 i 趟成功匹配共比较了 m 次,则总的比较次数为 $i \times m$ 次。因此,最坏情况下匹配成功时的比较次数为

$$\sum_{i=1}^{n-m+1} p_i(i \times m) = \frac{1}{n-m+1}\sum_{i=1}^{n-m+1}(i \times m) = \frac{1}{2}m(n-m+2)$$

即最坏情况下的时间复杂度为 $O(n \times m)$。

*4. 4. 2 KMP 算法

D. E. Knuth(克努特)、J. H. Morris(莫里斯)和 V. R. Pratt(普拉特)三个人同时提出了模式匹配的改进算法,称为 Knuth-Morris-Pratt 算法,简称为 KMP 算法。该算法较 Brute-Force 算法效率高。

1. 回溯是否必要

通过分析图 4 - 4 所示的匹配过程,可以得出造成 Brute-Force 算法效率低的原因在于回溯,即在某趟匹配失败后,主串指针 i 要回到本趟比较的首字符的下一个字符位置,模式串指针 j 要回到首字符位置,然后进行新一趟的匹配。然而,这些回溯并非是必要的。在图 4 - 4 中,主串 S = "$s_0s_1s_2s_3s_4s_5s_6s_7s_8s_9s_{10}$" = "cbaccbacbbb",模式串 T = "$t_0t_1t_2t_3t_4$" = "cbacb",当第一次匹配失败后,下一次的比较位置为 i = 1 和 j = 0,即比较 s_1 和 t_0。而 $t_0 \neq t_1$(即 $c \neq b$),$s_1 = t_1$,推导出 $s_1 \neq t_0$,则比较 s_1 和 t_0 无意义。同理,$t_0 \neq t_2$(即 $c \neq a$),$s_2 = t_2$,推导出 $s_2 \neq t_0$,则比较 s_2 和 t_0 无意义。$t_0 = t_3$(即 $c = c$),$s_3 = t_3$,推导出 $s_3 = t_0$,比较 s_3 和 t_0 也是多余的。因此,可直接比较 s_4 和 t_1,此时 i 不需要回溯,而 j 向右"滑动"一个字符,这应该是第三趟匹配过程。这样第三趟匹配就充分利用了第二趟匹配信息。

从以上分析可以看到,当 s_i 与 t_j 比较不相等时,主串指针 i 不必回溯,模式串指针 j 向右"滑动"到 k 位置($0 \leq k < j$),直接比较 s_i 与 t_k。现在的关键问题是如何确定 k 值。答案是使用 next[j] 函数。

2. next[j] 函数

当模式串 $T = "t_0t_1\cdots t_k\cdots t_{j-k}t_{j-k+1}\cdots t_{j-1}t_j"$ 中存在 $"t_0t_1\cdots t_{k-1}" = "t_{j-k}t_{j-k+1}\cdots t_{j-1}"$ 时,称等式左边式子为模式前缀,等式右边式子为模式后缀。

若在某一趟比较中出现以下情形:

$$s_0s_1\cdots s_{i-j-1}s_{i-j}\cdots s_{i-1}s_i\cdots$$
$$\parallel \quad \parallel \quad \nparallel$$
$$t_0 \quad t_1\cdots t_{j-1}t_j$$

它相当于:

$$s_0s_1\cdots t_0t_1\cdots t_{k-1}\cdots t_{j-k}t_{j-k+1}\cdots t_{j-1}s_i\cdots$$
$$\parallel \quad \parallel \quad \parallel$$
$$t_0 \quad t_1 \cdots t_{k-1}$$

则下一趟匹配时,模式前缀不必再比较了,因为上一趟匹配时已经比较了模式后缀,而模式后缀和模式前缀相等。因此,在下一趟匹配时,应把模式串指针 j 向右"滑动"到 k 位置,直接比较 s_i 和 t_k 即可。

模式串中,每一个 t_j 都有一个 k 值对应,这个 k 值仅与模式串本身有关,而与主串 S 无关。一般用 next[j] 函数来表示 t_j 对应的 k 值。

next[j] 函数定义为:

$$next[j] = \begin{cases} -1 & ,j=0 \\ \max\{k \mid 0<k<j \text{ 且 } "t_0t_1\cdots t_{k-1}" = "t_{j-k}t_{j-k+1}\cdots t_{j-1}"\} & ,\text{当此集合非空时} \\ 0 & ,\text{其他} \end{cases} \quad (4-1)$$

其中,$\max\{k \mid 0<k<j \text{ 且 } "t_0t_1\cdots t_{k-1}" = "t_{j-k}t_{j-k+1}\cdots t_{j-1}"\}$ 表明模式串中存在 $t_0t_1\cdots t_{k-1}$ 和 $t_{j-k}t_{j-k+1}\cdots t_{j-1}$ 两个相等的子串,且这两个子串是所有相等子串中长度最长的。

下面讨论求 next[j] 函数值问题。从 next[j] 函数定义式(4-1)可以得出,求解 next[j] 函数值的过程就是一个递推的过程。

初始时:

$$next[0] = -1, next[1] = 0 \quad (4-2)$$

若存在 next[j] = k,即模式串 T 中存在

$$"t_0t_1\cdots t_{k-1}" = "t_{j-k}t_{j-k+1}\cdots t_{j-1}" \quad (0<k<j) \quad (4-3)$$

k 为满足等式的最大值,则计算 next[j+1] 的值存在以下两种情况:

① 若 $t_k = t_j$,则表明在模式串 T 中存在

$$"t_0t_1\cdots t_{k-1}t_k" = "t_{j-k}t_{j-k+1}\cdots t_{j-1}t_j" \quad (0<k<j) \quad (4-4)$$

且不可能存在另一个 $k'(k'>k)$ 满足式(4-4),因此可得到

$$next[j+1] = next[j]+1 = k+1 \quad (4-5)$$

② 若 $t_k \neq t_j$,则表明在模式串 T 中存在

$$"t_0t_1\cdots t_{k-1}t_k" \neq "t_{j-k}t_{j-k+1}\cdots t_{j-1}t_j"$$

此时,可以把计算 next[j] 函数值的问题看成是一个模式匹配过程。而整个模式串既是主串又是模式串,如图4-5所示。

之前在匹配过程中,式(4-3)成立,则当 $t_k \neq t_j$ 时,应将模式串 T' 向右滑动至 $k' = next[k]$,并把 k'位置上的字符与"主串"T 中 j 位置上的字符作比较。

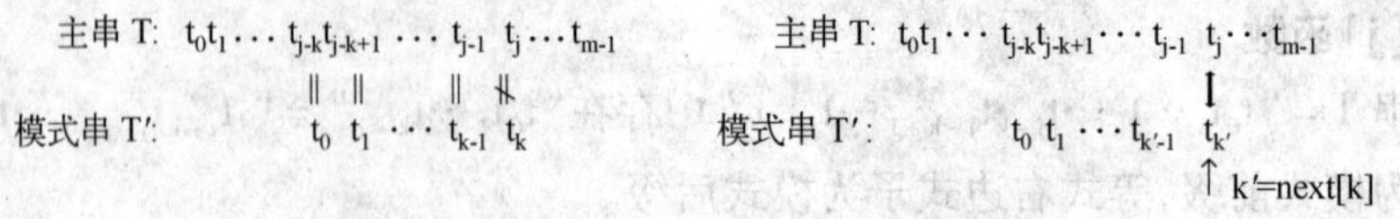

主串 T: $t_0 t_1 \cdots t_{j-k} t_{j-k+1} \cdots t_{j-1}\ t_j \cdots t_{m-1}$ 　　　　主串 T: $t_0 t_1 \cdots t_{j-k} t_{j-k+1} \cdots t_{j-1}\ t_j \cdots t_{m-1}$

模式串 T′: 　　　　$t_0\ t_1\ \cdots\ t_{k-1}\ t_k$ 　　　　模式串 T′: 　　　　$t_0\ t_1\ \cdots\ t_{k'-1}\ t_{k'}$

$\uparrow k' = next[k]$

　　（a）模式指针滑动前 　　　　　　　　　　（b）模式指针滑动后

图 4-5　求 next[j+1]

若 $t_{k'} = t_j$，则表明在"主串"T 中第 $j+1$ 个字符之前存在一个最大长度为 k' 的子串，使得

$$\text{"} t_0 t_1 \cdots t_{k'-1} t_{k'} \text{"} = \text{"}\ t_{j-k'} t_{j-k'+1} \cdots t_{j-1} t_j \text{"}, (0 < k' < k < j) \tag{4-6}$$

成立，因此有

$$next[j+1] = k' + 1 = next[k] + 1 \tag{4-7}$$

若 $t_{k'} \neq t_j$，则将模式串 T′ 向右滑动至 $k'' = next[k']$ 后继续匹配。依此类推，直至 t_j 和模式 T′ 中的某个字符匹配成功或不存在任何 $k'(0 < k' < k < j)$ 满足式（4-6），此时有

$$next[j+1] = 0 \tag{4-8}$$

通俗地讲，next[j] 函数的求解方法是：模式串的第一个字符的 next[j] 函数值为 0，第二个字符的 next[j] 函数值为 1。求解其后字符的 next[j] 函数值时，应根据该字符的前一个字符进行比较。首先将 ch（该字符的前一个字符）与其 next[j] 函数值所指位置上的字符进行比较，如果相等，则该字符的 next[j] 函数值就是 ch 的 next[j] 函数值加 1；如果不等，向前继续寻找 next[j] 函数值所指字符的 next[j] 函数值，把该函数值所指字符与 ch′（该字符的前一个字符）进行比较，直到找到某个字符的 next[j] 函数值所指的字符与 ch′ 相等为止，则这个 next[j] 函数值加上 1 即为所求的 next[j] 函数值；如果向前一直找到第一个字符都没有找到相等的字符，则 next[j] 函数值为 1。

3. nextval[j] 函数

上述定义的 next[j] 函数在某些情况下还存在缺陷。例如，主串 S = "cccaccccb"，模式串 T = "ccccb"。在匹配时，当 $i=3$、$j=3$ 时，对应字符（a 和 c）不相等，则 j 向右滑动 next[j]，还需要进行 $i=3$、$j=2$，$i=3$、$j=1$ 和 $i=3$、$j=0$ 三次比较。然而，模式串比较有规律，即其第 1、2、3 和 4 个字符都相等，后三次比较结果与 $i=3$、$j=3$ 时的比较结果相同，因此可以不必进行后三次的比较，而是直接将模式向右滑动 4 个字符，比较 $i=4$、$j=0$。

一般来说，若模式串 T 中存在 $t_j = t_k (k = next[j])$，且 $s_i \neq t_j$ 时，则下一次不必与 t_k 进行比较，而直接和 $t_{next[k]}$ 进行比较。因此，修正 next[j] 函数为 nextval[j]。

nextval[j] 函数定义为：

$$next[j] = \begin{cases} -1 & , j = 0 \\ next[j] & , t_j \neq t_k \\ next[k] & , t_j = t_k \\ 0 & , \text{其他} \end{cases} \tag{4-9}$$

其中，next[j]、next[k] 和 k 的含义与式（4-1）相同。

4. 算法基本思想

设 S 为主串，T 为模式串，i 为指向主串当前比较字符的指针（i 和 j 指示数组的下标，并不是真正的指针），j 为指向模式串当前比较字符的指针，且初始时 $i = j = 0$。

在匹配过程中，若 $s_i = t_j$，则 i 和 j 增一，继续比较；若 $s_i \neq t_j$（匹配失败），则 i 不变，j 向右滑动到 next[j] 值后进入下一趟匹配;若 j 滑动 0,则 i 增一,进入下一趟匹配。

　　重复以上过程,直至 i 大于等于主串 S 的长度,或 j 大于等于模式串 T 的长度为止。图 4-6 所示为图 4-4 例子的 KMP 算法匹配过程。

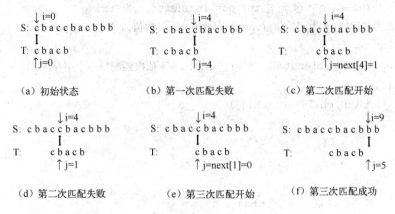

图 4-6　KMP 算法模式匹配过程

5. 算法实现

（1）求 next[j] 函数值的算法

♨ 算法 4-18　求 next[j] 函数值算法

```
void GetNext(SqString T,int next[])
{/* T 为模式串,next 存放 next 函数值 */
    int j = 1,k = 0;
    next[0] = -1;
    next[1] = 0;
    while(j < T.length)
    {
        if ( T.ch[j] == T.ch[k])
        {
            ++k;
            ++j;
            next[j] = k;
        }
        else if(k == 0)
        {
            ++j;
            next[j] = 0;
        }
        else    k = next[k];
    }
}
```

（2）KMP 算法

♨ 算法 4 – 19　　KMP 算法

```
int KMPIndex(SqString S,int pos,int next[] ,SqString T)
{/* S 为主串,pos 为起始位置,next 存放 next 函数值,T 为模式串 */
    int i = pos,j = 0,r = -1;
    while (i < S.length && j < T.length)/* 依次匹配每一个字符 */
    {
        if (S.ch[i] == T.ch[j])
        {
            ++i;
            ++j;
        }
        else if(j == 0)   ++i;
        else      j = next[j];
    }
    if (j >= T.length) r = i - T.length;
    return r;
}
```

（3）求 nextval[j] 函数值的算法

♨ 算法 4 – 20　　求 nextval[j] 函数值算法

```
void GetNextval(SqString T,int nextval[])
{/* T 为模式串,nextval 存放 nextval 函数值 */
    int j = 0,k = -1;
    nextval[0] = -1;
    while(j < T.length)
    {
        if(k == -1 || T.ch[j] == T.ch[k])
        {
            j ++;
            k ++;
            if(T.ch[j] == T.ch[k])
                nextval[j] = nextval[k];
            else
                nextval[j] = k;
        }
        else
            k = nextval[k];
    }
}
```

KMP 算法的时间复杂度为 O(n + m)。

【例 4 – 6】 求图 4 – 4 中模式串 T = "cbacb"的 next[j]和 nextval[j]函数值。

解：

（1）next[j]函数值

　　j = 0 时, next[0] = -1

　　j = 1 时, next[1] = 0

　　j = 2 时, next[2] = 0

　　j = 3 时, next[3] = 0

　　j = 4 时, next[4] = 1

（2）nextval[j]函数值

　　j = 0 时, next[0] = -1

　　j = 1 时, next[1] = 0

　　j = 2 时, next[2] = 0

　　j = 3 时, next[3] = -1

　　j = 4 时, next[4] = 0

【例 4 – 7】 求模式串 T = "abacababcc"的 next[j] 和 nextval[j]函数值。

解：

j	0	1	2	3	4	5	6	7	8	9
T	a	b	a	c	a	b	a	b	c	c
next	-1	0	0	1	0	1	2	3	2	0
nextval	-1	0	-1	1	-1	0	-1	3	2	0

如图 4 – 7 显示的是 next[j]的求解过程,图中没有给出 next[j]为 0 的情况。

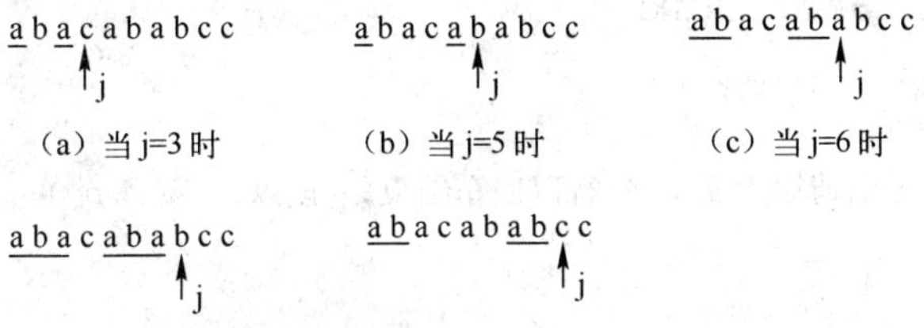

图 4 – 7 next[j]求解过程

4.5 综合实例——简易文本编辑软件

【问题描述】

设计一个文本编辑软件,使之能够对纯文本作如下操作:

① 输入文本;

② 插入文本(整行插入和子串插入);

③ 删除文本(整行删除和子串删除);

④ 查找文本;

⑤ 显示文本。

【问题分析】

　　文本编辑软件中,把用户输入的文本作为字符串来处理。为了处理的方便,该文本编辑软件采用串的堆存储结构存储文本。用户输入的每一行作为一个字符串,根据屏幕宽度设计字符串的最大长度为 60 个字符。一段文本可由多行这样的字符串组成,且以字符"#"作为段结束符。用一个数组存放指向该段中每一行的指针,而数组的下标隐含了行号信息。根据屏幕的高度设计最大行数为 24 行。

【问题实现】

1. 数据结构设计

```
#define MAXSTRING 60
#define MAXLINE 24
/*一行文本的结构*/
typedef struct{
    char *ch;
    int length;
}SqVString;
/*一段文本的结构*/
SqVString lines[MAXLINE];
```

2. 操作实现

（1）输入文本

```
void InputString()
{
    char buffer[MAXSTRING];
    SqVString *tmp;
    int LineNum = 0;
    printf("\n[请输入文本,每行以回车结束,一段以#结束]\n");
    flushall();
    do
    {
        gets(buffer);
        /*生成每一行*/
        tmp = (SqVString *)malloc(sizeof(SqVString));
        InitString(tmp,buffer);        /*使用算法4-7*/
        lines[LineNum] = tmp;
        LineNum ++;
    }while(buffer[0]!= '#');           /* #表示一段结束*/
    printf("OK...\n");
}
```

（2）显示文本

```
void DisplayString()
{
    int i = 0;
    while(lines[i] ->ch[0]!= '#')        /*输出每一行,直至遇到段结束符#*/
    {
        printf("% s \n",lines[i] ->ch);
        i ++;
    }
    printf("OK... \n");
}
```

（3）插入子串

```
void InsertSubstring()
{
    int i = 0,pos = 0;
    char buffer[MAXSTRING];
    SqVString tmp;
    printf("\n 请输入子串所在的行号:");
    scanf("% d",&i);
    printf("\n 请输入插入位置:");
    scanf("% d",&pos);
    printf("\n 请输入子串值:");
    scanf("% s",buffer);
    InitString(&tmp,buffer);        /*使用算法 4 -7 */
    StrInsert(lines[i],pos,tmp);        /*使用算法 4 -8 */
    printf("OK... \n");
}
```

由于篇幅所限,插入一行的功能由读者自行实现。

（4）删除子串

```
void DeleteSubstring()
{
    int i = 0,pos = 0,len = 0;
    printf("\n 请输入子串所在的行号:");
    scanf("% d",&i);
    printf("\n 请输入删除的起始位置:");
    scanf("% d",&pos);
    printf("\n 请输入删除的字符数:");
    scanf("% d",&len);
    StrDelete(lines[i],pos,len);        /*使用算法 4 -9 */
    printf("OK... \n");
}
```

（5）删除一行

```
void DeleteString()
{
    int i;
    printf("\n请输入要删除行的行号:");
    scanf("% d",&i);
    free(lines[i -1]);              /*释放该行所占的存储空间*/
    /*因为数组下标隐含行号,所以被删除行后边的所有行前移一个位置*/
    while(lines[i]->ch[0]!= '#')
    {
        lines[i -1] = lines[i];
        i ++;
    }
    lines[i -1] = lines[i];
    printf("OK... \n");
}
```

（6）查找子串

```
void FindSubstring()
{
    int i =0,pos =0;
    char buffer[MAXSTRING];
    int next[MAXSTRING];
    SqVString tmp;
    printf("\n请输入要查找的子串:");
    scanf("% s",buffer);
    InitString(&tmp,buffer);              /*使用算法 4 -7 */
    GetNextval(tmp,next);                 /*使用算法 4 -20 */
    while(lines[i]->ch[0]!= '#')
    {
        if((pos =KMPIndex(* lines[i],0,next,tmp))!= -1)
        {
            printf("[子串% s在第% d行的% d位置上出现] \n",buffer,i +1,pos);
            return;
        }
        i ++;
    }
    printf("OK... \n");
}
```

3. 主函数

```
int main(int argc,char * argv[])
{
    int choice;
    do
    {
        printf("\n");
        printf("\n    主菜单    \n");
        printf("\n--------------------------------\n");
        printf("\n   1    输入文本    \n");
        printf("\n   2    删除一行    \n");
        printf("\n   3    插入子串    \n");
        printf("\n   4    删除子串    \n");
        printf("\n   5    查找子串    \n");
        printf("\n   6    显示文本    \n");
        printf("\n   0    退出    \n");
        printf("\n--------------------------------\n");
        printf("请输入您的选择(1,2,3,4,5,6,0):");
        scanf("% d",&choice);
        switch(choice)
        {
        case 1:
            InputString();break;
        case 2:
            DeleteString();break;
        case 3:
            InsertSubstring();break;
        case 4:
            DeleteSubstring();break;
        case 5:
            FindSubstring();break;
        case 6:
            DisplayString();break;
        case 0:
            exit(0);
        }
    }while(1);
    return 0;
}
```

运行结果如图 4 - 8 所示。

现代文本编辑软件大多采用链式存储结构存储串,这样可以不必预先限制用户可输入的最大行数和每行最多的字符数。读者可以试着用链式串实现本实例。

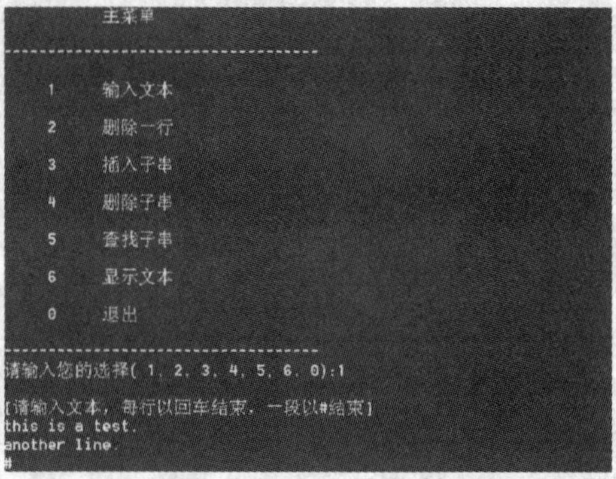

图 4 - 8 运行结果

4.6 习题

一、单项选择题

1. 以下有关串的描述中,(　　)是不正确的。

A. 串是字符的有限序列

B. 子串是串中任意连续字符组成的子序列

C. 串可以采用顺序存储或链式存储

D. 空串是由一个或多个空格组成的串

2. 串的长度是指(　　)。

A. 串中包含的字符个数　　　　　　B. 串中包含的不同字符个数

C. 串中除空格以外的字符个数　　　D. 串中包含的不同字母个数

3. 串也是一种线性表,只不过(　　)。

A. 数据元素是子串　　　　　　　　B. 数据元素均为字符

C. 数据元素数据类型不受限制　　　D. 表长受到限制

4. 已知两个串 S = "abcczym" 和 T = "abccyzm",则 StrCmp 操作的结果是(　　)。

A. -1　　　　　　B. 0　　　　　　C. 1　　　　　　D. 64

5. 若串中字符经常发生变化,则采用(　　)存储方式最合适。

A. 定长顺序　　　　B. 堆　　　　　C. 链式　　　　　D. 散列

6. 设有两个串 S 和 T,求 T 在 S 中首次出现的位置的运算是(　　)运算。

A. 求子串　　　　　B. 串插入　　　　C. 串连接　　　　D. 模式匹配

7. 在 KMP 算法中,若模式串 T 中存在 $t_j = t_k (k = next[j])$,且 $s_i \neq t_j$ 时,则下一次不必与 t_k 进行比较,而直接和(　　)进行比较。

A. t_k　　　　　B. $t_{next[k]}$　　　　C. $t_{next[j]}$　　　　D. t_j

8. 模式串"abccabab"的 next 值为(　　)。

A. -1 0 0 0 0 1 2 1　　　　　　B. -1 0 0 1 0 1 2 1

C. -1 0 1 0 0 2 1 2　　　　　　D. -1 0 1 2 0 0 0 1

9. 模式串"cbcacbcab"的 nextval 值为(　　)。

A. -1 0 1 1 0 0 -1 1 4　　　　　B. -1 0 -1 1 -1 0 -1 1 4

C. -1 0 0 0 -1 0 0 1 4　　　　　D. -1 0 0 1 2 0 0 1 4

10. Brute – Force 算法在最坏情况下的时间复杂度是(　　)。

A. $O(n+m)$　　　　　B. $O(n-m)$　　　　　C. $O(n \times m)$　　　　　D. $O(n \div m)$

二、填空题

1. 串是一种特殊的线性表,其特殊性表现在_____。

2. 一个串的任意连续字符组成的子序列称为串的_____,该串称为_____。

3. 串长度为 0 的串称为_____,只包含空格的串称为_____。

4. 两个串相等的充分必要条件是_____。

5. 串的两种最基本的存储方式是_____和_____。

6. 若串 S = "software",其子串的数目是_____。

7. 若串 S1 = "ABCDEFG",S2 = "9898",S3 = "###",S4 = "012345",则执行 Concat(SubStr(S1,StrLen(S2),StrLen(S3)),SubStr(S4,Index(S2,"8"),StrLen(S2)))的结果为_____。(注:Index(S,T)表示在 S 串中寻找 T 串第一次出现的位置。)

8. 若 S 串为"student",T 串为"student",则执行 StrCmp(S,T)所得的值为_____。

9. 设 T 和 P 是两个给定的串,在 T 中寻找等于 P 的子串的过程称为_____,而 P 又称为_____。

10. 模式串 T = "abcacbababcabcccbbaa"的 next[j]函数值为_____,nextval[j]函数值为_____。

三、判断题

1. 如果两个串含有相同的字符,则这两个串相等。

2. 空串就是空格串或者长度为 0 的串。

3. 若串 T 中的字符均包含在串 S 中,则串 T 是串 S 的子串。

4. 两个长度不相同的串有可能相等。

5. 串长度是指串中不同字符的个数。

6. 一个任意串是其自身的子串。

7. 串的定长顺序存储容易出现截断现象。

8. 在串的链式存储结构中,每个结点只能存储一个字符。

9. Brute – Force 算法在最好情况下的时间复杂度与 KMP 算法相同,均为 $O(n+m)$。

10. 利用 KMP 算法进行的模式匹配,不需要回溯模式串指针,因此该算法的效率较高。

四、算法设计题

1. 试编写一个算法,统计字符串中的单词个数。

2. 设计一个算法,统计字符串中每一个字符出现的次数。

3. 已知一个用定长顺序存储表示的字符串 S,请编写一个算法判断字符串是否是回文。

4. 已知一个用链式存储表示的字符串 S,请编写一个算法判断字符串是否是回文。

5. 针对定长顺序存储的字符串,编写算法逆置该字符串。

6. 针对链式存储的字符串,编写算法逆置该字符串。

7. 已知一个采用定长顺序存储的字符串 S,试编写一个算法,删除字符串中所有值为 c 的字符。

8. 已知一个采用定长顺序存储的字符串 S,试编写算法删除字符串中重复的字符。

9. 已知一个采用链式存储的字符串 S,试编写算法删除字符串中重复的字符。

10. 试编写一个算法删除 C 语言源程序中的注释。

4.7　实验

【实验 4 – 1】　串的表示及实现

1. 实验目的

（1）了解串的有关概念。

（2）掌握串的顺序存储结构及其基本操作，并能用这些基本操作实现串的其他操作。

（3）了解串的模式匹配方法。

2. 实验内容

（1）创建两个串，串值分别为 S1 = "data" 和 S2 = " structure"，并用串的顺序存储结构实现。

（2）连接两个字符串，并显示结果。

（3）用串插入操作实现两个字符串的连接操作。

（4）从连接后的字符串中删除"ure"，并显示结果。

3. 选作

（1）在主串 S = "SqString SqVString LinkString" 中，查找子串 T = "Str"。

（2）统计子串 T 在主串 S 中出现的次数和位置。

第5章 数组和广义表

从某种意义上说,数组和广义表是线性表的推广,即它们的数据元素构成线性表,而数据元素本身又是一个数据结构。

数组的使用非常广泛,在高级程序设计语言中,都提供了数组这种数据类型,而线性表的顺序存储也是用一维数组来实现的。除此之外,数组还是一种数据结构。

本章主要介绍数组的基本概念及存储方式,特殊矩阵的压缩存储方法,稀疏矩阵的存储方式及基本运算的实现,广义表的基本概念及存储方式,广义表基本操作的实现。

5.1 数组的基本概念及操作

5.1.1 数组的基本概念

数组是 $n(n \geq 1)$ 个具有相同数据类型的数据元素 $a_0, a_1, \cdots, a_{n-1}$ 构成的有限序列,并且这些数据元素占用一片地址连续的内存单元。

数组中的数据元素可以用该元素在数组中的位置来表示,即数据元素与位置之间有一一映射关系。该位置通常称作数组的**下标**。C 语言规定数组的下标从 0 开始。

数组一般分为一维数组、二维数组和 n 维数组。一维数组就是定长的线性表。二维数组可以看成是一维数组,但其每个数据元素又是一个一维数组。同理 n 维数组也可看成是一维数组,但其每个数据元素又是一个 n - 1 维数组。由此可见,n 维数组是线性表在维数上的扩张,即线性表中的元素又是一个线性表。

【**例 5 - 1**】 某电子商城正在开展一项问卷调查,调查顾客希望购买哪个品牌、哪个型号的数码相机。调查结果如表 5 - 1 所示。调查结果可用一维数组来表示。若调查顾客所购买电子产品的数量,则可用一个二维数组 A[i][j] 来表示,i 表示顾客,j 表示顾客所购买的电子产品。

表 5 - 1 购买数码相机调查表

品 牌 型 号	人　　数
索尼 T300	1000
佳能 IXUS 80IS	850
索尼 T70	700
富士 F100fd	600
三星 NV106HD	500

5.1.2　数组的抽象数据类型

数组的抽象数据类型表示数组中的数据元素、数据元素之间的逻辑关系,以及对数组的操作集合。其定义如下。

ADT Array

数据元素集合:

　　一个固定长度的数据元素序列。

基本操作:

　　↳ 初始化数组(InitArray):初始化数组

　　↳ 求数组元素个数(ArrayLen):求数组元素个数

　　↳ 取值(GetValue):获取指定下标的数组元素的值

　　↳ 赋值(Assign):将值赋给指定的数组元素

　　↳ 销毁数组(DestroyArray):销毁数组

5.2　数组的顺序存储

通常对数组只做随机访问元素和修改元素值操作,不做插入和删除操作。这样,数组建立后,其数据元素个数和元素间的关系不再发生变动,因此,一般采用顺序存储结构表示数组。

由于一个有 n 个数据元素的一维数组,其任意一个数据元素 a_i 的存储地址

$$LOC(a_i) = LOC(a_0) + i \times h \ (0 \leqslant i < n) \tag{5-1}$$

其中:$LOC(a_0)$ 是下标为 0 的数组元素的内存单元地址,也称为基址;h 是每个数据元素占用的存储单元数。

对于一个 m 行 n 列的二维数组,其数据元素的存储地址与其存储方式有关。由于计算机的内存单元是以一维形式组织的,这样就存在二维如何向一维映射的问题,即数组元素是以行序为主序,还是以列序为主序存放。以行序为主序存放就是指先存放第 0 行,紧接着存放第 1 行,…,最后存放第 m−1 行。即二维数组的数据元素的排列次序为

$$a_{00}, a_{01}, \cdots, a_{0,n-1}, a_{10}, a_{11}, \cdots, a_{1,n-1}, \cdots, a_{m-1,0}, a_{m-1,1}, \cdots, a_{m-1,n-1}$$

以行序为主序存放二维数组元素,其任意一个数据元素 a_{ij} 的存储地址为

$$LOC(a_{ij}) = LOC(a_{00}) + (i \times n + j) \times h \quad (0 \leqslant i < m, 0 \leqslant j < n) \tag{5-2}$$

其中:$LOC(a_{00})$ 为基址;h 是每个数据元素占用的存储单元数。

以列序为主序存放就是指先存放第 0 列,紧接着存放第 1 列,…,最后存放第 n−1 列。即二维数组的数据元素的排列次序为

$$a_{00}, a_{10}, \cdots, a_{m-1,0}, a_{01}, a_{11}, \cdots, a_{m-1,1}, \cdots, a_{0,n-1}, a_{1,n-1}, \cdots, a_{m-1,n-1}$$

以列序为主序存放二维数组元素,其任意一个数据元素 a_{ij} 的存储地址为

$$LOC(a_{ij}) = LOC(a_{00}) + (j \times m + i) \times h \quad (0 \leqslant i < m, 0 \leqslant j < n) \tag{5-3}$$

其中:$LOC(a_{00})$ 为基址;h 是每个数据元素占用的存储单元数。

同理,可推出三维或更高维数组中的元素的存储地址计算公式。

当数组的基址确定以后,其他任意元素的存储地址就可以通过式(5−1)、式(5−2)和式

(5 – 3)计算出来。由于计算数组中每个元素存储位置的时间相等,所以存取数组中任意一个元素的时间也相等,即数组是随机存取的存储结构。

由于 C、PASCAL、COBOL、BASIC 等大多数程序设计语言采用的是以行序为主序的存储方式,因此如果不作特殊声明,本书采用以行序为主序的存储方式。

5.3　特殊矩阵及其压缩存储

在许多科学与工程计算问题中,经常涉及矩阵。有些软件,如 MatLab,提供了矩阵,但大多数程序设计语言并没有提供矩阵。因此,人们编写程序时,通常使用二维数组来实现矩阵。这里并不讨论如何用二维数组实现矩阵,而是着眼于如何在计算机内有效存储矩阵元素。

有这样一类矩阵,其中有许多值相同的元素或有许多零元素,并且这些元素的分布有一定规律性,称这样的矩阵为**特殊矩阵**。

对于这类特殊矩阵,如果按传统方式存储其元素,就会浪费大量的存储空间。为了节省存储空间,可以利用特殊矩阵的规律进行压缩存储。

5.3.1　对称矩阵与三角矩阵

1. 对称矩阵的压缩存储

若 n 阶矩阵的行数和列数相同,且矩阵中的元素满足 $a_{ij} = a_{ji}(0 \leqslant i, j < n - 1)$,则称该矩阵为 n 阶**对称矩阵**。

由定义可以看出,n 阶对称矩阵存在大量相同元素。充分利用其对称性,就可以把对称矩阵的两个相同元素存储在一个内存单元中,这样就可以把 n^2 个数据元素压缩存储在 $\frac{1}{2}n(n+1)$ 个存储单元中。若用一维数组来存放 $\frac{1}{2}n(n+1)$ 个数据元素,则矩阵 A 的数据元素 a_{ij} 与一维数组 B 的下标 k 之间的关系为:

$$k = \begin{cases} \frac{1}{2}i \times (i + 1) + j & (i \geqslant j; i, j = 0, 1, \cdots, n - 1) \\ \frac{1}{2}j \times (j + 1) + i & (i < j; i, j = 0, 1, \cdots, n - 1) \end{cases} \tag{5 – 4}$$

其中,i 为行,j 为列。如图 5 – 1 所示为一维数组的映像。

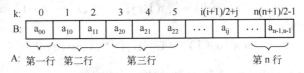

图 5 – 1　一维数组映像

【例 5 – 2】　已知一个 8 × 8 对称矩阵 A,其元素采用压缩存储方式存于一维数组 B 中。矩阵每个元素占用两个存储单元,数组的基址为 1000。请计算:

①　矩阵元素 a_{23} 的存储地址;

②　矩阵元素 a_{53} 所对应的数组下标;

③　存储地址为 1024 的矩阵元素的下标。

解：

① $LOC(a_{23}) = LOC(a_{00}) + (i \times n + j) \times h = 1000 + (2 \times 8 + 3) \times 2 = 1038$

② 因为 $i = 5, j = 3$，所以 $i > j$，则

$$k = i \times (i+1)/2 + j = 5 \times (5+1)/2 + 3 = 18$$

③ 存储地址为 1024，则元素在数组 B 中的下标 $k = (1024 - 1000)/2 = 12$。并且 $0 \leqslant i, j \leqslant 7$。由式 $(5-4)$ $k = i \times (i+1)/2 + j$，得 $i = 4, j = 2$，即 a_{42}。

2. 三角矩阵的压缩存储

三角矩阵分为上三角矩阵和下三角矩阵。**下三角矩阵**是指矩阵的主对角线（不包括对角线）上方的元素均为 0 或常数；**上三角矩阵**是指矩阵的主对角线（不包括对角线）下方的元素均为 0 或常数，如图 5-2 所示。其中 C 为 0 或常数。

$$\begin{bmatrix} a_{00} & C & \cdots & C \\ a_{10} & a_{11} & \cdots & C \\ \vdots & \vdots & & \vdots \\ a_{m-1,0} & a_{m-1,1} & \cdots & a_{m-1,n-1} \end{bmatrix} \qquad \begin{bmatrix} a_{00} & a_{01} & \cdots & a_{0,n-1} \\ C & a_{11} & \cdots & a_{1,n-1} \\ \vdots & \vdots & & \vdots \\ C & C & \cdots & a_{m-1,n-1} \end{bmatrix}$$

　　（a）下三角矩阵　　　　　　　（b）上三角矩阵

图 5-2　三角矩阵

（1）下三角矩阵压缩存储

与对称矩阵压缩存储类似，利用下三角矩阵的规律，用一维数组 B 存放下三角矩阵中的元素。若下三角矩阵的其他元素为一常数 C，则把常数 C 存放在数组的最后一个单元中。

当下三角矩阵其他元素均为零时，下三角矩阵 A 中任一元素 a_{ij} 压缩存储后与一维数组 B 的下标 k 之间的关系为：

$$k = \begin{cases} \dfrac{1}{2} i \times (i+1) + j & (i \geqslant j; i, j = 0, 1, \cdots, n-1) \\ 空 & (i < j; i, j = 0, 1, \cdots, n-1) \end{cases} \tag{5-5}$$

其中，i 为行，j 为列。

当下三角矩阵其他元素均为常数 C 时，下三角矩阵 A 中任一元素 a_{ij} 压缩存储后与一维数组 B 的下标 k 之间的关系为：

$$k = \begin{cases} \dfrac{1}{2} i \times (i+1) + j & (i \geqslant j; i, j = 0, 1, \cdots, n-1) \\ \dfrac{1}{2} n \times (n+1) & (i < j; i, j = 0, 1, \cdots, n-1) \end{cases} \tag{5-6}$$

其中，i 为行，j 为列。如图 5-3 所示为一维数组的映像。

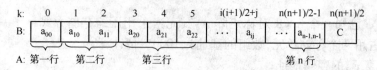

图 5-3　一维数组映像

例如,按式(5-6),可通过 B[3]访问 a_{20}。

(2) 上三角矩阵压缩存储

对上三角矩阵采用以列为主序存放上三角矩阵的元素比较方便,因此,采用以列为主序存放矩阵元素。

当上三角矩阵其他元素均为零时,上三角矩阵 A 中任一元素 a_{ij} 压缩存储后与一维数组 B 的下标 k 之间的关系为:

$$k = \begin{cases} \dfrac{1}{2}j \times (j+1) + i & (i \leq j; i,j = 0,1,\cdots,n-1) \\ \text{空} & (i > j; i,j = 0,1,\cdots,n-1) \end{cases} \tag{5-7}$$

其中,i 为行,j 为列。

当上三角矩阵其他元素均为常数 C 时,上三角矩阵 A 中任一元素 a_{ij} 压缩存储后与一维数组 B 的下标 k 之间的关系为:

$$k = \begin{cases} \dfrac{1}{2}j \times (j+1) + i & (i \leq j; i,j = 0,1,\cdots,n-1) \\ \dfrac{1}{2}n \times (n+1) & (i > j; i,j = 0,1,\cdots,n-1) \end{cases} \tag{5-8}$$

其中,i 为行,j 为列。如图 5-4 所示为一维数组的映像。

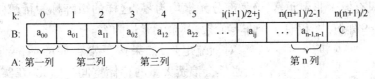

图 5-4　一维数组映像

例如,按式(5-8),可通过 B[3]访问 a_{02}。

5.3.2　对角矩阵

对角矩阵是指矩阵中的所有非零元素均集中在以主对角线为中心的带状区域中。

下面先以三对角矩阵为例讲述对角矩阵的压缩存储。三对角矩阵是指三条对角线以外的元素均为零,且第一行和最后一行只有两个非零元素,其他行均有三个非零元素,如图 5-5 所示。

$$\begin{bmatrix} a_{00} & a_{01} & 0 & 0 & 0 & \cdots & 0 & 0 \\ a_{10} & a_{11} & a_{12} & 0 & 0 & \cdots & 0 & 0 \\ 0 & a_{21} & a_{22} & a_{23} & 0 & \cdots & 0 & 0 \\ \vdots & \vdots & \vdots & \vdots & \vdots & & \vdots & \vdots \\ 0 & 0 & 0 & 0 & 0 & \cdots & a_{n-1,n-2} & a_{n-1,n-1} \end{bmatrix}$$

图 5-5　三对角矩阵

根据三对角矩阵的定义,可以计算出三对角矩阵的非零元素数为 3n-2。因此,可用一个长度为 3n-2 的一维数组 B 来存放其非零元素。三对角矩阵 A 中任一元素 a_{ij} 压缩存储后与一维数组 B 的下标 k 之间的关系为:

$$k = \begin{cases} & j = 0,1\,;i = 0 \\ 2i+j & i-1 \leqslant j \leqslant i+1\,;i,j = 1,\cdots,n-2 \\ & j = n-1,n-2\,;i = n-2 \\ \text{空} & ,\text{其他} \end{cases} \quad (5-9)$$

其中,i 为行,j 为列。如图 5 - 6 所示为一维数组的映像。

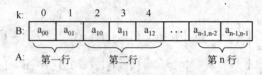

图 5 - 6　一维数组映像

同理,可推出 m 对角矩阵 A 中任一元素 a_{ij} 压缩存储后与一维数组 B 的下标 k 之间的关系为:

$$k = \left(\left\lfloor \frac{m}{2} \right\rfloor + 1 \right) \times i + j - \left\lfloor \frac{m}{2} \right\rfloor + 1 \quad (5-10)$$

5.4　稀疏矩阵

当矩阵中只有极少非零元素,绝大部分元素均为零,这样的矩阵称为**稀疏矩阵**。例如,图 5 - 7 所示的 8 ×9 矩阵中,仅有 4 个非零元素,其余元素均为零。

$$A = \begin{bmatrix} 0 & 0 & 0 & 0 & 20 & 0 & 0 & 0 & 0 \\ 0 & 0 & 0 & 0 & 0 & 0 & 0 & 0 & 0 \\ 18 & 0 & 0 & 0 & 0 & 0 & 15 & 0 & 0 \\ 0 & 0 & 0 & 0 & 0 & 0 & 0 & 0 & 0 \\ 0 & 0 & 0 & 0 & 0 & 0 & 0 & 0 & 0 \\ 0 & 0 & 0 & 0 & 0 & 0 & 0 & 0 & 0 \\ 0 & 0 & 0 & 0 & 0 & 30 & 0 & 0 & 0 \\ 0 & 0 & 0 & 0 & 0 & 0 & 0 & 0 & 0 \end{bmatrix}$$

图 5 - 7　稀疏矩阵

对稀疏矩阵,如果按正常存储的话,会存储大量零元素,必然会浪费大量的存储空间。因此,在实际存储稀疏矩阵时,只存储其非零值,大量零元素都不存储,从而达到压缩存储的目的。但是,由于稀疏矩阵中非零元素的分布没有规律,因此存储非零元素时必须增加一些辅助信息,比如行号和列号信息。

稀疏矩阵的压缩存储结构主要有两类:三元组顺序存储和链式存储。

5.4.1　三元组顺序表表示

1. 定义

当知道稀疏矩阵非零元素的行号和列号时,就可以唯一确定该元素。因此,可用下列三元组表示稀疏矩阵的非零元素:

```
(row ,col ,value)
```

其中,row 表示行号,col 表示列号,value 表示非零元素值。

例如,图 5 - 7 所示的稀疏矩阵 A 可用 4 个三元组(1,5,20)、(3,1,18)、(3,7,15)和(7,5,30)来表示。同时,把三元组按行号递增的顺序排列,如果行号相同,则以列号递增的顺序排列(以下简称先行序后列序),如图 5 - 8 所示。但这并不

	row	col	value
0	1	5	20
1	3	1	18
2	3	7	15
3	7	5	30

图 5 - 8　三元组

能唯一地确定一个稀疏矩阵,如给 A 矩阵添加全零元素的第 9 行和第 10 列,其三元组表示不会发生变化。因此,必须添加一些辅助信息给出矩阵的总行数、总列数和非零元素的总数。这样就可以唯一确定一个稀疏矩阵。

稀疏矩阵的所有三元组用顺序存储结构来表示,就称为**三元组顺序表**。

三元组顺序表的 C 语言描述为:

```
#define ARRAYSIZE 1024
typedef struct{
    int row,col;                /*非零元素的行号和列号*/
    DataType value;             /*非零元素的值*/
}TriType;
typedef struct{
    TriType items[ARRAYSIZE];
    int rows,cols;              /*稀疏矩阵的行数、列数*/
    int nums;                   /*稀疏矩阵的非零元素数*/
}TriArray;
```

2. 基本操作

（1）初始化三元组顺序表

该操作按先行序后列序的原则依次扫描矩阵的所有元素,并把非零元素插入到三元组顺序表中。

♨ 算法 5 – 1 初始化三元组顺序表

```
void InitArray(TriArray *TA,DataType *A,int r,int c)
{/*TA 为指向三元组顺序表的指针,A 数组存放矩阵中的所有元素,r 为矩阵行数,c 为矩阵列数*/
    int i,j;
    TA->rows=r;TA->cols=c;TA->nums=0;
    for(i=0;i<r;i++)               /*依次扫描 A 中每一个元素*/
        for(j=0;j<c;j++)
            if(*(A+i*c+j)!=0)      /*若是非零元,则插入到 TA 中*/
            {
                TA->items[TA->nums].row=i+1;
                TA->items[TA->nums].col=j+1;
                TA->items[TA->nums].value=*(A+i*c+j);
                TA->nums++;
            }
}
```

（2）获取指定位置的值

该操作根据给定的矩阵行号和列号,在三元组顺序表中找到指定元素所在位置。若存在该位置,则取得该位置上的元素值,否则返回 0。

♨ 算法 5 – 2　　取值

```
int GetValue(TriArray TA,DataType * e,int r,int c)
{/* TA 为指向三元组顺序表的指针,e 用于返回非零元,r 为待查找元素的行号,c 为待查找元素
的列号 */
    int i = 0;
    * e = 0;
    if(r <1 ‖ r >TA.rows ‖ c <1 ‖ c >TA.cols)
    {
        printf("参数不正确,请重新输入参数!");return 0;
    }
    while(i < TA.rows && r >TA.items[i].row) i ++;      /* 找行 */
    while(i < TA.cols && c >TA.items[i].col) i ++;      /* 找列 */
    /* 找到该位置,则返回元素值 */
    if(TA.items[i].row == r && TA.items[i].col == c)
    {
        * e = TA.items[i].value;
        return 1;
    }
    else                                               /* 未找到 */
        return 0;
}
```

（3）给三元组元素赋值

　　该操作根据给定的行号和列号,在三元组顺序表中找所在的位置上是否有元素。如果有
元素,则直接赋值;否则,把该位置后的所有元素后移一位,再插入指定元素。

♨ 算法 5 – 3　　赋值

```
int Assign(TriArray * TA,DataType e,int r,int c)
{/* TA 为指向三元组顺序表的指针,e 为待赋值元素,r 为待赋值元素的行号,c 为待赋值元素的
列号 */
    int i = 0,j = 0;
    if(r <1 ‖ r >TA -> rows ‖ c <1 ‖ c >TA -> cols)
    {
        printf("参数不正确,请重新输入参数!");return 0;
    }
    while(i < TA -> rows && r >TA -> items[i].row) i ++;      /* 找行 */
    while(i < TA -> cols && c >TA -> items[i].col) i ++;      /* 找列 */
    /* 该位置上有元素,则赋值 */
    if(TA -> items[i].row == r && TA -> items[i].col == c)
        TA -> items[i].value = e;
    else                                                     /* 该位置上没元素,则插入 */
    {
```

```
        for(j = TA ->nums -1;j >= i;j --)          /* 该位置后的所有元素后移一位 */
        {
            TA ->items[j +1].row = TA ->items[j].row;
            TA ->items[j +1].col = TA ->items[j].col;
            TA ->items[j +1].value = TA ->items[j].value;
        }
        TA ->items[i].row = r;                      /* 插入 */
        TA ->items[i].col = c;
        TA ->items[i].value = e;
        TA ->nums ++;
    }
    return 1;
}
```

（4）矩阵转置

矩阵转置就是把矩阵中每个元素的行列序号互换一下，即把三元组（row,col,value）改变为（col,row,value）。问题似乎很简单，实则不然。

当稀疏矩阵用三元组顺序表表示时，是以先行序后列序的原则存放非零元素的，这样存放有利于稀疏矩阵的运算。然而，按以上方法转置后，三元组顺序表不再满足先行序后列序的原则。例如，对图 5 - 8 中三元组所表示的矩阵，转置后如图 5 - 9 所示。显然不满足先行序后列序的原则。

由于转置就是行列序号互换，因此转置前的列序号就是转置后的行序号。遵循这个思路，可以得到改进后的转置算法。算法基本思想为：扫描转置前的三元组，并按先列序后行序的原则转置三元组。例如，对图 5 - 8 中的三元组，从第一行开始向下搜索列号为 1 的元素，找到三元组（3,1,18），则转置为（1,3,18），并存入转置后的三元组顺序表中。接着搜索列号为 2 的元素，没找到。再搜索列号为 3 的元素，仍然没有找到。依此类推，直至扫描完三元组，即可完成矩阵转置。转置后的三元组如图 5 - 10 所示。

	row	col	value
0	5	1	20
1	1	3	18
2	7	3	15
3	5	7	30

图 5 - 9　转置后的三元组

	row	col	value
0	1	3	18
1	5	1	20
2	5	7	30
3	7	3	15

图 5 - 10　转置后的三元组

♨ 算法 5 - 4　矩阵转置

```
int TransMatrix(TriArray TA,TriArray * TB)
{/* TA 为转置前的三元组顺序表,TB 为转置后的三元组顺序表 */
    int i,c,k = 0;
    if(TA.nums <= 0)
    {
```

```
              printf("所给矩阵为空,无法完成矩阵转置操作!");return 0;
          }
          for(c =1;c <= TA.cols;c ++)              /* 按列序扫描原三元组顺序表 TA */
              for(i =0;i < TA.nums;i ++)            /* 扫描整个三元组顺序表 TA */
              {
                  /* 在 TA 中找到相应列序的三元组,则转置,并存入 TB */
                  if(TA.items[i].col == c)
                  {
                      TB -> items[k].row = TA.items[i].col;
                      TB -> items[k].col = TA.items[i].row;
                      TB -> items[k].value = TA.items[i].value;
                      k ++;
                  }
              }
          TB -> rows = TA.rows;TB -> cols = TA.cols;
          TB -> nums = TA.nums;return 1;
      }
```

　　算法的时间复杂度为 $O(n \times m)$,其中 n 为稀疏矩阵的列数,m 为稀疏矩阵的非零元素个数。可见,算法 5-4 的时间效率不高。

　　为提高时间效率,下面给出另一个矩阵转置算法,称为矩阵快速转置算法。算法的基本思想是:求出稀疏矩阵每一列的第 1 个非零元素在转置后三元组顺序表 TB 中的行号,然后扫描转置前的三元组顺序表 TA,把该列上的元素依次存放于 TB 的相应位置上。例如,图 5-7 所示矩阵第 5 列的第 1 个非零元素是 20,在转置后三元组顺序表 TB 中的位置为 2,则把 20 存放于 TB 中位序号为 2 的位置上,该列的第 2 个元素 30 存放于 20 的下一个位置,即位序号为 3 的位置上。

　　为了求每一列的第 1 个非零元素在 TB 中的位置,需要设置两个数组 pos 和 num。pos 记录每一列第 1 个非零元素在 TB 中的位置,num 记录每一列非零元素的个数。由于第 1 列的第 1 个非零元素一定存放于 TB 的第 1 个位置上,再根据每一列的非零元素个数就可以推算出每一列第 1 个非零元素在 TB 中的位置。可用式(5-11)计算非零元素在 TB 中的位置:

$$k = \begin{cases} pos[1] = 1 & ,col = 1 \\ pos[col] = pos[col-1] + num[col-1] & ,2 \leqslant col \leqslant TA \cdot nums \end{cases} \quad (5-11)$$

其中,col 为转置前非零元素的列号。

　　对于图 5-8 所示的转置前的三元组顺序表,其 pos 和 num 取值如表 5-2 所示。

表 5-2　pos 和 num 的取值

col	1	2	3	4	5	6	7	8	9
num	1	0	0	0	2	0	1	0	0
pos	1	2	2	2	2	4	4	5	5

⚒ 算法 5-5　矩阵快速转置

```
int FastTransMatrix(TriArray TA,TriArray * TB)
{/* TA 为转置前的三元组顺序表,TB 为转置后的三元组顺序表 */
    int i,j = 0,k = 0;
    int pos[ARRAYSIZE],num[ARRAYSIZE];
    if(TA.nums <= 0)
    {
        printf("所给矩阵为空,无法完成矩阵转置操作!");return 0;
    }
    for(i = 1;i <= TA.cols;i ++)                    /* 每列非零元素个数数组 num 初始化 */
        num[i] = 0;
    for(i = 0;i < TA.nums;i ++)                     /* 计算每列非零元素个数 */
        ++num[TA.items[i].col];
    pos[1] = 1;
    for(i = 2;i <= TA.cols;i ++)                    /* 计算每列第一个非零元素的位置 */
        pos[i] = pos[i -1] + num[i -1];
    for(i = 0;i < TA.nums;i ++)                     /* 扫描整个三元组顺序表 A */
    {
        j = TA.items[i].col;
        k = pos[j];                                 /* 该元素在 TB 中的位置 */
        TB -> items[k -1].row = TA.items[i].col;    /* 转置 */
        TB -> items[k -1].col = TA.items[i].row;
        TB -> items[k -1].value = TA.items[i].value;
        pos[j] ++;                                  /* 该列下一个非零元的存放位置 */
    }
    TB -> rows = TA.rows;TB -> cols = TA.cols;
    TB -> nums = TA.nums;return 1;
}
```

算法的时间复杂度为 $O(n+m)$,比算法 5-4 的时间复杂度 $O(n \times m)$ 的时间效率要高一些,但转置过程中,多占用了存储空间。

【例 5-3】　已知一个稀疏矩阵 A 用三元组顺序表 TA 表示,试编写一个算法计算稀疏矩阵的对角元素之和。

【设计思路】对角元素是指行号和列号相同的元素。

【程序设计】

```
int AddDiag(TriArray TA,DataType * e)
{
    int i;
    if(TA.nums <= 0){printf("三元组为空,无法完成操作!");return 0;}
    *e = 0;
    for(i = 0;i < TA.nums;i ++)                     /* 遍历三元组顺序表 */
```

```
        if(TA.items[i].row == TA.items[i].col)        /* 找到对角元,则累加 */
            * e + = TA.items[i].value;
    return 1;
}
```

5.4.2   十字链表表示

当稀疏矩阵中非零元素的位置或个数经常发生变化时,就不宜采用三元组顺序表,而应该采用链表。例如,两个矩阵相加或相乘时,会使非零元素的位置或个数发生变化。

1. 线性链表表示

将稀疏矩阵的非零元素以先行后列的顺序存放于带头结点的单链表中。链表的结点由 4 个域组成,如图 5 - 11 所示。

其中,row 为非零元素的行号,col 为列号,value 为非零元素值,next 为指向下一个结点的指针域。链表结点的类型为:

```
typedef struct node{
    int row,col;
    DataType value;
    struct node * next;
}MNode;
```

链表的头结点存放稀疏矩阵的总行数 rows 和总列数 cols,如图 5 - 12 所示。

图 5 - 11   链表结点   图 5 - 12   链表头结点

例如,图 5 - 7 所示的稀疏矩阵的线性链表表示如图 5 - 13 所示。

图 5 - 13   稀疏矩阵的线性链表表示

这种表示方法有着明显的缺点,若要访问某一非零元素时,必须从头指针开始遍历链表,因此效率较低。

2. 带行指针的线性链表表示

为了改正线性链表表示稀疏矩阵的缺点,可以为稀疏矩阵的每一行设置一个单链表,同时用一个数组存放所有单链表的头指针,这种表示方式就是带行指针的线性链表表示。图 5 - 7 所示稀疏矩阵的带行指针的线性链表表示如图 5 - 14 所示。在带行指针的线性链表表示中,每一行的单链表不需要头结点,链表中的结点不需要行号域 row,因为行指针数组的下标隐含了行号。

行指针数组

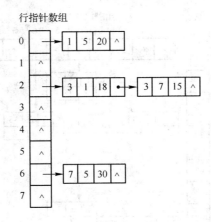

图 5 – 14　带行指针的线性链表表示

3. 十字链表表示

当用带行指针的线性链表表示稀疏矩阵时,按行寻找矩阵元素比较方便。但是,按列寻找矩阵元素就不方便了,必须遍历所有链表才行。为解决此问题,可以为矩阵的每一列非零元素设置一个单链表,同时用一个数组存放所有列链表的头指针。这样稀疏矩阵的每一个非零元素同时包含在两个链表中,既是某个行链表中一个结点,又是某个列链表中的一个结点。行、列链表构成一个十字交叉的链表,故称为十字链表表示。十字链表的链结点结构如图 5 – 15 所示。

图 5 – 15　十字链表的链结点

其中,row 和 col 分别表示稀疏矩阵非零元素所在的行号和列号。这两个域可以省略,因为通过行指针数组和列指针数组就可以确定链结点所表示的非零元素的行号和列号;value 为非零元素值;down 指针域指向同一列下一个非零元素所在的结点,通过它把同一列中的非零元素所在结点链接成一个列链表;right 指针域指向同一行下一个非零元素所在的结点,通过它把同一行中的非零元素所在结点链接成一个行链表。

十字链表的链结点类型定义为:

```
typedef struct node{
    int row,col;
    DataType value;
    struct node * right,down;
}CNode,* PCNode;
```

十字链表类型定义为:

```
typedef struct{
    PCNode * rhead,* chead;              /*行指针数组,列指针数组 * /
    int rows,cols,nums;                  /*行数,列数,非零元数 * /
}* CrossLink;
```

例如,图 5 – 7 所示的稀疏矩阵十字链表表示如图 5 – 16 所示。

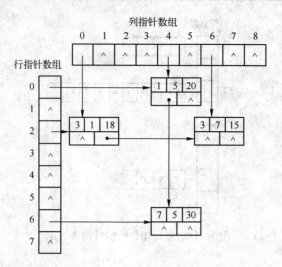

图5-16　十字链表表示

（1）初始化十字链表

该操作按先行序后列序的原则依次扫描矩阵的所有元素,并把非零元素插入十字链表中。由于一个元素同时出现在行链表和列链表中,因此一个元素必须分别在两个链表中插入。在插入过程中还必须区分是第一个结点还是其他结点,因为行链表和列链表都是不带头结点的单链表。

♨ 算法5-6　初始化

```
int InitCrossLink(CrossLink * CL,DataType *A,int r,int c)
{/* CL 为指向十字链表的指针,A 数组存放所有矩阵元素,r 为矩阵的行数,c 为矩阵的列数 */
int i,j;
PCNode p,q;
(*CL) = (CrossLink)malloc(sizeof(CrossLink));
if(!(*CL) -> rhead){printf("无法生成十字链表");return 0;}
(*CL) -> rows = r;
(*CL) -> cols = c;
(*CL) -> nums = 0;
/* 生成行指针数组 */
(*CL) -> rhead = (PCNode *)malloc(r * sizeof(PCNode));
if(!(*CL) -> rhead){printf("无法生成行指针数组");return 0;}
for(i = 0;i < r;i ++)          /* 初始化行指针数组 */
     (*CL) -> rhead[i] = NULL;
/* 生成列指针数组 */
(*CL) -> chead = (PCNode *)malloc(c * sizeof(PCNode));
if(!(*CL) -> chead){printf("无法生成列指针数组");return 0;}
for(i = 0;i < c;i ++)          /* 初始化列指针数组 */
     (*CL) -> chead[i] = NULL;
for(i = 0;i < r;i ++)          /* 按先行序后列序的原则依次扫描矩阵的所有元素 */
```

```
        for(j = 0;j < c;j ++)
        {
            if(A[i * c +j]!=0)      /* 若为非零元素,则分别插入行链表和列链表中 */
            {
                p = (PCNode)malloc(sizeof(CNode));
                p -> row = i +1;
                p -> col = j +1;
                p -> value = A[i * c +j];
                p -> right = NULL;
                p -> down = NULL;
                ( * CL) -> nums ++;
                /* 在行链表中插入 */
                if(( * CL) -> rhead[i]!=NULL)    /* 不是行链表的第一个结点 */
                {
                    q = ( * CL) -> rhead[i];
                    /* 寻找行链表中的插入位置 */
                    while(q -> right != NULL && q -> col < j +1)
                        q = q -> right;
                    p -> right = q -> right;      /* 插入 */
                    q -> right = p;
                }
                else    ( * CL) -> rhead[i] = p; /* 是行链表的第一个结点 */
                /* 在列链表中插入 */
                if(( * CL) -> chead[j]!=NULL)    /* 不是列链表的第一个结点 */
                {
                    q = ( * CL) -> chead[j];
                    /* 寻找列链表中的插入位置 */
                    while(q -> down!= NULL && q -> row < i +1)
                        q = q -> down;
                    p -> down = q -> down;        /* 插入 */
                    q -> down = p;
                }
                else                             /* 是列链表的第一个结点 */
                    ( * CL) -> chead[j] = p;
            }
        }
        return 1;
    }
```

（2）输出十字链表指定位置的结点值

该操作根据矩阵的行号和列号,在十字链表中找到该元素所在位置。若存在该位置,则取得该位置上的元素值,否则返回 0。

♨ 算法 5 - 7 取值

```
int GetValue(CrossLink CL,DataType * e,int r,int c)
{/* CL 为指向十字链表的指针,e 用于返回非零元,r 为待取值元素的行号,c 为待取值元素的列号 */
    PCNode p;
    * e = 0;
    if(CL -> nums <= 0){printf("空十字链表,无法完成操作!");return 0;}
    if(r < 1 ‖ r > CL -> rows ‖ c < 1 ‖ c > CL -> cols){printf("参数错误,无法完成操
作!");return 0;}
    p = CL -> rhead[r - 1];
    /* 在行链表中,寻找等于列号的结点 */
    while(p!= NULL && p -> col!= c)    p = p -> right;
    if(p)    * e = p -> value;                    /* 找到 */
    return 1;
}
```

【例 5 - 4】 已知一个稀疏矩阵 A 采用十字链表作为存储结构,试编写一个算法根据给定的元素值查找其在矩阵中的位置。

【设计思路】根据行指针数组的头指针值,遍历行链表,找到则返回;没找到,则到下一行寻找。

【程序设计】

```
int FindIndex(CrossLink CL,DataType e,int * r,int * c)
{/* CL 为指向十字链表的指针,e 为待查找元素,r 用于返回待查找元素的行号,c 用于返回待查
找元素的列号 */
    PCNode p;
    int i;
    * r = 0;
    * c = 0;
    if(CL -> nums <= 0){printf("十字链表为空,无法完成操作");return 0;}
    for(i = 0;i < CL -> rows;i ++)                /* 依次循环每个行链表 */
    {
        p = CL -> rhead[i];                        /* 取得行指针值 */
        while(p!= NULL)                            /* 遍历行链表 */
        {
            if(p -> value == e)                    /* 找到 */
            {
                * r = p -> row;
                * c = p -> col;
                return 1;
            }
            p = p -> right;
        }
    }
    return 0;
```

```
    }
```

主函数：

```
    int main(int argc,char * argv[])
    {
        DataType A[3][3] = {{10,0,0},{0,0,00},{0,0,30}};      /* 稀疏矩阵 */
        CrossLink TA;
        DataType v;                                          /* 待查找元素值 */
        int r,c;
        v = 30;
        InitCrossLink(&TA,&A[0][0],3,3);                     /* 使用算法 5 - 6 初始化十字链表 */
        FindIndex(TA,v,&r,&c);                               /* 查找 */
        printf("% d,% d",r,c);                               /* 显示结果 */
        return 0;
    }
```

5.5　广义表

线性表要求它的每个数据元素必须是结构上不可再分的单个元素。而广义表中的数据元素既可以是单个元素,也可以是广义表。因此,从这个意义上说,广义表是线性表的推广,线性表是广义表的特例。

5.5.1　广义表的基本概念

1. 广义表的定义

广义表是 $n(n \geqslant 0)$ 个单个元素或子表组成的有限序列,其中子表又是一个广义表。

设 $a_i(1 \leqslant i \leqslant n)$ 为广义表的第 i 个元素,则广义表的一般表示为：

$$GL = (\alpha_1, \alpha_2, \cdots, \alpha_i, \cdots, \alpha_n)$$

其中,GL 为广义表的表名;n 为广义表的长度,即广义表中所包含的元素个数;n = 0 时,称为空表。

根据定义,广义表的元素 α_i 既可以是单个元素,也可以是广义表。若 α_i 为单个元素,则称 α_i 为广义表的原子;若 α_i 是一个广义表,则称 α_i 是广义表的子表。显然,广义表的定义是递归的。为了区分原子和子表,一般约定用小写字母或数字表示原子,用大写字母表示广义表和子表。以下是广义表的一些例子：

```
    A = ()
    B = (d)
    C = (a,(b,c))
    D = (A,B,C) = ((),(d),(a,(b,c)))
    E = (a,E)
```

其中,A 是一个空表,其长度为 0;B 是长度为 1 的广义表,含有一个原子 d;C 是长度为 2 的广义表,含有两个元素,一个是原子 a,一个是子表(b,c);D 是长度为 3 的广义表,每个元素均是子表;E 是一个递归的广义表,相当于一个无限的表 E = (a,(a,(a,…))),其长度为 2。

当广义表非空时,称广义表 GL 的第 1 个元素 α_1 为广义表的表头,称其余元素(α_2,…, α_i,…,α_n)组成的表为广义表 GL 的表尾。空表无表头和表尾。由定义可知,任何一个非空广义表的表头可能是原子,也可能是子表,但其表尾一定是广义表。取表头的操作记为 head(GL) = α_1,取表尾的操作记为 tail(GL) = (α_2,…,α_i,…,α_n)。例如,取上述示例 A,B,C,D,E 的表头和表尾:

```
A 无表头和表尾
head(B)=d,tail(B)=()           (一个空广义表)
head(C)=a,tail(C)=((b,c))      (一个包含子表(b,c)的广义表)
head(D)=A,tail(D)=(B,C)        (一个包含子表 B 和子表 C 的广义表)
head(E)=a,tail(E)=(E)          (一个包含子表 E 的广义表)
```

在上述例子中,tail(D)得到的是非空表,则可继续分解得到:

```
head((B,C))=B,tail((B,C))=(C)
```

也可以写作:

```
head(tail(D))=B,tail(tail(D))=(C)
```

广义表的深度是指广义表中所包含的括号重数。前面例子中,A 的深度为 1,B 的深度为 1,C 的深度为 2,D 的深度为 3,E 的深度为∞ 。

2. 广义表的性质

根据上述定义和例子,可以得到广义表的如下性质。

↪ 广义表是一种线性结构,其长度为最外层包含的元素个数。

↪ 广义表中元素可以是子表,而子表的元素还可以是子表,因此,广义表是一种多层次结构。

↪ 一个广义表可以为其他广义表所共享。例如,在 D = (A,B,C)中,A,B,C 就是 D 的子表。而在 D 中,可以不列出子表的值,而是通过子表的名称来引用。

↪ 广义表可以是递归的。例如,表 E。

注意:( )和(( ))不同,前者为空表,其长度为 0,后者不是空表,它有一个元素,只不过这个元素是一个空表,因此它的长度为 1。空表的深度为 1。

3. 广义表的其他表示方法

(1) 带名字的广义表表示

把广义表的名称写在表的前面,既可以表明每个表的名字,又可以说明它的组成。例如:

```
A()
B(d)
C(a,(b,c))
D ( A (),B (d),C (a,(b,c)))
E(a,E(a,E (a,…)))
```

(2) 广义表的图形表示

用圆圈表示子表,用方框表示原子,并用线段把表和其他元素连接起来,从而得到广义表的图形表示。例如,广义表 A,B 和 D 的图形表示如图 5 - 17 所示。

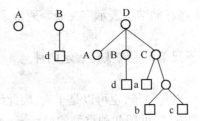

图 5 – 17　广义表的图形表示

【例 5 – 5】　已知某运动会的比赛项目有：游泳、举重、田径和球类比赛。其中，球类比赛又包括足球、篮球和排球比赛。请用广义表表示比赛，并计算广义表的长度和深度。

【设计思路】根据大类和小类比赛项目分层次表示比赛。

解：

分别用 a，b，c，d，e，f 和 B 表示游泳、举重、田径、足球、篮球、排球和球类比赛，则 A = (a，b，c，B) = (a，b，c，(d，e，f))，长度为 4，深度为 2。

总之，广义表的结构相当灵活，在某种前提下，它可以兼容线性表、数组、树和有向图等各种常用的数据结构。例如，二维数组的每行或每列作为子表处理时，二维数组即为一个广义表。

5.5.2　广义表的抽象数据类型

广义表的抽象数据类型表示了广义表中的数据元素、数据元素之间的逻辑关系，以及对广义表的操作集合。其定义如下。

ADT GList

数据元素集合：

　　一个数据元素为原子或子表的序列。

基本操作：

　　↘ 初始化广义表（InitGList）：初始化广义表

　　↘ 求广义表长度（GListLength）：求广义表的数据元素个数

　　↘ 求广义表深度（GListDepth）：获取广义表深度

　　↘ 取表头（GetHead）：取广义表的表头

　　↘ 取表尾（GetTail）：取广义表的表尾

　　↘ 复制广义表（CopyGList）：复制一个新的广义表

　　↘ 插入（InsertFirst）：插入元素作为广义表的第一个元素

　　↘ 删除（DelFirst）：删除广义表的第一个元素

　　↘ 遍历广义表（TraverseGList）：遍历广义表，并处理每个元素

　　↘ 销毁广义表（DestroyGList）：销毁广义表

5.5.3　广义表的存储结构

1. 定义

由于广义表中的数据元素（原子或子表）可以具有不同的结构，因此很难为广义表分配固

定大小的存储空间,即难以用顺序存储结构表示广义表。通常采用链式存储结构,每个数据元素用一个结点表示。

广义表的存储结构分为孩子兄弟表示和头尾表示两种。

（1）孩子兄弟表示

由于广义表中的数据元素可以是原子,也可以是子表,因此结点也应该有两种类型。为了表示的方便,可把两种类型的结点统一起来,并设置一个标志域来区分原子和子表。因此,链结点包含三个域,如图 5 - 18 所示。

| flag | data/sublist | next |

图 5 - 18　链结点

其中,flag 为标志域,取值如下:

$$flag = \begin{cases} 1 & ,子表 \\ 0 & ,原子 \end{cases}$$

当 flag 为 0 时,表结点为原子结点,第二个域为 data,用于存放原子数据;当 flag 为 1 时,表结点为子表结点,第二个域为 sublist,用于存放指向子表的指针。

next 域为一个指针域,指向与本元素处于同一层的下一个元素所在结点,当本元素是最后一个元素时,next 域为 NULL。例如,前述广义表 A 和 C 的存储结构如图 5 - 19 所示。

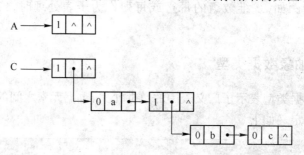

图 5 - 19　广义表 A 和 C 的存储结构

使用 C 语言描述的广义表类型为:

```
typedef struct node
{
    int flag;          /*标志域*/
    union              /*第二个域*/
    {
        DataType data;
        struct node * sublist;
    };
    struct node * next;/*指针域*/
}GNode, * PGNode, * GLink;
```

（2）头尾表示

表结点和原子结点分别表示广义表的子表和原子,如图 5 - 20 所示。

其中,flag 为标志域,data 为原子结点的数据域,hp 和 tp 分别为表结点的表头指针和表尾指针域,分别指向子表的表头和表尾。例如,前述广义表 C 的存储结构如图 5 - 21 所示。

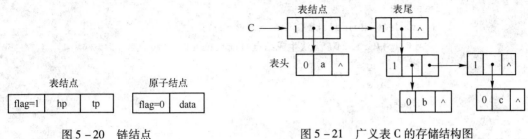

图 5-20 链结点

图 5-21 广义表 C 的存储结构图

对于这两种存储结构,只需要掌握其中一种即可。如果不做特殊声明,本书采用孩子兄弟表示作为广义表的存储结构。

2. 基本操作

(1) 初始化广义表

使用一个具有广义表形式的字符串(例如,字符串"(a,(b,c))")建立广义表,并假设广义表的原子为英文字母。

使用递归建立广义表。算法基本思想是:依次扫描表示广义表的字符串,若碰到左括号,表示是一个子表的开始,则应建立表结点,并用它的 sublist 指针进行递归调用,从而建立子表;若碰到英文字母,表明它是一个原子,则应建立一个原子结点;若碰到右括号时,表明它是一个空表,则应置头结点指针为空。

当建立了一个由头结点指针指向的结点后,接着碰到逗号,则表明存在后继结点,需建立当前结点的后继表;当碰到右括号或"\0",表明处理结束,置当前结点的 next 域为空。

🔥 **算法 5-8 初始化广义表**

```
GLink InitGLink(char * str)
{
    PGNode p;
    char c;
    c = * str;
    str ++ ;
    if(c!=' \0 ')
    {
        switch(c)
        {
        case'(':
            p = (PGNode)malloc(sizeof(GNode));
            if(!p){printf("无法生成结点");return 0;}
            p -> flag =1;
            p -> sublist = InitGLink(str);
            break;
        case')':
            return NULL;
```

```
            default:
                p = (PGNode)malloc(sizeof(GNode));
                if(!p){printf("无法生成结点");return 0;}
                p -> flag = 0;
                p -> data = c;
                break;
            }
        }
        else      p = NULL;
        c = * str;
        str ++;
        if(p)
        {
            if(c ==',') p -> next = InitGLink(str);
            else p -> next = NULL;
        }
        return p;
    }
```

（2）求广义表的长度

广义表的长度就是广义表第一层元素的个数。由于同一层元素所在的链结点通过 next 域链接为一个线性链表，所以求广义表的长度就是计算第一层元素链表的链结点个数。

♨ 算法5－9　求广义表的长度

```
    int GListLength(GLink GL)
    {/* GL 为指向广义表的指针 */
        int num = 0;
        PGNode p;
        p = GL -> sublist;
        while(p != NULL)            /* 遍历整个广义表 */
        {
            num ++;                 /* 计数广义表元素数 */
            p = p -> next;
        }
        return num;
    }
```

（3）求广义表的深度

广义表或子表的深度等于它的所有子表的最大深度加 1。因此，可以用递归求解广义表的深度。

♨ 算法 5 – 10　求广义表的深度

```
int GLinkDepth(GLink GL)
{/* GL 为指向广义表的指针 */
    int max = 0,dep;
    PGNode p;
    if(GL -> flag == 0)
        return 0;
    for(p = GL -> sublist; p; p = p -> next)
    {
        dep = GLinkDepth(p);              /* 求子表的深度 */
        if(dep > max)  max = dep;         /* max 为同一层子表深度的最大值 */
    }
    return max + 1;
}
```

(4) 复制广义表

算法基本思想是:若为表结点,则递归复制子表;若为原子,则复制原子结点。

♨ 算法 5 – 11　复制广义表

```
GLink GLinkCopy(GLink GL)
{/* GL 为指向广义表的指针 */
    PGNode p;
    if(GL == NULL)     return NULL;
    p = (PGNode)malloc(sizeof(GNode));
    p -> flag = GL -> flag;
    if(GL -> flag == 1)                   /* 复制子表 */
        p -> sublist = GLinkCopy(GL -> sublist);
    else                                  /* 复制原子 */
        p -> data = GL -> data;
    p -> next = GLinkCopy(GL -> next);    /* 复制后续表 */
    return p;
}
```

(5) 求广义表表头

表头可能是原子,也可能是子表。若是原子,则复制该结点并返回;若是子表,则生成一个新表头结点,然后复制子表,并让新表头结点的 sublist 指针指向复制后的子表。

♨ 算法 5 – 12　求广义表表头

```
GLink GetHead(GLink GL)
{/* GL 为指向广义表的指针 */
    GLink p = GL -> sublist;
    PGNode q,t;
```

```
if(p==NULL){printf("空表,不能求表头");    return 0;}
else if(GL->flag==0)
{
    printf("原子,不能求表头");
    return 0;
}
if(p->flag==0)            /* 表头为原子结点 */
{
    q=(PGNode)malloc(sizeof(GNode));
    q->flag=0;
    q->data=p->data;
    q->next=NULL;
}
else                      /* 表头为子表 */
{
    t=(PGNode)malloc(sizeof(GNode));
    t->flag=1;
    t->sublist=p->sublist;
    t->next=NULL;
    q=GLinkCopy(t);
    free(t);
}
return q;
}
```

(6) 求广义表表尾

由于表尾肯定是广义表,因此直接生成一个新表头结点,并让其 sublist 指针指向广义表的第二个元素,然后复制广义表从第二个元素开始的所有元素。若第二个元素不存在,则直接置新表头结点的 sublist 指针域为空,即建立一个空表。

♨ 算法 5–13　求广义表表尾

```
GLink GetTail(GLink GL)
{/* GL 为指向广义表的指针 */
    GLink p=GL->sublist;
    PGNode q,t;
    if(p==NULL)
    {
        printf("空表,不能求表尾");
        return 0;
    }
    else if(GL->flag==0)
    {
        printf("原子,不能求表尾");
```

```
        return 0;
    }
    p = p -> next;                                /*指向广义表的第二个元素 */
    t = (PGNode)malloc(sizeof(GNode));            /*生成新表头结点 */
    t -> flag = 1;
    t -> sublist = p;
    t -> next = NULL;
    q = GLinkCopy(t);                             /*复制从第二个元素开始的所有元素 */
    free(t);
    return q;
}
```

【例 5 - 6】　已知广义表 A = (a,b,(c,( )),d,(e,(f,(g)))) 。求：

① 画出它的存储结构图；

② 用 head 和 tail 求出原子 d；

③ 它的长度和深度。

【设计思路】画广义表存储结构图的步骤如下。

① 若为非空广义表,则先画出一个表头结点；

② 画出第一个元素,并让表结点的 sublist 指针指向画出的元素。在画元素时,分为两种情况。若为原子则直接画出原子结点,若为子表,则重复以上过程。

③ 画后续元素,并链接到第一个元素的 next 域上。

解：

① A 的存储结构图如图 5 - 22 所示。

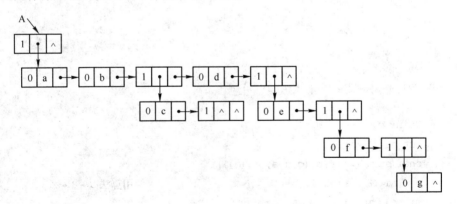

图 5 - 22　广义表 A 的存储结构图

② head(tail(tail(tail(A)))) = d。

③ 长度为 5,深度为 4。

【例 5 - 7】　编写一个显示广义表所有元素的算法。

【设计思路】广义表的元素分为原子和子表。若是原子,则直接显示原子值；若是子表,则应在子表的前后显示左右括号,并在括号中显示子表。然后,显示后继结点。

【程序设计】

```
void DispGLink(GLink GL)
{/* GL 为指向广义表的指针 */
    if(GL)
    {
        switch(GL -> flag)
        {
        case 1:                                    /* 表结点 */
            printf("(");
            if(!GL -> sublist)                     /* 显示空子表 */
                printf(" ");
            else
                DispGLink(GL -> sublist);          /* 递归显示非空子表 */
            printf(")");
            break;
        case 0:                                    /* 原子结点 */
            printf("% c",GL -> data);              /* 显示原子结点值 */
            break;
        }
        if(GL -> next)                             /* 显示后继结点 */
        {
            printf(",");
            DispGLink(GL -> next);
        }
    }
}
```

主函数：

```
int main(int argc,char * argv[])
{
    GLink p;
    int n;
    char str[] = "(a,b,(c,d,e,(f,(g))))";
    p = InitGLink(str);                            /* 使用算法 5 - 8 */
    DispGLink(p);
    return 0;
}
```

5.6　综合实例——n 阶魔方

【问题描述】

　　n 阶魔方，又叫幻方阵，在我国古代称为"纵横图"，是一个比较有趣的游戏。所谓 n 阶魔方就是一个填数游戏。要求用 1 到 n^2 的数字（n 为奇数）不重复地填入方阵中，使得每一行、每一列、每条对角线上的数字累加和都相等。

例如,图 5-23 所示就是一个 3 阶魔方阵。它是用数字 1 到 9 不重复地填入 3×3 方阵中,使得方阵的每一行、每一列、每条对角线上的数字累加和都等于 15。

要求:设计一个算法实现 n 阶魔方。

【问题分析】

对于 n 阶魔方,有许多实现方法。其中之一就是"左上斜行法"。该方法的基本思想如下。

① 在 1 到 n^2 的数字中,选择数字 1 开始填充魔方,将数字 1 填入第 1 行的中间方格中,即 (0,n/2) 位置。

② 向已填充的前一个数字位置 (i,j) 的左上角 (i-1,j-1) 填入下一个数字。如果出现以下情况,则修改填充位置:

☞ 若填充位置超出上边界,则修改为最下边的相应位置,即把 i-1 修改为 n-1;

☞ 若填充位置超出左边界,则修改为最右边的相应位置,即把 j-1 修改为 n-1;

☞ 若该位置已有数字,则填充位置修改为下一行,同一列位置。

③ 重复以上过程,直至将 n^2 个不重复数字填入魔方中。

1. 数据结构设计

```
typedef struct{
    int *data;                    /*魔方*/
    int size;                     /*魔方阶数*/
    int sum;                      /*和*/
}Qube,*MQube;
```

2. 操作实现

（1）初始化

```
int InitMQube(MQube *mq,int n)
{
    (*mq)->data = (int *)malloc(n*n*sizeof(int));
    if(!((*mq)->data)){printf("初始化错误");    return 0;}
    (*mq)->size =n;
    (*mq)->sum =0;
    return 1;
}
```

（2）创建魔方

```
int GenerateMQube(MQube mq)
{
    int i,j,k,n;
    int *p;
    p =mq->data;
    n =mq->size;
```

```
        i = 0;
        j = (n - 1)/2;
        * (p + j) = 1;                    /* 填入第一个数字 */
        for(k = 2;k <= n * n;k ++)
        {
            i = (i - 1 + n)% n;           /* 计算填入位置 */
            j = (j - 1 + n)% n;
            if(* (p + i * n + j)> 0)      /* 如果填入位置上已有数字,则重新计算填入位置 */
            {
                i = (i + 2)% n;           /* 由于前面 i 减了 1,因此 i 应该加 2,才能表示下一行 */
                j = (j + 1)% n;           /* 由于前面 j 减了 1,因此 j 应该加 1,才能表示同一列 */
            }
            * (p + i * n + j) = k;        /* 填入数字 */
        }
        for(k = 0;k < n;k ++)
            mq -> sum + = * (p + k);     /* 计算和 */
        return 1;
    }
```

(3) 显示 n 阶魔方

```
    void DispMQube(Qube mq)
    {
        int i,j;
        printf("\n\n");
        for(i = 0;i < mq.size;i ++)
        {
            for(j = 0;j < mq.size;j ++)
                printf("% d\t", * (mq.data + i * mq.size + j));
            printf("\n");
        }
        printf("The sum is % d. \n",mq.sum);
    }
```

3. 主函数

```
    int main(int argc,char * argv[])
    {
        Qube mqq;
        MQube mq = &mqq;
        int choice = 0;
        int n = 0;
        do{
            printf("          menu                    \n");
            printf("------------------------------------------\n");
            printf("\n    (1)Gernerate Magic Cube....        \n");
```

```
            printf("\n    (0)exit....            \n");
            printf("\nPlease select one:");
            scanf("% d",&choice);
            switch(choice)
            {
            case 1:
                printf("\nPlease input n:");
                scanf("% d",&n);
                InitMQube(&mq,n);
                GenerateMQube(mq);
                DispMQube(* mq);
                break;
            case 0:
                exit(0);
            }
        }while(1);
        return 0;
    }
```

运行结果如图 5-24 所示。

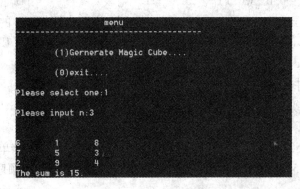

图 5-24　运行结果

5.7　习题

一、单项选择题

1. 已知二维数组 A[5][3],其每个元素占 2 个存储单元,并且 A[0][0]的存储地址为 1000,则元素 A[3][2]的存储地址为(　　)。

A. 1010　　　　　　B. 1020　　　　　　C. 1022　　　　　　D. 1028

2. 设有一个 8 阶的对称矩阵 A,采用压缩存储方式,以行序为主序存储,每个元素占用一个存储单元,基址为 100,则 a_{63} 的地址为(　　)。

A. 118　　　　　　B. 124　　　　　　C. 151　　　　　　D. 160

3. 已知数组 A[1..6,2..8]在内存中以行序为主序存放,且每个元素占 2 个存储单元,则计算元素 A[i,j]地址的公式为(　　)。

A. $LOC(A[i,j]) = LOC(A[1,2]) + [(i-1)*7 + (j-2)]*2$

B. $LOC(A[i,j]) = LOC(A[1,2]) + [(j-2)*6 + (i-1)]*2$

C. $LOC(A[i,j]) = LOC(A[1,2]) + (i*8 + j)*2$

D. $LOC(A[i,j]) = LOC(A[1,2]) + (j*6 + i)*2$

4. 二维数组 A 的每个元素是由 6 个字符组成的串,其行下标 $i = 0,1,\cdots,8$,列下标 $j = 1$, $2,\cdots,10$,且每个字符占一个字节。若 A 以行序为主序存放,元素 $A[8,5]$ 的起始地址与当 A 以列序为主序存放时的元素(　　)的起始地址相同。

A. $A[7,8]$　　　　　B. $A[6,5]$　　　　　C. $A[0,7]$　　　　　D. $A[3,10]$

5. 对稀疏矩阵进行压缩存储的目的是(　　)。

A. 降低运算的时间复杂度　　　　　　　B. 节省存储空间

C. 便于存储　　　　　　　　　　　　　D. 便于进行矩阵运算

6. 以下有关广义表说法中不正确的是(　　)。

A. 广义表的表头总是一个原子　　　　　B. 广义表的表尾总是一个广义表

C. 广义表的元素可以是单个元素　　　　D. 广义表的元素可以是一个子表

7. 广义表 $L = (a,(b,(c),d),(( ),e))$ 的长度为(　　)。

A. ∞　　　　　　　B. 6　　　　　　　C. 4　　　　　　　D. 3

8. 广义表 $L = (a)$,则表尾为(　　)。

A. a　　　　　　　　B. $(( ))$　　　　　　C. 空表　　　　　　　D. (a)

9. 已知广义表 $L = ((x,y,z),a,(u,t,w))$,从 L 表中取出原子项 t 的运算是(　　)。

A. $head(tail(head(tail(L))))$　　　　　　B. $tail(head(head(tail(L))))$

C. $head(tail(head(tail(tail(L)))))$　　　　D. $head(tail(tail(L)))$

10. 下列广义表中是线性表的有(　　)。

A. $L = (a,(b,c))$　　B. $L = (a,L)$　　　　C. $L = (a,b)$　　　　D. $L = (a,( ))$

二、填空题

1. 设数组 $a[1..50,1..80]$ 的基地址为 2000,每个元素占 2 个存储单元,若以行序为主序顺序存储,则元素 $a[45,68]$ 的存储地址为_____;若以列序为主序顺序存储,则元素 $a[45,68]$ 的存储地址为_____。

2. 下三角矩阵压缩存储的下标对应关系为_____。

3. 设二维数组 A 的行和列的下标范围分别为 $[0,8]$ 和 $[0,10]$,每个元素占 2 个单元,以行序为主序顺序存储,第一个元素的存储起始位置为 b,则存储位置为 $b+50$ 处的元素为_____。

4. 所谓稀疏矩阵指的是_____。

5. 稀疏矩阵 $A = \begin{bmatrix} 0 & 0 & 0 \\ 0 & 0 & 10 \\ 0 & 0 & 0 \end{bmatrix}$ 的三元组表示为_____。

6. 一个 5×4 矩阵可以看成是长度为 5 的线性表,表中每个元素是长度为_____的线性表。

7. 广义表 $(a,(a),d,e,((i,j),k))$ 的长度是_____,深度是_____。

8. 已知广义表 $A = ((( ),(a,(b),c)))$,则 $head(tail(head(tail(head(A)))))$ 等于_____。

9. 当广义表中的每个元素都是原子时,广义表便成了_____。

10. 广义表的表尾是指除第一个元素之外，_____。

三、问答题

1. 已知 5×6 数组 A 的每个元素占 2 个字节，数组的基址为 1000，求：

（1）A 所占的字节数；

（2）元素 a_{25} 的地址；

（3）以行序为主序和以列序为主序存储的 a_{34} 地址。

2. 利用三元组存储稀疏矩阵时，若稀疏矩阵中的元素为整数时，则在什么情况下才能节省存储空间？

3. 已知稀疏矩阵 $A = \begin{bmatrix} 0 & 0 & 0 & 0 & 30 & 0 \\ 0 & 0 & 0 & 0 & 0 & 0 \\ 0 & 0 & 0 & 0 & 50 & 0 \\ 0 & 0 & 0 & 0 & 0 & 0 \\ 10 & 0 & 0 & 0 & 0 & 20 \end{bmatrix}$，请给出矩阵 A 的三元组与十字链表表示。

4. 已知某稀疏矩阵 A 的十字链表表示如下，请给出该矩阵。

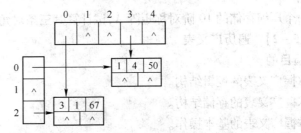

5. 已知广义表 L = (( ) , ( ))，求 head(L)，tail(L)，L 的长度，深度各为多少？

6. 求下列广义表运算的结果：

（1）head((i,j,k))；（2）tail((k,m,n))；（3）head(tail(((a,b, c), (d))))；

7. 已知广义表 A = (((a)),b,c,(((d,e))))，请用 head 和 tail 操作求出 e。

8. 画出以下广义表的存储结构图示。

((((a), b)), ((( ), d), (e, f)))

四、算法设计题

1. 一个 n 阶对称矩阵 A，其上三角各元素按行序为主序存放于一维数组 B 中，请编写算法给出 B[k] 和 A[i][j] 的关系。

2. 鞍点是指矩阵中的元素 a_{ij} 是第 i 行中值最小的元素，同时又是第 j 列中值最大的元素。试设计一个算法求矩阵 A 的所有鞍点。

3. 已知两个稀疏矩阵 A 和 B，试编写算法实现 A + B。

4. 编写程序以三元组格式输出十字链表表示的矩阵。

5. 编写一个在十字链表中删除非零元素 a_{ij} 的算法。

6. 已知一个广义表 A，试编写算法求广义表中原子数目。

7. 已知一个广义表 A，试设计一个算法计算 A 中原子结点值的和。

8. 已知一个广义表 A，试编写一个算法在 A 中查找值为 x 的结点。

9. 已知一个广义表 A，试编写一个算法在 A 中查找所有值为 x 的原子结点，并用 y 替换 x。

10. 试设计一个判断两个广义表是否相同的算法。

5.8　实验

【实验 5 - 1】　对称矩阵的压缩存储

1. 实验目的

（1）掌握对称矩阵压缩存储的目的。

（2）掌握对称矩阵的压缩存储方法。

（3）掌握对称矩阵压缩存储的地址计算方法。

2. 实验内容

（1）建立一个 10 阶对称矩阵。

（2）将此对称矩阵压缩存储于一维数组中。

（3）利用一维数组中的数据在屏幕上输出对称矩阵中的所有元素。

（4）给出行号为 3，列号为 5 的元素在一维数组中的位置。

3. 选作

已知一个压缩存储的 10 阶对称矩阵 A，试计算其三条对角线上所有元素之和。

【实验 5 - 2】　遍历广义表

1. 实验目的

（1）掌握广义表的逻辑结构。

（2）掌握广义表的存储结构。

（3）掌握广义表的基本操作。

2. 实验内容

（1）建立广义表 A = (a,b,(c,(d)))。

（2）在屏幕上输出广义表 A 的所有元素。

（3）求广义表 A 的深度与长度。

3. 选作

求广义表 A 的原子 c，并将其显示在屏幕上。

第6章 树和二叉树

数据结构分线性结构与非线性结构两大类。第2章至第5章研究的都是线性结构,从本章开始将进入非线性结构领域。树与二叉树就是非线性结构中非常重要的一员,它适宜描述具有层次结构的数据。

本章主要介绍树与二叉树的定义、性质和存储结构,树与二叉树的遍历及相互间的转换,二叉树的应用。

6.1 树

6.1.1 树的定义

1. 树的概念

树是由 n(n≥0)个元素构成的有限集合。其中,n=0 称为空树;n>0 称为非空树。对于任意一颗非空树,都满足以下条件:

① 有且仅有一个称为根的结点,它比较特殊,没有前驱结点;

② 其余结点被分成 m(m≥0)个互不相交的有限集 $T_1,T_2,\cdots,T_m$,其中每一个集合 $T_i(1\leqslant i\leqslant m)$ 又是一颗树,称为根的子树。

图6-1给出了树的示意图。其中,R 为根结点,T_1、T_2、T_3(图中阴影部分)为子树。T_1 子树的根为 A,T_2 子树的根为 B,T_3 子树的根为 C。

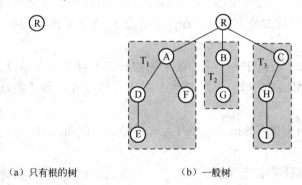

(a) 只有根的树　　　　(b) 一般树

图6-1 树的示意图

从树的定义可以看出,树是递归定义的。即一棵树由若干颗子树构成,而子树又由更小的若干颗子树构成。除根结点以外,树中的每个结点都有且只有一个直接前驱结点,若干个直接后继结点。而根结点没有直接前驱结点。例如,图6-1(b)中的 A 结点有一个直接前驱 R,两个直接后继 D 和 F。这反映了数据元素的层次关系,因此,凡是分类分级的问题都可用树来描述。

【例6－1】 在一个掷骰子游戏中,你能给出投掷两次的可能结果吗?

解:

可用图6－2所示的树给出投掷两次骰子的所有可能结果。每次游戏的结果都是从树根到某个叶子结点的路径。

在现实世界中,能用树表示的例子非常多。例如,图6－3表示了一个大学的组织结构,类似的还有公司、企事业单位的组织结构。又如,Windows的文件系统。再如,由章、节组织的一本书,家谱等。

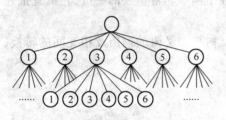

图6－2　投掷两次骰子的可能结果

图6－3　大学组织结构

2. 树的基本术语

结点的度: 结点所拥有子树的个数称为结点的度。例如,图6－1(b)中,结点A的度为2,结点B的度为1,结点G的度为0。

树的度: 树中所有结点的度的最大值称为树的度。例如,图6－1(a)中,树的度为0。图6－1(b)中,树的度为3。

叶结点: 度为零的结点称为叶结点,也称为终端结点或叶子。例如,图6－1(b)中,结点E、F、G和I均为叶结点。

分支结点: 度不为零的结点称为分支结点,也称为非终端结点。除根结点以外,分支结点也称为内部结点。显然,一棵树中除叶结点以外,其他结点都是分支结点。例如,图6－1(b)中,A、B、C、D和H结点均为分支结点。在分支结点中,每个结点所拥有的分支数就是该结点的度。

孩子结点和双亲结点: 树中一个结点的子树的根结点称为孩子结点。该结点就称为孩子结点的双亲结点。例如,图6－1(b)中,结点D和F是结点A的孩子结点,结点A是结点D和F的双亲结点。

兄弟结点: 具有同一双亲的孩子结点互为兄弟结点。例如,图6－1(b)中,结点D和F互为兄弟结点。

结点的祖先: 从根到该结点所经分支上的所有结点,称为结点的祖先。例如,图6－1(b)中,结点I的祖先为R、C和H。

结点的子孙: 以某结点为根的子树中的任一结点都称为该结点的子孙。例如,图6－1(b)中,结点A的子孙为D、E和F。

结点的层次: 树是一种层次结构,树中的每个结点都处于某个层次上。从根结点开始,根结点定义为第一层,它的孩子定义为第二层,依此类推。例如,图6－1(b)中,R在第一层,A、B和C在第二层,D、F、G和H在第三层,E和I在第四层。

树的深度: 树中所有结点的层次的最大值称为树的深度,也称为树的高度。例如,图6－1(a)

中,树的深度为 1,图 6 – 1(b)中,树的深度为 4。

　　有序树:如果树中各结点的子树是按照从左到右有序排列的,即各子树的位置不能交换,这样的树称为有序树。如果交换子树的位置,则产生一颗新的有序树。

　　无序树:如果树中各结点的子树的排列是无序的,称为无序树。即使交换了子树的位置,也不会构成新的树。

　　森林:m(m≥0)棵互不相交的树的集合称为森林。如果去掉一棵树的根,则树就变成了森林。同样,给森林添加一个根,则森林就变成了树。

6.1.2　树的表示方法

　　树的逻辑表示方法主要有:树形表示法、嵌套集合表示法、凹入表示法和广义表表示法。

　　1. 树形表示法

　　树形表示法以圆圈表示结点,以连线表示结点之间的关系。虽然连线不带有箭头,但隐含有方向,即从上到下的方向。表示上方结点是下方结点的前驱,下方结点是上方结点的后继。图 6 – 1 所示就是树形表示法。

　　2. 嵌套集合表示法

　　嵌套集合表示法也称为文氏图表示法。用圆圈表示树、子树和结点,并用包含关系表示结点间的关系。需要注意的是同一个根结点下的各子树对应的圆圈不能相交。图 6 – 4 所示为图 6 – 1(b)所示树的嵌套集合表示。

　　3. 凹入表示法

　　凹入表示法就是结点逐层缩进,即孩子结点缩进于双亲结点。图 6 – 5 所示为图 6 – 1(b)所示树的凹入表示。

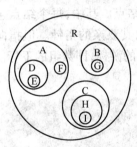

图 6 – 4　嵌套集合表示

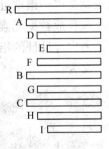

图 6 – 5　凹入表示

　　4. 广义表表示法

　　广义表表示法就是用广义表表示树。用名称表示树的根,括号内表示子树。图 6 – 1(b)所示树的广义表可表示为:

$$R(A(D(E),F),B(G),C(H(I)))$$

6.1.3　树的抽象数据类型

　　树的抽象数据类型表示了树中的数据元素、数据元素之间的逻辑关系,以及对树的操作集合。其定义如下。

> **ADT Tree**
>
> 数据元素集合：
>
> 　　具有相同性质的称为结点的数据元素的一个有限序列。其中一个称为根结点，其他形成 m 棵互不相交的子树。
>
> 基本操作：
>
> 　　↘ 构造树（CreateTree）：构造一棵树
>
> 　　↘ 求树根（Root）：返回树的根
>
> 　　↘ 取值（Value）：获取指定结点的值
>
> 　　↘ 赋值（Assign）：将值赋给指定的结点
>
> 　　↘ 双亲（Parent）：获取指定结点的双亲
>
> 　　↘ 左孩子（LeftChild）：获取指定结点的左孩子
>
> 　　↘ 右兄弟（RightSibling）：获取指定结点的右兄弟
>
> 　　↘ 插入子树（InsertChild）：在指定的结点下插入第 i 棵子树
>
> 　　↘ 删除子树（DeleteChild）：删除指定结点的第 i 棵子树
>
> 　　↘ 树的深度（TreeDepth）：返回树的深度
>
> 　　↘ 遍历树（TraverseTree）：访问树中的每一个元素，且仅访问一次
>
> 　　↘ 销毁树（DestroyTree）：销毁树

6.1.4　树的存储结构

在实际应用中，大多采用链式存储结构来表示树。下面就介绍几种常见树的存储结构。

1. 双亲表示法

双亲表示法就是以一组地址连续的存储空间存储树的结点。其中，每个结点包含数据域和指针域。数据域存放数据元素的值，指针域存放一个指向其双亲的指针。但指向双亲的指针并不是真正指向内存地址的指针，而是类似于静态链表中的游标，即数组的下标。

树的类型定义为：

```
#define MAXSIZE 100
typedef struct{          /*结点结构*/
    DataType data;       /*数据域*/
    int parent;          /*双亲位置*/
}PTNode;
typedef struct{          /*树结构*/
    PTNode items[MAXSIZE];
    int root;            /*根结点位置*/
    int size;            /*树的总结点数*/
}PTree;
```

规定根结点的指针域的值为 -1。双亲表示法充分利用了每个结点（根结点除外）仅有一个双亲的性质。在这种存储结构中，寻找结点的双亲非常容易，但寻找结点的孩子则需要遍历整个结构。

图 6 - 6 是一棵树及其双亲表示,其中 root 指示根结点在下标为 3 的单元中。在图 6 - 6(b) 中,如果要寻找结点 F 的双亲,可以利用 F 的双亲域的值 5,在数组下标为 5 的单元中找到 B。从图 6 - 6(a) 中,可以验证 B 就是 F 的双亲。

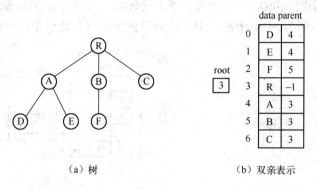

　　　　（a）树　　　　　　　　　　　　（b）双亲表示

图 6 - 6　树的双亲表示

2. 孩子表示法

孩子表示法就是在结点中设置指向每个孩子的指针域,利用指针指向该结点的所有孩子结点。

由于树中的结点可能有多个孩子,而且每个结点的孩子数可能不相同。为了不浪费存储空间,最好为每个结点设置变长的指针域个数,但算法实现起来非常麻烦。因此,孩子表示法大多采用按树的度设置结点的指针域的个数。

树的类型定义为:

```
#define DEGREE 10                    /*树的度*/
typedef struct CTNode{               /*结点结构*/
    DataType data;                   /*数据域*/
    struct CTNode * child[DEGREE];   /*孩子指针域*/
}CTree;
```

在这种存储结构中,寻找结点的孩子非常容易,但寻找结点的双亲则不容易。

图 6 - 7 所示为一棵树及其孩子表示。由于图 6 - 7(a)所示树的度为 3,因此,图 6 - 7(b)的链式存储结构中,每个结点均设置 3 个指针域。

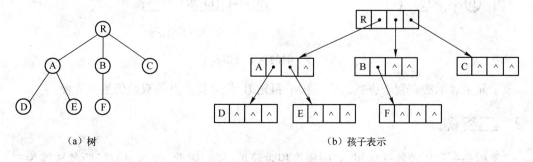

　　（a）树　　　　　　　　　　　　　　（b）孩子表示

图 6 - 7　树的孩子表示

　　为了克服孩子表示法和双亲表示法的缺点,可以把二者结合起来。将树的所有结点存储在一个一维数组中,每个结点包含一个数据域、一个双亲指针域和一个孩子链表指针域。其中,双亲指针域用于存放双亲结点的位置,孩子链表指针域用于存放孩子链表的头指针。孩子链表是一个单链表,用于存放结点的所有孩子。这种表示法称为孩子链表表示法。图6-8是这种表示法的一个示例,其中孩子链表中存放的是孩子结点在数组中的存储位置。

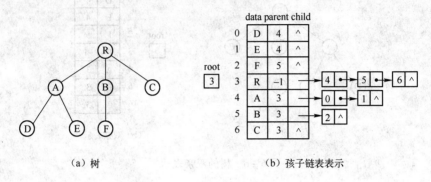

（a）树　　　　　　　　　　　　（b）孩子链表表示

图6-8　树的孩子链表表示

3. 孩子兄弟表示法

　　孩子兄弟表示法就是在结点中设置两个指针域,一个指针域指向该结点的第一个孩子,另一个指针域指向其右兄弟。当然,在结点中还包括一个数据域。

　　树的类型定义为:

```
typedef struct CBNode{              /*结点结构 */
    DataType data;                  /*数据域 */
    struct CBNode * child;          /*第一个孩子指针域 */
    struct CBNode * sibling;        /*右兄弟指针域 */
}CBTree;
```

　　图6-9是一棵树及其孩子兄弟表示。

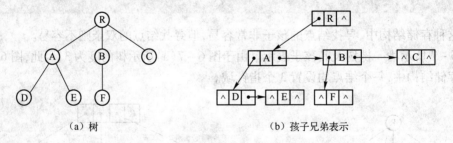

（a）树　　　　　　　　　　　　（b）孩子兄弟表示

图6-9　树的孩子兄弟表示

　　孩子兄弟表示法有利于查找结点的孩子和兄弟,但寻找结点的双亲仍然不方便。

6.2　二叉树

　　二叉树是一类比较特殊的树,它的操作相对简单一些,因此,许多树的问题都转换为二叉树来处理。

6.2.1 二叉树的定义

1. 定义

二叉树是 $n(n \geqslant 0)$ 个结点构成的有限集合。当 $n=0$ 时,它是一棵空二叉树;当 $n>0$ 时,它由一个根结点和两棵互不相交的、分别称作左子树和右子树的二叉树构成。

与树的定义类似,二叉树的定义也是一个递归定义。由二叉树的定义可知:

① 二叉树的度只能是 0、1 或 2;

② 二叉树是有序树,它的左、右子树是有次序的,即使只有一棵子树也要区分是左子树还是右子树。

图 6-10 所示为两棵二叉树。虽然它们的结点相同,但左、右子树的次序不同,因此它们是两棵不同的二叉树。

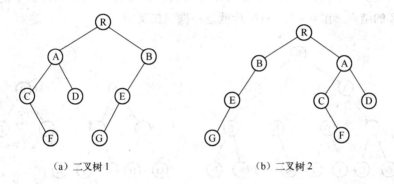

(a) 二叉树1   (b) 二叉树2

图 6-10 二叉树示例

二叉树共有五种基本形态,分别是:空二叉树、只有根结点的二叉树、右子树为空的二叉树、左右子树均不空的二叉树和左子树为空的二叉树。图 6-11 显示了这五种基本形态。任何复杂的二叉树均可由这五种基本形态复合而成。

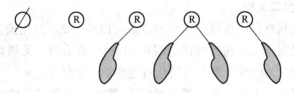

图 6-11 二叉树的五种基本形态

【例 6-2】 某电路中有两个二极管,小张通过设置不同的电路参数测试这两个二极管的通断状态。能否给出这两个二极管所有可能的状态?

解:

可用图 6-12 所示的二叉树表示两个二极管的所有可能状态,图中 0 表示断,1 表示通。每次实验结果都是从树根到某个叶子结点的路径。因此,表示每次都有两种结果的问题都可以用二叉树来表示。例如,真和假、通和断、开和关、0 和 1、出现和不出现等。

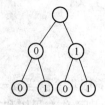

图 6 – 12   二极管所有可能的状态

2. 两种特殊形态的二叉树

（1）满二叉树

如果二叉树的所有分支结点都有左子树和右子树，并且所有叶子结点都在二叉树的最下一层，则称这样的二叉树为满二叉树。

满二叉树是所有二叉树中结点数最多的二叉树。满二叉树中，没有度为 1 的结点，只有度为 0 和度为 2 的结点。图 6 – 13（a）所示就是一棵满二叉树。

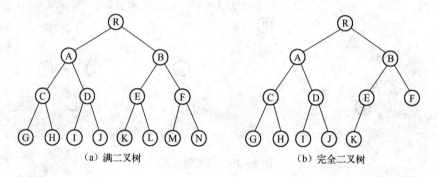

（a）满二叉树   （b）完全二叉树

图 6 – 13   满二叉树和完全二叉树

（2）完全二叉树

在一棵具有 n 个结点的二叉树中，如果它的结构与满二叉树的前 n 个结点的结构相同，则称这样的二叉树为**完全二叉树**。

在完全二叉树中，只有最下面两层结点的度数可以小于 2。对比满二叉树和完全二叉树，可以看出，满二叉树是完全二叉树的特例。图 6 – 13（b）所示的二叉树就是完全二叉树，它比图 6 – 13（a）所示的满二叉树少了最下一层从右边数的 3 个结点。

【例 6 – 3】   在图 6 – 14 所示的 4 棵二叉树中，哪棵是完全二叉树？9 个结点共能构成多少棵二叉树？

解：

（b）是完全二叉树。

因为 n 个结点能够构成 $\dfrac{1}{n+1}C_{2n}^{n}$ 棵二叉树，所以 9 个结点能够构成 4862 棵二叉树。

3. 二叉树的抽象数据类型

二叉树的抽象数据类型表示了二叉树中的数据元素、数据元素之间的逻辑关系，以及对二叉树的操作集合。其定义如下。

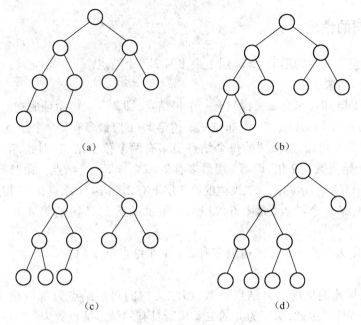

图 6 - 14 4 棵不同的二叉树

ADT BiTree

数据元素集合:

　　具有相同性质的称为结点的数据元素的一个有限序列。其中一个称为根结点,其他形成两棵互不相交的、分别称作左子树和右子树的二叉树。

　　基本操作:

　　⤵ 构造二叉树(CreateBiTree):构造一棵二叉树

　　⤵ 求树根(Root):返回二叉树的根

　　⤵ 取值(Value):获取指定结点的值

　　⤵ 赋值(Assign):将值赋给指定的结点

　　⤵ 双亲(Parent):获取指定结点的双亲

　　⤵ 左孩子(LeftChild):获取指定结点的左孩子

　　⤵ 右孩子(RightChild):获取指定结点的右孩子

　　⤵ 左兄弟(LeftSibling):获取指定结点的左兄弟

　　⤵ 右兄弟(RightSibling):获取指定结点的右兄弟

　　⤵ 插入子树(InsertChild):在指定的结点下插入第 i 棵子树

　　⤵ 删除子树(DeleteChild):删除指定结点的第 i 棵子树

　　⤵ 判空树 (BiTreeEmpty):判断所给的二叉树是否为空树

　　⤵ 树的深度(BiTreeDepth):返回二叉树的深度

　　⤵ 遍历树(TraverseBiTree):以某种次序访问二叉树中的每一个元素,且仅访问一次。遍历的次序主要有先序遍历、中序遍历、后序遍历和层次遍历 4 种

　　⤵ 销毁二叉树(DestroyBiTree):销毁二叉树

6.2.2 二叉树的性质

性质 1 非空二叉树的第 $i(i \geqslant 1)$ 层上最多有 2^{i-1} 个结点。

证明:使用归纳法。

当 $i = 1$(第 1 层)时,非空二叉树只有一个根结点,即 $2^{1-1} = 1$,命题成立。

假定对于第 $i-1$ 层命题成立,即非空二叉树第 $i-1$ 层最多有 2^{i-2} 个结点。

由二叉树的定义可知,二叉树的每个结点最多有两个孩子结点,因此,第 i 层的结点总数最多是第 $i-1$ 层结点数的 2 倍,即第 i 层最多有 $2 \times 2^{i-2} = 2^{i-1}$ 个结点。命题得证。

例如,图 6-13(b)所示的完全二叉树的第 3 层上有 $2^{3-1} = 4$ 个结点;第 4 层上最多有 $2^{4-1} = 8$ 个结点,实际上有 5 个结点,而图 6-13(a)所示的满二叉树的第 4 层上有 $2^{4-1} = 8$ 个结点。

性质 2 深度为 h 的非空二叉树最多有 $2^h - 1$ 个结点($h \geqslant 1$)。

证明:

只有满二叉树才能出现最多结点个数,即二叉树的每层结点数都应该达到最大结点数 2^{i-1}(由性质 1 得到)。因此,深度为 h 的二叉树所具有的最多结点数为

$$\sum_{i=1}^{h} 2^{i-1} = 2^h - 1$$

证毕。

例如,图 6-13(a)所示的满二叉树有 $2^4 - 1 = 15$ 个结点,而图 6-13(b)所示的完全二叉树最多应该有 $2^4 - 1 = 15$ 个结点,实际上有 12 个结点。

性质 3 在任意非空二叉树中,若度为 0(叶子结点)的结点数为 n_0,度为 2 的结点数为 n_2,则关系 $n_0 = n_2 + 1$ 成立。

证明:

设度为 1 的结点个数为 n_1,则二叉树的结点总数为

$$n = n_0 + n_1 + n_2 \tag{6-1}$$

在二叉树中,除了根结点以外,每个结点都有一个直接前驱,即每个结点都有一个分支与之相连(如图 6-15(a)所示),因此,具有 n 个结点的二叉树的分支总数为

$$B = n - 1 \tag{6-2}$$

而这些分支来自于度为 1(有一个分支)和度为 2(有两个分支)的结点(如图 6-15(b)所示),因此,分支总数为

$$B = n_1 + 2 \times n_2 \tag{6-3}$$

把式(6-1)代入式(6-2),并使之等于式(6-3),得到

$$n_0 = n_2 + 1$$

证毕。

例如,图 6-13(b)所示的完全二叉树中,度为 0 的结点有 6 个,度为 2 的结点有 5 个,满足 $n_0 = n_2 + 1$。

性质 4 具有 $n(n > 0)$ 个结点的完全二叉树的深度 $h = \lfloor \log_2 n \rfloor + 1$。

证明:

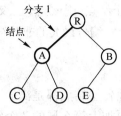

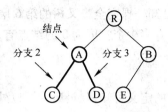

（a）A 结点来自于分支 1　　　　　（b）A 结点发出分支 2 和分支 3

图 6 – 15　结点与分支

根据完全二叉树的定义可知深度为 h – 1 层及以上的结点构成满二叉树,因此由性质 2 得深度为 h 的完全二叉树满足

$$n > 2^{h-1} - 1$$

和

$$n \leq 2^h - 1$$

整理后得到

$$2^{h-1} \leq n < 2^h$$

不等式两边取对数,得

$$h - 1 \leq \log_2 n < h$$

由于 h 为正整数,因此

$$h = \lfloor \log_2 n \rfloor + 1$$

证毕。

例如,图 6 – 13(b)所示的完全二叉树有 12 个结点,它的深度 $h = \lfloor \log_2 12 \rfloor + 1 = 4$。

性质 5　对于具有 n 个结点的完全二叉树,如果按照从第 1 层、第 2 层、…、第 $\lfloor \log_2 n \rfloor + 1$ 层的次序,且每层从左到右的次序对结点进行编号,则编号为 i 的结点有以下性质。

① 若 i > 1,则编号为 i 的结点的双亲结点的编号为 $\lfloor i/2 \rfloor$;当 i = 1 时,编号为 i 的结点为二叉树的根结点,没有双亲结点。

② 若 2i ≤ n,则编号为 i 的结点的左孩子结点的编号为 2i;若 2i > n,则编号为 i 的结点没有左孩子结点。

③ 若 2i + 1 ≤ n,则编号为 i 的结点的右孩子结点的编号为 2i + 1;若 2i + 1 > n,则编号为 i 的结点没有右孩子结点。

证明:

先证明②。采用归纳法来证明。

i = 1 时,即为根结点,它的左孩子的编号显然为 2,除非 2 > n,此时编号为 i 的结点没有左孩子。假设编号为 i – 1 的结点的左孩子的编号为 2(i – 1)。

根据完全二叉树的定义,编号为 i 的结点的左孩子的编号与编号为 i – 1 结点的左孩子的编号相差 2,即 2(i – 1) + 2 = 2i。除非 2(i + 1) > n,此时编号为 i + 1 的结点没有左孩子。

证毕。

③和①可以从②推出。

例如,在图 6 – 13(b)所示的完全二叉树中,C 结点的编号为 4,则它的左孩子的编号为 2 × 4 = 8,右孩子的编号 2 × 4 + 1 = 9。J 结点的编号为 11,则它的双亲 D 结点的编号为 $\lfloor 11/2 \rfloor = 5$。

【例6-4】　已知一棵完全二叉树的第6层有7个结点,则该完全二叉树总共有多少个结点? 度为1的结点有多少个? 度为0的结点有多少个? 编号最大的非叶结点是哪一个? 编号最小的叶结点是哪一个?

解:

由完全二叉树的定义可知,除最后一层以外,其他各层结点都是满的。因此,由性质2可知,深度为5的满二叉树的结点总数为 $2^5 - 1 = 31$。再加上第6层的7个结点,则该完全二叉树的总结点数为38。

满二叉树没有度为1的结点,只有加上第6层的7个结点才会出现一个度为1的结点。

完全二叉树只能在最后两层出现度为0的结点。因此,第6层的7个结点是度为0的结点,在第5层上有4个结点是第6层7个结点的双亲,它们不是度为0的结点。除此之外的结点均是度为0的结点,总共有 $2^{5-1} - 4 = 12$ 个。所以,度为0的结点有 $7 + 12 = 19$ 个。

编号最大的非叶结点就是第5层上的4个双亲结点中编号最大的结点,即编号为 $31 - 4 = 27$ 的结点。

编号最小的叶结点是编号最大的非叶结点的下一个结点,因此是编号为28的结点。

6.2.3　二叉树的存储结构

二叉树的存储结构既有顺序存储结构,也有链式存储结构,但链式存储结构较常用。

1. 二叉树的顺序存储结构

二叉树的顺序存储结构就是用一组地址连续的存储单元依次存放二叉树的数据元素。

根据二叉树的性质5,完全二叉树中结点编号之间的关系反映了结点之间的逻辑关系。例如,编号为 i 的结点的后继(孩子)结点的编号分别为 $2i$ 和 $2i + 1$,前驱(双亲)结点的编号为 $\lfloor i/2 \rfloor$。因此,可以将一棵具有 n 个结点的完全二叉树上所有结点按照其编号依次存放于一维数组中。数组中每个元素的下标与该元素在完全二叉树中相应结点的编号相对应,因此数组下标之间的关系也反映了二叉树中结点之间的逻辑关系。例如,图6-13(b)所示的完全二叉树可用一维数组表示,如图6-16所示。

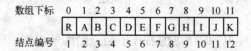

数组下标　0　1　2　3　4　5　6　7　8　9　10　11

R	A	B	C	D	E	F	G	H	I	J	K

结点编号　1　2　3　4　5　6　7　8　9　10　11　12

图6-16　完全二叉树的一维数组表示

但是,对于一般的非完全二叉树,若仍按从上到下和从左到右的次序存储在一维数组中,则数组下标之间的关系不能反映二叉树中结点之间的逻辑关系。为了实现顺序存储,首先需要把非完全二叉树转换成完全二叉树。具体做法是为非完全二叉树增添一些实际上不存在的"空结点",使之成为完全二叉树形态,然后再按上述完全二叉树的顺序存储结构进行存储。在存储时,"空结点"以空值存储。图6-17显示了一棵非完全二叉树的顺序存储。虚线表示添加的"空结点"。

显而易见,对于完全二叉树,用顺序存储结构比较合适,既能充分利用存储空间,又能简化二叉树的操作。但是对于一般的非完全二叉树,需要增添许多"空结点",使得许多存储单元中存放的都是空值,造成存储空间的浪费。特别是对于二叉树中的结点只有左子树或只有右子树(单支树)的情况,就不适宜采用顺序存储结构。另外,顺序存储结构所固有的缺陷——插入和删除操作效率低,仍然存在。

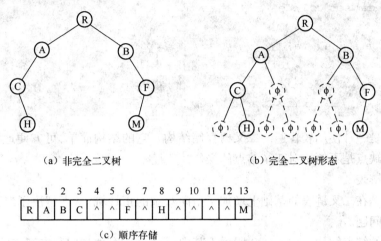

（a）非完全二叉树　　　　　　　　　　（b）完全二叉树形态

0	1	2	3	4	5	6	7	8	9	10	11	12	13
R	A	B	C	^	^	F	^	H	^	^	^	^	M

（c）顺序存储

图 6-17　非完全二叉树的顺序存储结构

2. 二叉树的链式存储结构

二叉树的链式存储结构是指用链表形式来存储二叉树。根据链表中每个结点指针域的数目又分为二叉链表和三叉链表。

（1）二叉链表

链表中的每个结点包含 3 个域,分别是数据域、左孩子指针域和右孩子指针域。结点结构如图 6-18 所示。

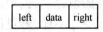

图 6-18　二叉链表的结点结构

其中,data 域存放结点的数据,left 域和 right 域分别存放指向左孩子和右孩子的指针。

与单链表类似,二叉链表也分为带头结点和不带头结点两种类型。对于图 6-10(a)所示的二叉树,其带头结点的二叉链表和不带头结点的二叉链表如图 6-19(a)和 6-19(b)所示。

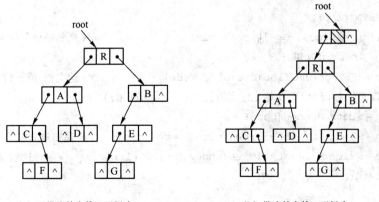

（a）不带头结点的二叉链表　　　　　　（b）带头结点的二叉链表

图 6-19　带头结点和不带头结点的二叉链表

二叉链表的存储结构为：

```
typedef struct Node
{
    DataType data;              /*数据域*/
    struct Node * left;         /*左孩子指针域*/
    struct Node * right;        /*右孩子指针域*/
}BTNode, * PBTNode, * BiTreeLink;
```

二叉链表是一种使用较普遍的二叉树存储结构。它的结构简单,可方便地实现二叉树的大多数操作。缺点是不便于对双亲结点的操作。

（2）三叉链表

三叉链表是在二叉链表的基础上增加了指向双亲的指针域,从而解决了二叉链表对双亲操作不方便的问题。

三叉链表的结点结构如图 6 – 20 所示。其中,parent 域存放指向结点双亲的指针。

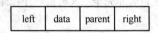

| left | data | parent | right |

图 6 – 20　三叉链表的结点结构

3. 二叉链式存储结构的操作

如果不作特殊声明,本书所涉及的二叉树均采用二叉链表作为存储结构。

（1）创建二叉树

以字符串形式给定二叉链表各结点的值,然后按照给定的结点值建立二叉链表。字符串的格式与非完全二叉树顺序存储的形式完全一样(参见图 6 – 15(c))。在创建二叉链表时,首先建立根结点(或子树根结点),然后递归建立该结点的左子树和右子树。

♨ 算法 6 – 1　创建二叉树

```
BiTreeLink CreateBiTree(char * nodes,int pos,int num)
{
    PBTNode p;
    if(nodes[pos] == " || pos > num)          /*递归结束条件*/
        return NULL;
    p = (PBTNode)malloc(sizeof(BTNode));      /*建立根(或子树根)结点*/
    if(!p){printf("初始化链表错误!\n");return 0;}
    p -> data = nodes[pos];
    p -> left = CreateBiTree(nodes,2 * pos,num);      /*递归建立左子树*/
    p -> right = CreateBiTree(nodes,2 * pos +1,num);  /*递归建立右子树*/
    return p;
}
```

算法中的 pos 参数为结点编号,num 参数为二叉树的总结点数。

（2）显示二叉树

算法中使用了一个顺序队列。先把指向二叉树或子树根结点的指针入队，然后出队，显示出队指针所指结点数据域的值，并把出队结点的左孩子和右孩子指针分别入队。如此重复，直至队列为空。

♨算法6-2 显示二叉树

```
void DispBiTree(BiTreeLink root)
{/* root 为二叉链表头指针 */
    PBTNode queue[MAXSIZE];                    /* 循环队列 */
    int front,rear;                            /* 队头、队尾指针 */
    PBTNode p;
    if(root==NULL)      return;
    queue[0]=root;                             /* 根结点指针入队 */
    front=0;
    rear=1;
    while(front<rear)
    {
        p=queue[front];                        /* 根结点指针出队 */
        front=(front+1)% MAXSIZE;
        if(p==NULL)                            /* 空指针应该显示空格 */
            printf("( )");
        else                                   /* 非空指针应该显示结点值 */
            printf("(% c)",p->data);
        if(p!=NULL)     /* 若双亲结点不为空,则其左孩子和右孩子指针入队 */
        {
            queue[rear]=p->left;
            rear=(rear+1)% MAXSIZE;
            queue[rear]=p->right;
            rear=(rear+1)% MAXSIZE;
        }
    }
}
```

（3）插入右孩子

插入 x 作为指定结点 r 的右孩子,若结点 r 原来有右孩子,则把它作为新插入结点的右孩子。插入左孩子算法与此类似,这里不再赘述。

♨算法6-3 插入右孩子

```
PBTNode InsertRight(PBTNode r,DataType x)
{/* r 指向待插入结点的右孩子,x 为待插入元素 */
    PBTNode p;
    if(!r) return NULL;
```

```
p = (PBTNode)malloc(sizeof(BTNode));    /*生成新结点*/
p ->data = x;
p ->left = NULL;
p ->right = r ->right;    /*若结点原来有右孩子,则把它作为新插入结点的右孩子*/
r ->right = p;                          /*将x插入作为r的右孩子*/
return p;
}
```

(4) 删除右子树

该操作删除指定结点 r 的右子树。删除左子树的算法与此类似,这里不再赘述。

♨ 算法 6 - 4　删除右子树

```
void DeleteRight(PBTNode r)
{/*r 指向待删除子树的根*/
    if(!r) return;
    ReleaseTree(&r ->right);
    r ->right = NULL;
}
```

(5) 销毁子树

该操作依次销毁子树的左子树、右子树和根结点。

♨ 算法 6 - 5　销毁子树

```
void ReleaseTree(PBTNode * r)
{
    if(*r)
    {
        ReleaseTree(&(* r) ->left);          /*销毁左子树*/
        ReleaseTree(&(* r) ->right);         /*销毁右子树*/
        free(*r);                            /*销毁根*/
    }
}
```

【例6-5】　编写程序建立图6-10(a)所示二叉树的二叉链式存储结构,并显示二叉链表的所有结点值。

【设计思路】使用算法6-1建立二叉链表,使用算法6-2显示二叉链表所有结点的值。

【程序设计】

```
#define MAXSIZE 100
typedef char DataType;
typedef struct Node
{
    DataType data;
    struct Node * left;
```

```
        struct Node * right;
    }BTNode, * PBTNode, * BiTreeLink;
    int main(int argc,char * argv[])
    {
        BiTreeLink root;
        int i;
        char nodes[] = "#RABCDE  F  G  ";
        root = CreateBiTree(nodes,1,15);        /* 使用算法 6 - 1 建立二叉链表 */
        printf("输入序列:\n");
        for(i = 1;i < 16;i ++)    printf("(% c)",nodes[i]);
        printf("\n \n \n 完全二叉树的输出序列:\n");
        DispBiTree(root);                        /* 使用算法 6 - 2 显示二叉链表所有结点 */
        return 0;
    }
```

输出结果为:

　　输入序列:
　　(R)(A)(B)(C)(D)(E)( )( )(F)( )( )(G)( )( )( )
　　完全二叉树的输出序列:
　　(R)(A)(B)(C)(D)(E)( )( )(F)( )( )(G)( )( )( )( )( )

说明:输出结果中的括号是为了显示空格而人为加上的。

6.2.4　二叉树的遍历

　　二叉树的遍历是指按一定次序访问二叉树中的每个结点,且每个结点仅被访问一次。

　　这里的"访问"是指对结点的某种处理。例如,输出结点信息,统计结点的个数,查找符合条件的结点等。

　　换个说法,遍历就是按照某种规则将树中的元素人为排列成一个线性序列的过程。

　　按照二叉树的定义,任何一个非空二叉树都由根结点、左子树和右子树所组成。因此,遍历二叉树的过程就是按照某种次序遍历这三部分的过程。而这三部分可以组成 6 种次序,即 D(访问根结点)L(遍历左子树)R(遍历右子树)、LDR、LRD、DRL、RDL 和 RLD。若限定先左后右的次序,则只有前三种情况符合要求。分别称为前序遍历、中序遍历和后序遍历。

1. 前序遍历

　　若二叉树非空,则按以下次序进行遍历:

　　① 访问根结点;

　　② 前序遍历根结点的左子树;

　　③ 前序遍历根结点的右子树。

　　需要注意的是:遍历左子树和右子树,仍然需要按照上述次序进行,即前序遍历也是一个递归定义。例如,对于图 6 - 10(a)所示的二叉树,按照上述遍历规则得到的前序遍历序列为:RACFDBEG。

♨ 算法 6 - 6　前序遍历

```
void PreOrder(BiTreeLink r)
{
    if(r!=NULL)
    {
        printf("% c",r->data);          /*访问根*/
        PreOrder(r->left);              /*前序遍历左子树*/
        PreOrder(r->right);             /*前序遍历右子树*/
    }
}
```

注:以上算法中,"访问"根结点就是输出根结点的信息,若"访问"是其他含义,则应该用相应语句替换该语句。

前序遍历的递归算法简洁、明了,但递归算法的效率不高。如果需要高效算法,可以采用以下非递归算法。

非递归算法的关键是利用堆栈实现要求的访问次序。前序遍历非递归算法的基本思想是:从前序遍历过程可知,访问根结点之后,应根据根结点的 left 指针进入左子树进行遍历,这时如果根的右子树不为空,就应该将根结点入栈,以便在遍历完左子树之后再遍历右子树,即栈中记录的是尚待遍历右子树的根;这样在遍历完左子树之后,出栈根,依据根的 right 指针遍历右子树;同时,从遍历过程还发现,后访问根的右子树先于先访问根的右子树被遍历,正好符合栈的特点。入栈/出栈的条件是:根结点的 left 或 right 指针是否为空。

例如,对于图 6 - 10(a)所示的二叉树进行遍历,若以 visit( ) 表示访问根,push( ) 表示入栈,pop( ) 表示出栈,则遍历过程为:visit(R),push(R),visit(A),push(A),visit(C),push(C),pop(C)(C 的 left 为空),visit(F),push(F),pop(F)(F 的 left 为空),pop(A)(F 的 right 为空),visit(D),push(D),pop(D),pop(R),visit(B),push(B),visit(E),push(E),visit(G),push(G),pop(G),pop(E),pop(B)。得到的遍历序列为:RACFDBEG。

♨ 算法 6 - 7　前序遍历非递归算法

```
void NonPreOrder(BiTreeLink r)
{/*r 为二叉链表头指针*/
    PBTNode stack[MAXSIZE],p;
    int top = -1;
    p = r;
    while(p || top > -1)
    {
        if(p)                           /*入栈条件*/
        {
            printf("% c",p->data);      /*访问根结点*/
            stack[++top]=p;             /*根结点入栈*/
            p = p->left;                /*遍历左子树*/
        }
```

```
        else                          /*出栈条件*/
        {
            p = stack[top--];          /*根结点出栈*/
            p = p->right;              /*遍历右子树*/
        }
    }
}
```

2. 中序遍历

若二叉树非空,则按以下次序进行遍历:

① 中序遍历根结点的左子树;

② 访问根结点;

③ 中序遍历根结点的右子树。

例如,对于图 6 - 10(a)所示的二叉树,按照上述遍历规则得到的中序遍历序列为:
CFADRGEB。

♨算法 6 – 8　中序遍历

```
void InOrder(BiTreeLink r)
{/*r 为二叉链表头指针*/
    if(r!=NULL)
    {
        InOrder(r->left);            /*中序遍历左子树*/
        printf("% c",r->data);        /*访问根*/
        InOrder(r->right);            /*中序遍历右子树*/
    }
}
```

中序遍历非递归算法与前序遍历类似,只是次序变为:根入栈,依据根的 left 指针进入左子树进行遍历;遍历完左子树之后,根出栈,访问根,依据根的 right 指针进入右子树进行遍历。

♨算法 6 – 9　中序遍历非递归算法

```
void NonInOrder(BiTreeLink r)
{/*r 为二叉链表头指针*/
    PBTNode stack[MAXSIZE],p;
    int top = -1;
    p = r;
    while(p ‖ top > -1)
    {
        if(!p)                        /*出栈条件*/
        {
            p = stack[top--];          /*出栈根结点*/
```

```
        printf("% c",p->data);          /*访问根结点*/
        p = p->right;                   /*遍历右子树*/
        }
    else                                /*入栈条件*/
        {
        stack[++top] = p;               /*入栈根结点*/
        p = p->left;                    /*遍历左子树*/
        }
        }
    }
```

3. 后序遍历

若二叉树非空,则按以下次序进行遍历:

① 后序遍历根结点的左子树;

② 后序遍历根结点的右子树;

③ 访问根结点。

例如,对于图 6 – 10(a)所示的二叉树,按照上述遍历规则得到的后序遍历序列为:FCDAGEBR。

♨ 算法 6 – 10 后序遍历

```
void PostOrder(BiTreeLink r)
{/* r 为二叉链表头指针*/
    if(r!=NULL)
    {
        PostOrder(r->left);             /*后序遍历左子树*/
        PostOrder(r->right);            /*后序遍历右子树*/
        printf("% c",r->data);          /*访问根*/
    }
    }
```

后序遍历非递归算法与前序遍历和中序遍历有所不同。按照后序遍历规则,在遍历过程中,只有在遍历完左子树和右子树之后,才能访问根。因此,如何判断是否遍历完左子树和右子树成为关键。为解决此问题,设置一个标志 flag。当 flag 为 1 时,表示左子树和右子树遍历完成。为此,为 flag 也准备了一个栈,flag 的值随着根结点一同入栈。

♨ 算法 6 – 11 后序遍历非递归算法

```
void NonPostOrder(BiTreeLink r)
{/* r 为二叉链表头指针*/
    PBTNode stack[MAXSIZE],p;
    int flags[MAXSIZE];                 /*标志 flag 的堆栈*/
    int top = -1,flag;
    p = r;
```

```
        do
        {
            if(p)
            {
                flag = 0;
                stack[++top] = p;              /*根结点入栈*/
                flags[top] = flag;             /*标志入栈*/
                p = p -> left;                 /*遍历左子树*/
            }
            else
            {
                flag = flags[top];             /*标志出栈*/
                p = stack[top--];              /*根结点出栈*/
                if(flag == 0)                  /*标志为 0,则不能访问根结点*/
                {
                    flag = 1;                  /*标志根已经被访问过了*/
                    stack[++top] = p;          /*若根没被访问过,则根结点再入栈*/
                    flags[top] = flag;         /*标志入栈*/
                    p = p -> right;            /*遍历右子树*/
                }
                else                           /*标志为 1,则可以访问根结点*/
                {
                    printf("% c",p -> data); p = NULL;
                }
            }
        }while(p || top > -1);
    }
```

【例 6 – 6】 写出图 6 – 21 所示的二叉树的前序、中序和后序遍历序列。

解:

根据二叉树遍历的定义可以得到前序、中序和后序遍历序列。

前序遍历序列:RADBEKLF。

中序遍历序列:ADRKELBF。

后序遍历序列:DAKLEFBR。

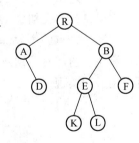

图 6 – 21 一棵二叉树

【例 6 – 7】 已知一棵二叉树的中序遍历序列和后序遍历序列分别为 DBAEGCHFI 和 DBGEHIFCA,试画出这棵二叉树。

【设计思路】由任意一个遍历序列均不能唯一确定一棵二叉树,只有知道中序和后序或中序和前序遍历序列才能唯一确定一棵二叉树。

确定的方法是:由前序或后序遍历序列确定树的根或子树的根,再由中序遍历序列确定根的左子树和右子树。

解:

根据后序遍历序列知道树的根是 A,再根据中序遍历序列知道根的左子树和右子树的中序序列分别为 DB 和 EGCHFI。对于这两棵子树,再分别用上述方法确定它们的根和左右子树。

从后序序列知道右子树的根为 C,再由右子树的中序序列确定它的左右子树序列分别为 EG 和 HFI。同理,左子树的根为 B,它的左子树序列为 D,右子树为空。

依此类推,可以得到这棵二叉树如图 6 - 22 所示。

【例 6 - 8】 中缀表达式"(a + b)/(c + d) - e/f"的二叉树表示(称为表达式树)如图 6 - 23 所示,请给出该表达式的前缀表达式和后缀表达式。

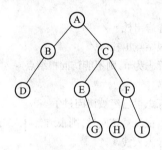

图 6 - 22　结果

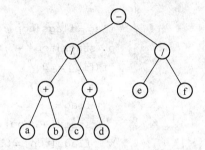

图 6 - 23　中缀表达式的二叉树表示

解:

在第 3 章介绍的前缀、中缀和后缀表达式,也能用二叉树表示出来。表示方法是:用叶子结点表示操作数,分支结点表示运算符。三种表达式分别对应二叉树的三种遍历序列。

前缀表达式(前序遍历): - / + ab + cd/ef。

后缀表达式(后序遍历):ab + cd + /ef/ - 。

4. 二叉树遍历的应用

二叉树遍历是许多二叉树操作的基础,下面介绍一些建立在遍历操作基础上的算法。

(1) 统计二叉树中结点个数

二叉树结点的个数 = 左子树中所含结点的个数 + 右子树所含结点的个数 + 根结点。而计算左子树和右子树所含结点的个数与计算整棵树的结点个数一样,只是规模不同。因此,可以用递归实现。

▲ 算法 6 - 12　统计二叉树中结点个数

```
int BiTreeCount (BiTreeLink r)
{/* r 为二叉链表头指针 */
    if (r == NULL) return 0;    /* 空二叉树的结点个数为 0 */
    else
        return BiTreeCount (r -> left) + BiTreeCount (r -> right) + 1;
}
```

(2) 求二叉树的深度

二叉树的深度 = 左子树的深度 > 右子树的深度?左子树的深度 + 1 :右子树的深度

+1。而求左子树和右子树的深度与计算整棵树的深度一样,只是规模不同。因此,可以用递归实现。

♨ 算法 6 – 13　求二叉树的深度

```
int BiTreeDepth(BiTreeLink r)
{/* r 为二叉链表头指针 */
    int ld,rd;
    if(r == NULL)    return 0;
    else
    {
        ld = BiTreeDepth(r -> left);
        rd = BiTreeDepth(r -> right);
        return ld > rd ? ld +1 : rd +1;
    }
}
```

(3) 查找二叉树中值为 x 的结点

首先判断根的值是否为 x,若是则返回根;否则,在左子树中查找,成功则返回;否则在右子树中查找,成功则返回;若还不成功,则说明二叉树中没有值为 x 的结点。

♨ 算法 6 – 14　查找二叉树中值为 x 的结点

```
PBTNode FindNode(BiTreeLink r,DataType x)
{/* r 为二叉链表头指针,x 为待寻找的数据元素 */
    PBTNode p;
    if(r == NULL)    return NULL;
    if(r -> data == x)    return r;
    p = FindNode(r -> left,x);
    if(p)  return p;
    else
        return FindNode(r -> right,x);
}
```

【例 6 – 9】　仿照算法 6 – 12,编写一个算法统计二叉树中叶子结点的数目。

【设计思路】叶子结点数 = 左子树叶子结点数 + 右子树叶子结点数。

【程序设计】

```
int LeafCount(BiTreeLink r)
{
    if(!r) return 0;                    /* 空树叶子个数为 0 */
    else if(!r -> left && !r -> right)  /* 只有根结点,则叶子个数为 1 */
        return 1;
    else
        return LeafCount(r -> left) + LeafCount(r -> right);
}
```

主函数:

```
int main(int argc,char * argv[])
{
    PBTNode r;
    char nodes[] = "#RABC DE  ";
    r = CreateBiTree(nodes,1,9);              /*使用算法6-1*/
    printf("leaf's count is % d \n",LeafCount(r));
    return 0;
}
```

*6.3　线索二叉树

6.3.1　线索二叉树的定义

由 6.2 节讨论可知,遍历二叉树就是把二叉树中所有结点排成一个线性序列的过程。在这个线性序列中,除了第一个和最后一个结点以外,每个结点都有一个直接前驱和一个直接后继结点。然而直接前驱和直接后继信息在二叉树的存储结构中并没有体现出来,只能在二叉树的遍历过程中得到这些信息。为了保存遍历得到的结点直接前驱和直接后继信息,通常的做法是建立线索二叉树。由于遍历方法不同,所获得的线性序列中,结点的前驱和后继也不同,因此线索二叉树又分为前序线索二叉树、中序线索二叉树和后序线索二叉树。

通过对二叉链表的分析可知,存储 n 个结点的二叉链表具有 n + 1 个空指针域。线索二叉树正是利用了这些空指针域,在这些空指针域中设置指向直接前驱和直接后继结点的指针,这些指针被称为**线索**,加了线索的二叉树被称为**线索二叉树**。对二叉树以某种方法遍历使其变为线索二叉树的过程称为**线索化**。

对这些空指针域可作如下规定:

① 当某结点的左孩子指针域为空时,令该指针指向按某种方法遍历二叉树时得到的该结点的前驱结点;

② 当某结点的右孩子指针域为空时,令该指针指向按某种方法遍历二叉树时得到的该结点的后继结点。

但这样规定以后,又出现了新问题,结点的左孩子指针域到底指向左孩子结点还是前驱结点,结点的右孩子指针域到底指向右孩子结点还是后继结点。为此,还必须在每个结点中增加两个标志位来解决这个问题。定义标志位为:

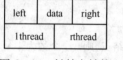

图 6-24　链结点结构

$$lthread = \begin{cases} 0, \text{left 指针指向左孩子结点} \\ 1, \text{left 指针指向前驱结点} \end{cases}$$

$$rthread = \begin{cases} 0, \text{right 指针指向右孩子结点} \\ 1, \text{right 指针指向后继结点} \end{cases}$$

增加标志位后的链结点结构如图 6-24 所示。

线索二叉树的结点类型定义为:

```
typedef struct Node{
    DataType data;                    /*数据域*/
    int lthread,rthread;              /*线索标志*/
    struct Node * left, * right;      /*左右孩子或前驱后继指针域*/
}TBNode, * PTBNode, * TBLink;
```

为了简化算法,通常为线索二叉树添加一个头结点,并且规定头结点的数据域为空;左孩子指针域指向二叉树的根结点,左线索标志设为0;右孩子指针域指向以某种方法遍历二叉树到达的最后一个结点,右线索标志设为1。例如,对于图6-25(a)所示的二叉树进行线索化,可得到图6-25(b)的中序线索二叉树、图6-25(c)的前序线索二叉树和图6-25(d)的后序线索二叉树。图中实线表示二叉树原来指针所指的结点,虚线表示为线索二叉树添加的线索。

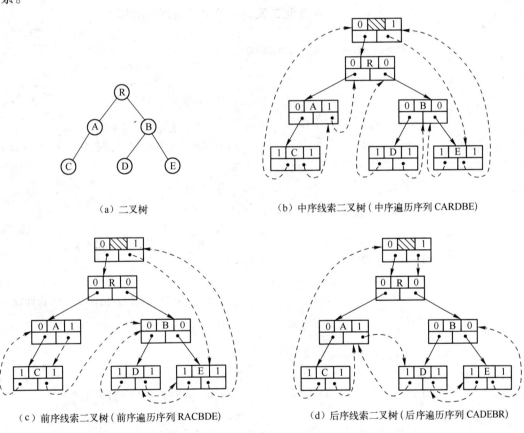

（a）二叉树

（b）中序线索二叉树（中序遍历序列 CARDBE）

（c）前序线索二叉树（前序遍历序列 RACBDE）

（d）后序线索二叉树（后序遍历序列 CADEBR）

图 6-25　线索二叉树

6.3.2　线索二叉树的操作

线索二叉树的主要操作是建立线索二叉树和遍历线索二叉树。下面以中序线索二叉树为例,介绍相应的算法,其他两种线索二叉树与此类似。

1. 建立线索二叉树

建立线索二叉树,就是在遍历二叉树的过程中为具有空指针域的结点添加指向前驱和后继的线索。

为了实现方便,把线索化二叉树分成两个部分。一部分是线索化二叉树头结点,另一部分是线索化二叉树的其他结点。

线索化其他结点的算法的基本思想为:与中序遍历的递归算法类似,首先设置两个指针 p 和 pre,p 指向当前欲线索化的结点,pre 指向 p 的前驱结点;接着对根结点的左子树线索化。若根结点 p 没有左子树,则将其 left 指针域线索化为指向其前驱结点 pre,并将 lthread 置为1,否则不线索化,并置 lthread 为0;若 pre 结点没有右子树,则将 pre 的 right 指针域线索化为其后继结点 p,并将 rthread 置为1,否则不线索化,并置 rthread 为0;最后线索化 p 的右子树。

❀ 算法 6 – 15　　线索化二叉树中除根结点以外的结点

```
void InOrderThread(PTBNode p,PTBNode * pre)
{
    if(p)
    {
        InOrderThread(p -> left,pre);    /* 中序线索化左子树 */
        if(!p -> left)                    /* p 没有左子树,则线索化其 left 指针域 */
        {
            p -> left = * pre;
            p -> lthread =1;
        }
        else    p -> lthread = 0;         /* p 有左子树,则不线索化 */
        if(!p -> right)    p -> rthread =1;
        else    p -> rthread = 0;
        if(!(* pre) -> right)             /* pre 没有右子树,则线索化其 right 指针域 */
        {
            (* pre) -> rthread =1;
            (* pre) -> right = p;
        }
        else    p -> rthread = 0;         /* pre 有右子树,则不线索化 */
        * pre =p;
        InOrderThread(p -> right,pre);    /* 中序线索化右子树 */
    }
}
```

线索化头结点的算法的基本思想为:创建头结点,让头结点 left 指针指向根结点,并置 lthread 为0;将头结点的 right 指针域线索化为指向遍历的最后一个结点,并将 rthread 置为1。

♨ 算法 6 – 16　线索化二叉树

```
void CreateInThread(TBLink * r,PTBNode p)
{
    PTBNode pre = p;
    * r = (PTBNode)malloc(sizeof(TBNode));    /* 生成头结点 */
    (* r) -> lthread = 0;
    (* r) -> left = * r;
    if(p == NULL)                             /* 线索化空二叉树 */
    {
        (* r) -> rthread = 1;
        (* r) -> right = * r;
    }
    else                                      /* 线索化非空二叉树 */
    {
        (* r) -> left = p;
        pre = * r;
        InOrderThread(p,&pre);
        pre -> right = * r;
        pre -> rthread = 1;
        (* r) -> right = pre;
    }
}
```

2. 取后继结点

取后继结点的基本思想为:若结点的 right 域为线索,则其后继结点即是 right 所指结点;若 right 为指向右孩子的指针,则需要遍历二叉树寻找后继结点。根据中序遍历过程可知,某结点的后继结点应是其右子树中最左下的结点,即顺着右子树的左指针域一直向左直至 left 域为线索为止,此时的结点即是后继结点。例如,对于图 6 – 25(a) 中的二叉树,R 结点的后继结点为其右子树的最左下结点 D。

♨ 算法 6 – 17　取后继结点

```
PTBNode InOrderNext(PTBNode p)
{
    PTBNode q;
    q = p -> right;    /* 如果 p 的 right 域为线索域,则 right 指向后继结点 */
    if(p -> rthread == 0)
    {/* 如果 p 的 right 域为指针域,则寻找其右子树中最左下的结点 */
        while(q -> lthread == 0)
            q = q -> left;
    }
```

```
    return q;
}
```

3. 取前驱结点

取前驱结点的基本思想为:若结点的 left 域为线索,则其前驱结点即是 left 所指结点;若 left 为指向左孩子的指针,则需要遍历二叉树寻找前驱结点。根据中序遍历过程可知,某结点的前驱结点应是其左子树中最右下的结点,即顺着左子树的右指针域一直向右直至 right 域为线索为止,此时的结点即是前驱结点。例如,对于图 6 - 22 中的二叉树,C 结点的前驱结点为其左子树的最右下结点 G。

♨ 算法 6 - 18   取前驱结点

```
PTBNode InOrderPrior(PTBNode p)
{
    PTBNode q;
    q = p -> left;
    if(p -> lthread == 0)
    {/* 若 p 的 left 域为指针域,则寻找其左子树中最右下的结点 */
        while(q -> rthread == 0) q = q -> right;
    }
    return q;
}
```

4. 遍历线索二叉树

遍历线索二叉树就是按照指定的遍历方法从开始结点出发,不断寻找结点后继,直至最后一个结点的过程。

♨ 算法 6 - 19   遍历线索二叉树

```
void InThreadTraverse(TBLink r)
{
    PTBNode p = r -> left;
    while(p -> lthread == 0)              /* 寻找中序遍历的第一个结点 */
        p = p -> left;
    while(p != r)
    {
        printf("% c", p -> data);         /* 输出结点值 */
        p = InOrderNext(p);               /* 使用算法 6 - 17 寻找后继结点 */

    }
}
```

【例 6 - 10】 已知一颗二叉树如图 6 - 26 所示,请编写程序实现以下任务:

① 建立该二叉树;

② 中序线索化该二叉树;

③ 中序遍历线索化后的二叉树。

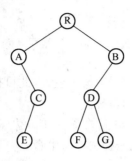

图 6-26 二叉树

【设计思路】利用算法 6-1 建立二叉树,算法 6-15 和 6-16 线索化二叉树,算法 6-19 遍历线索二叉树。

【程序设计】

由于线索二叉树的结点结构与二叉树的结点结构不同,因此按照新的结点结构重新实现了建立二叉树算法。

```
TBLink CreateBiTree(char *nodes,int pos,int num)
{
    PTBNode p;
    if(nodes[pos]== " ‖ pos>num)                  /*递归结束条件*/
        return NULL;
    p=(PTBNode)malloc(sizeof(TBNode));            /*建立根(或子树根)结点*/
    if(!p){printf("初始化链表错误!\n");return 0;}
    p->data=nodes[pos];
    p->left=CreateBiTree(nodes,2*pos,num);        /* 递归建立左子树*/
    p->right=CreateBiTree(nodes,2*pos+1,num);/* 递归建立右子树*/
    return p;
}
```

主函数:

```
int main(int argc,char* argv[])
{
    PTBNode r,p;
    char nodes[] = "#RAB CD    E FG  ";
    r=CreateBiTree(nodes,1,16);
    CreateInThread(&p,r);                         /*使用算法 6-16*/
    InThreadTraverse(p);                          /*使用算法 6-19*/
    return 0;
}
```

6.4　森林

6.4.1　树、森林与二叉树的转换

与树、森林相比,二叉树的实现相对容易一些,因此可把树和森林的问题转换成二叉树问题,在二叉树上求解后,再转换为树和森林。

树、森林与二叉树之间有着一一对应关系,任何一棵树或一个森林都可以对应一棵二叉树,而任何一棵二叉树也唯一地对应一棵树或一个森林。下面就介绍树、森林与二叉树之间相互转换的方法。

1.　树与二叉树之间的相互转换

任何一棵树都可以用孩子兄弟链表表示出来,而任何一棵二叉树都可以用二叉链表表示出来。例如,对于图 6 – 27(a)所示的一棵树,它的孩子兄弟链表表示如图 6 – 27(b)所示。对于图 6 – 28(a)所示的一棵二叉树,它的二叉链表表示如图 6 – 28(b)所示。那么,从图 6 – 27(b)和图 6 – 28(b)可以看出什么? 二者的结构完全相同,这就是树与二叉树转换的基础,即以树和二叉树的存储结构作为媒介导出它们逻辑结构间的关系。因此,认为图 6 – 27(a)所示的树和图 6 – 28(a)所示的二叉树之间存在一一对应关系,即图 6 – 27(a)所示的树可转换为图 6 – 28(a)所示的二叉树,反之亦然。这是树与二叉树相互转换的方法之一。下面介绍另一种转换方法。

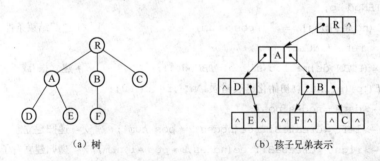

（a）树　　　　　　　　　　　　（b）孩子兄弟表示

图 6 – 27　树的孩子兄弟表示

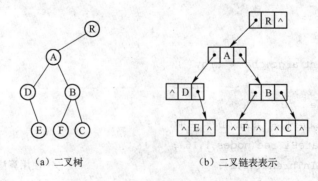

（a）二叉树　　　　　　　　　　（b）二叉链表表示

图 6 – 28　二叉树的二叉链表表示

（1）树转换为二叉树

方法是：

① 将树中具有同一双亲的兄弟结点之间用线段连接起来；

② 保留双亲与第一个孩子之间的连线，删除其他孩子与双亲之间的连线；

③ 将兄弟之间的连线顺时针旋转 45°。

【例 6 – 11】　将图 6 – 27(a)所示的树转换为二叉树。

解：

转换过程如图 6 – 29 所示。

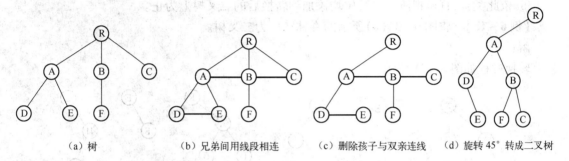

| （a）树 | （b）兄弟间用线段相连 | （c）删除孩子与双亲连线 | （d）旋转 45° 转成二叉树 |

图 6 – 29　树转换为二叉树的转换过程

（2）二叉树转换为树

方法如下：

① 若二叉树某结点是其双亲的左孩子，则把以该结点为根的右子树中的所有右孩子与该结点的双亲之间用线段连接起来；

② 删除这些右孩子与其他结点之间的连线；

③ 整理连线，使各结点按层次排列。

【例 6 – 12】　将图 6 – 28(a)所示的二叉树转换为树。

解：

转换过程如图 6 – 30 所示。

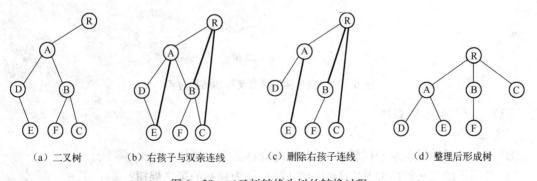

| （a）二叉树 | （b）右孩子与双亲连线 | （c）删除右孩子连线 | （d）整理后形成树 |

图 6 – 30　二叉树转换为树的转换过程

2. 森林与二叉树之间的相互转换

从树与二叉树之间的转换过程可以看出，转换后的二叉树其右子树必为空。若把森林中第二棵树的根结点看成是第一棵树的根结点的兄弟，则同样可以导出森林与二叉树的对应关系。

（1）森林转换成二叉树

方法如下：

① 将森林中的所有树均转换为二叉树；

② 将森林中第一棵树转换成的二叉树作为转换后的二叉树的根和左子树；

③ 将森林中第二棵树转换成的二叉树作为转换后的二叉树的右子树添加到转换后的二叉树上；

④ 将森林中第三棵树转换成的二叉树作为转换后的二叉树的右子树添加到转换后的二叉树上；

⑤ 依此类推，直至把所有二叉树均添加到转换后的二叉树上为止。

【例 6 – 13】　将图 6 – 31(a)所示的森林转换为二叉树。

解：

转换过程如图 6 – 31 所示。

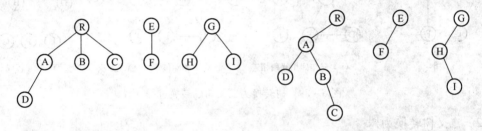

（a）森林　　　　　　　　　　　　　（b）森林中每棵树对应的二叉树

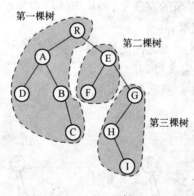

（c）二叉树

图 6 – 31　森林转换成二叉树的转换过程

（2）二叉树转换成森林

方法如下：

① 将二叉树的根及左子树转换成树，作为森林的第一棵树；

② 将剩下的二叉树的根及左子树转换成树，作为森林的第二棵树；

③ 依此类推，直至把二叉树转换完为止。

【例 6 – 14】　将图 6 – 32(a)所示的二叉树转换为森林。

解：

转换过程如图 6 – 32 所示。

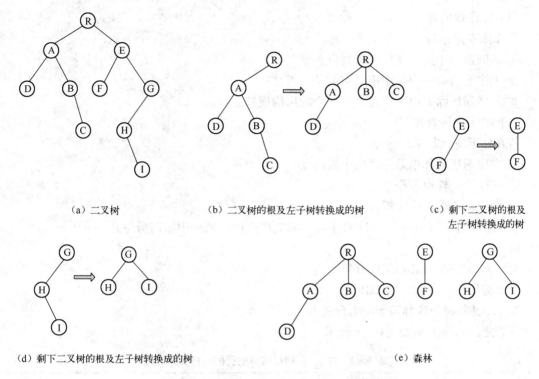

（a）二叉树　　　　（b）二叉树的根及左子树转换成的树　　　（c）剩下二叉树的根及左子树转换成的树

（d）剩下二叉树的根及左子树转换成的树　　　　　　　　　　　（e）森林

图 6 – 32 　二叉树转换成森林的转换过程

6.4.2 　树和森林的遍历

1. 树的遍历

树的遍历是指按一定次序访问树中的每个结点,且每个结点仅被访问一次。按照访问根结点的次序不同,树的遍历分为先根遍历和后根遍历两种。

（1）先根遍历

若树不空,则:

① 访问根结点;

② 按照从左到右的次序先根遍历根结点的每一棵子树。

（2）后根遍历

若树不空,则:

① 按照从左到右的次序后根遍历根结点的每一棵子树;

② 访问根结点。

【例 6 – 15】 　给出图 6 – 29(a)中树的先根遍历序列和后根遍历序列。

解:

先根遍历序列:RADEBFC。

后根遍历序列:DEAFBCR。

2. 森林的遍历

按照森林和树相互递归的定义,可以得出森林的两种遍历方法——先序遍历森林和中序遍历森林。

（1）先序遍历森林

若森林不空,则:

① 访问森林中第一棵树的根结点;

② 先序遍历第一棵树中根结点的子树森林;

③ 先序遍历除去第一棵树之后剩余的树构成的森林。

（2）中序遍历森林

若森林不空,则:

① 中序遍历森林中第一棵树中根结点的子树森林;

② 访问第一棵树的根结点;

③ 中序遍历除去第一棵树之后剩余的树构成的森林。

【例 6 – 16】 给出图 6 – 31(a)中森林的先序遍历序列和中序遍历序列。

解:

先序遍历序列:RADBCEFGHI。

中序遍历序列:DABCRFEHIG。

3. 二叉树、树和森林遍历的对应关系

三者之间对应关系如表 6 – 1 所示。

表 6 – 1　二叉树、树和森林遍历的对应关系

树	森　林	二　叉　树
先根遍历	先序遍历	先序遍历
后根遍历	中序遍历	中序遍历

例如,对图 6 – 29(a)所示的树,进行先根遍历,得到的先根遍历序列是:RADEBFC。把该树转换成二叉树(图 6 – 29(d))后,对二叉树进行先序遍历,得到的先序遍历序列是:RADEBFC。可见二者相同,因此对树的先根遍历与该树对应的二叉树的先序遍历是一样的。

6.5　哈夫曼树及其应用

在 1952 年,由哈夫曼(Huffman)提出了构造哈夫曼树的算法,因此以他的名字命名为哈夫曼树。哈夫曼树是最优二叉树,是带权路径长度最短的树,它在压缩编码和数据通信领域应用非常广泛。

6.5.1　哈夫曼树

1. 哈夫曼树的基本概念

在一棵二叉树中,从一个结点到另一个结点之间的分支序列构成这两个结点之间的路径。二叉树中两个结点之间的路径上的分支数目称作结点间的路径长度。

从二叉树的根结点到每一个结点的路径长度之和称作树的路径长度。

显然,具有 n 个结点的二叉树中,满二叉树和完全二叉树的路径长度最短。

若给二叉树的叶结点赋以权值(一个有意义的数值),则定义从二叉树的根结点到二

叉树中所有叶结点的路径长度与相应叶结点权值的乘积之和为二叉树的带权路径长度,记作

$$WPL = \sum_{i=1}^{n} w_i l_i$$

其中,w_i 为第 i 个叶结点的权值,l_i 为第 i 个叶结点的路径长度,n 为叶结点数。

显然,给定一组带有权值的叶结点,可以构造出许多带权路径长度不同的二叉树,其中带权路径长度最小的二叉树称作哈夫曼树或最优二叉树。例如,图 6 – 33 给出了由 4 个带有权值的叶结点构成的三棵二叉树,它们的带权路径长度分别为:

① WPL = $6 \times 3 + 5 \times 3 + 1 \times 2 + 2 \times 2 = 39$(图 6 – 33(a)二叉树 1)。

② WPL = $6 \times 3 + 1 \times 3 + 2 \times 2 + 5 \times 2 = 35$(图 6 – 33(b)二叉树 2)。

③ WPL = $6 \times 1 + 5 \times 2 + 1 \times 3 + 2 \times 3 = 25$(图 6 – 33(c)二叉树 3)。

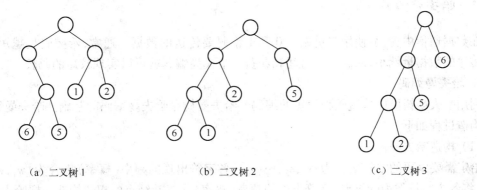

(a) 二叉树 1　　　　　(b) 二叉树 2　　　　　(c) 二叉树 3

图 6 – 33　二叉树

其中,二叉树 3 的 WPL 最小,可以验证,它是哈夫曼树。

2. 哈夫曼树构造算法

通过观察图 6 – 33 可以发现,要想构造带权路径长度小的二叉树,必须使权值大的叶结点离二叉树的根结点较近,权值小的叶结点离二叉树的根结点较远。这就是构造哈夫曼树的基本思想。

哈夫曼树的构造算法为:

① 用给定的 n 个权值$\{w_1, w_2, \cdots, w_n\}$构造 n 棵只有根结点的二叉树,形成一个二叉树森林 F = $\{T_1, T_2, \cdots, T_n\}$;

② 在二叉树森林 F 中,选出根的权值最小的两棵二叉树,把它们分别作为左右子树构造出一棵新的二叉树,并且新二叉树的根结点的权值为左右子树根结点权值之和;

③ 在二叉树森林 F 中,加入这棵新二叉树,并删除作为新二叉树左右子树的两棵二叉树;

④ 重复步骤②和③,直至二叉树森林 F 中仅剩一棵二叉树为止,这棵二叉树就是所构造的哈夫曼树。

【例 6 – 17】　给定一组权值$\{1, 2, 6, 5\}$,试构造哈夫曼树,并给出构造过程。

解:

构造过程如图 6 – 34 所示。

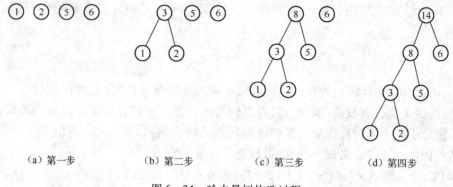

（a）第一步　　　　　（b）第二步　　　　（c）第三步　　　　（d）第四步

图 6-34　哈夫曼树构造过程

6.5.2　哈夫曼编码

在数据通信中，一般使用二进制数 0 和 1 编码要传送的数据。通常，希望码长越短越好，这样传送的数据量就小，从而节省时间和花费。哈夫曼编码就可以实现较短的码长。

1. 哈夫曼编码

利用哈夫曼树可以构造码长较短的编码。哈夫曼树是哈夫曼编码的基础。哈夫曼编码的具体构造过程如下。

（1）构造哈夫曼树

给定需要编码的字符集合为 $\{s_1, s_2, \cdots, s_n\}$，各字符出现的频率（概率）集合为 $\{w_1, w_2, \cdots, w_n\}$。将各个字符作为叶结点，字符出现的频率（概率）作为叶结点的权值构造一棵哈夫曼树。

（2）对叶结点编码

给哈夫曼树的所有左分支赋值 0，右分支赋值 1（当然，左分支赋值 1，右分支赋值 0 也行）。然后，沿着从根结点到叶结点的路径获取路径上每个分支上的 0 或 1 组成的序列即为该叶结点对应字符的编码。

使用这种方法得出的所有叶结点对应字符的编码，其码长之和最短，这就是哈夫曼编码。

2. 哈夫曼译码

由哈夫曼编码得到的码是异前缀码，即每个字符的编码都不是另外字符编码的前缀，这样就可以保证译码的唯一性。例如，假设字符 A 的编码为 10，字符 B 的编码为 1010，则字符 A 的编码就是字符 B 的编码的前缀。使用这样的编码，对于接收到的码字 1010，就无法判定是译出 AA，还是 B。

译码过程为：对接收到的数据，分别取出每个编码，然后从哈夫曼树的根出发，按每个编码是 0 还是 1 确定是走左孩子分支，还是走右孩子分支，直至到达叶结点，即可得到该编码所对应的字符。

【例 6-18】 已知某通信系统使用 6 种字符 $\{A, B, C, D, E\}$ 进行通信，这 6 种字符出现的频率为 $\{3, 8, 6, 1, 5\}$，试设计哈夫曼编码。

解：

编码过程如图 6-35 所示。

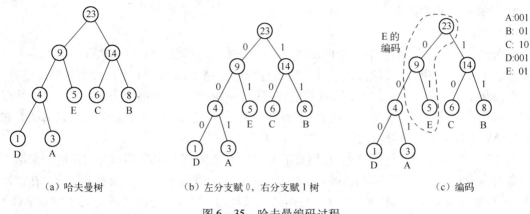

（a）哈夫曼树　　　　　（b）左分支赋 0，右分支赋 1 树　　　　　（c）编码

图 6 - 35　哈夫曼编码过程

3. 哈夫曼编码的数据结构

在创建哈夫曼树和进行哈夫曼编码时，需要访问结点的双亲。因此在设计哈夫曼树结点结构时，要添加一个双亲域。

为了实现的方便，采用静态链表表示哈夫曼树。哈夫曼树的结点结构如图 6 - 36 所示。

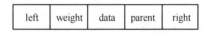

图 6 - 36　哈夫曼树的结点结构

其中，data 为数据域，weight 为权值域，parent 为双亲域，left 为左孩子域，right 为右孩子域。

结点的类型定义为：

```
typedef struct node{
    DataType data;          /*数据域*/
    int weight;             /*权值域*/
    int parent;             /*双亲域*/
    int left;               /*左孩子域*/
    int right;              /*右孩子域*/
}HufNode;
```

对每个哈夫曼编码值，用一维数组存放。但问题是哈夫曼编码是变长码，每个编码的长度不同，因此需要设置一个表示编码起始位置的标志 start，这样在一维数组的 start 至 n 位置之间的值就是编码值。

编码值的类型定义为：

```
typedef struct{
    char code[MAXBIT];      /*哈夫曼编码值*/
    int start;              /*编码起始位置*/
}HufCode;
```

4. 哈夫曼编码的实现

（1）创建哈夫曼树

算法的基本思想是：对于有 n 个叶子结点的哈夫曼树，应该有 $2n-1$ 个结点，这 $2n-1$ 个结点存放于 hf 数组中，存放顺序是前 n 个位置存放叶子结点，后 $n-1$ 个位置存放分支结点。首先初始化哈夫曼树，把 n 个叶子结点的权值域和数据域用指定的值填充，$n-1$ 个分支结点的权值域用 0 填充，其他域用 -1 填充；然后，在结点中寻找两个权值最小的结点 node1 和 node2；最后用这两个权值最小的结点构造一棵新的二叉树。

对于已经构造了二叉树的结点，它们就不能参与构造新二叉树了，但这棵二叉树的根结点可以参与构造新二叉树。那么如何区分这些结点呢？可以通过它们的双亲域来区分。在初始化时，所有结点的双亲域均被置为 -1。在构造二叉树时，参与构造二叉树的两个结点 node1 和 node2 的双亲域被置为它们的根结点，这样它们的双亲域就不是 -1 了，它们就与未构造二叉树的结点分开了。

♨ 算法 6 – 20   创建哈夫曼树

```
void HuffmanTree(int weight[],char ch[],int n,HufNode hf[])
{
    int i,j,mw1,mw2,node1,node2;
    for(i = 0;i < 2 * n - 1;i ++)                /*初始化哈夫曼树*/
    {   /*前 n 个结点为叶子结点*/
        if(i < n){hf[i].weight = weight[i];hf[i].data = ch[i];}
        else    hf[i].weight = 0;
        hf[i].parent = -1;    hf[i].left = -1;hf[i].right = -1;
    }
    for(i = n;i < 2 * n - 1;i ++)                /*后 n - 1 个结点为分支结点*/
    {
        mw1 = mw2 = MAXVALUE;
        node1 = node2 = -1;
        /* 在结点(双亲域为 -1)中寻找两个权值最小的结点 node1 和 node2 */
        for(j = 0;j <= i - 1;j ++)
        {
            if(hf[j].parent == -1)
            {
                if(hf[j].weight < mw1)
                {
                    mw2 = mw1;node2 = node1;
                    mw1 = hf[j].weight;node1 = j;
                }
                else if(hf[j].weight < mw2)
                {
                    mw2 = hf[j].weight;node2 = j;
                }
```

```
            }
        }
        /*用node1和node2构造一颗新的二叉树,二叉树根的权值为node1和node2的权值和*/
        hf[i].weight = hf[node1].weight + hf[node2].weight;
        hf[node1].parent = i;              /*node1的双亲为新构造二叉树的根*/
        hf[node2].parent = i;              /*node2的双亲为新构造二叉树的根*/
        /*填充根的左右孩子指针域,使之分别指向node1和node2*/
        hf[i].left = node1;
        hf[i].right = node2;
    }
}
```

（2）哈夫曼编码

算法的基本思想是:为了实现方便,在编码时,不是走从根到叶子的路径,而是走从叶子到根的路径。首先,将哈夫曼编码的 start 域初始化为 n;然后,判断当前结点是否是双亲结点的左孩子,若是则编码添加一位 0,否则添加一位 1,并将 start 值减一;最后,若当前结点无双亲结点,则到达根结点,编码结束。

♨ 算法6－21　哈夫曼编码

```
void HuffmanCode(HufNode hf[],HufCode hfc[],int n)
{
    int i,parent,left;
    HufCode hc;
    for(i = 0;i < n;i ++)                    /*计算每个叶子结点的哈夫曼编码*/
    {
        hc.start = n;
        left = i;
        parent = hf[i].parent;
        while(parent != -1)                 /*没有到达根结点,则编码继续*/
        {
            if(hf[parent].left == left)     /*左孩子编码*/
                hc.code[hc.start -- ] ='0';
            else                            /*右孩子编码*/
                hc.code[hc.start -- ] ='1';
            left = parent;
            parent = hf[parent].parent;     /*向根进发*/
        }
        hc.start ++ ;
        hfc[i] = hc;                        /*获得一个编码*/
    }
}
```

【例6－19】　用算法6－20和6－21求解例6－18的哈夫曼编码。

【程序设计】

```
int main(int argc,char * argv[])
{
    int i,j,n = 5;
    char ch[] = "ABCDE";
    int weight[] = {3,8,6,1,5};
    /*为哈夫曼树开辟内存空间*/
    HufNode * HufTree = (HufNode * )malloc(sizeof(HufNode) * (2 * n + 1));
    /*为哈夫曼编码开辟内存空间*/
    HufCode * HufCodes = (HufCode * )malloc(sizeof(HufCode) * n);
    HuffmanTree(weight,ch,n,HufTree);           /*使用算法6-20*/
    HuffmanCode(HufTree,HufCodes,n);            /*使用算法6-21*/
    printf("\n********* Huffman Code ********* \n");
    for(i = 0;i < n;i ++)                        /*显示每个叶子结点的哈夫曼编码*/
    {
        printf("% c(% d) :\t",ch[i],HufTree[i].weight);
        for(j = HufCodes[i].start;j <= n;j ++)
            printf("% c",HufCodes[i].code[j]);
        printf("\n");
    }
    return 0;
}
```

6.6　综合实例——高校社团管理

【问题描述】

在高校中,为了丰富学生的业余生活,在学校的帮助下,会成立许多社团,少则几个,多则几十个。为了有效管理这些社团,要求编写程序实现以下功能:

① 社团招收新成员;

② 修改社团相应信息;

③ 老成员离开社团;

④ 查询社团情况;

⑤ 统计社团成员数。

【问题分析】

社团管理部门、社团和社团成员构成了完整的一棵树,如图6-37所示。因此,可以把它作为树的问题来解决。由于树结构比较复杂,不利于求解,先把树转换成二叉树。因此,高校社团管理就转化为对二叉树操作的问题。

在这棵二叉树中,结点类型是不同的,有社团结点,有成员结点。为了便于操作,特设置一个标志域 type 用于区分结点类型。

二叉树选用二叉链表作为存储结构。

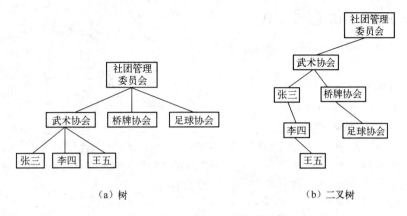

图 6－37　社团和成员构成的树

【问题实现】

1. 数据结构

```
typedef struct Info{
    int type;                      /*类型,0 为社团,1 为社团成员*/
    char tname[20];                /*名称或姓名*/
    char date[11];                 /*成立日期或出生日期*/
    char phone[11];                /*联系电话*/
    char duty[10];                 /*职务*/
}DataType;
typedef struct Node
{
    DataType data;                 /*数据域*/
    struct Node *left;             /*左孩子指针域*/
    struct Node *right;            /*右兄弟指针域*/
}BTNode,*PBTNode,*BiTreeLink;
```

2. 操作实现

（1）根据类型和名称查找结点

对算法 6－14 稍加修改,主要修改了比较部分,因为需要比较姓名和结点类型。

```
PBTNode FindName(BiTreeLink r,DataType x)
{
    PBTNode p;
    if(r==NULL)    return NULL;
    if(!strcmp(r->data.name,x.name) && r->data.type==x.type)
        return r;                        /*找到则返回该结点*/
    p=FindName(r->left,x);               /*在左子树上继续查找*/
    if(p)  return p;
    else    return FindName(r->right,x);/*在右子树上继续查找*/
}
```

（2）查询并显示社团或会员信息

```
void DispNode(BiTreeLink r,DataType x)
{
    PBTNode p;
    p = FindName(r,x);
    if(p == NULL) return;
    printf("\n\n------Information--------\n");
    printf("* \tType:% d \t \t * \n * \tName:% s \t * \n * \tPhon:% s \t *",p ->
    data.type,p ->data.name,p ->data.phone);
    printf("\n-----------------------\n");
}
```

（3）修改社团或会员信息

```
void Update(BiTreeLink r,DataType x,DataType y)
{
    PBTNode p;
    p = FindName(r,x);
    if(p == NULL){printf("修改位置不正确");    return;}
    p ->data = y;
    printf("\n --OK-- \n");
}
```

（4）增加社团

```
void InsertSilbling(BiTreeLink r,DataType x,DataType y)
{
    PBTNode p;
    p = FindName(r,x);
    if(p == NULL){printf("插入位置不正确");return;}
    InsertRight(p,y);      /* 使用算法 6 - 3 * /
}
```

（5）增加会员

增加会员就是在指定的社团下插入左孩子,如果社团已经有会员了,即它已经有左孩子了,则把会员作为左孩子的兄弟插入。

```
void InsertChild(BiTreeLink r,DataType x,DataType y)
{
    PBTNode p;
    p = FindName(r,x);
    if(p == NULL){printf("插入位置不正确");return;}
    InsertLeft(p,y);
}
PBTNode InsertLeft(PBTNode r,DataType x)
```

```
{
    PBTNode p;
    if(!r) return NULL;
    if(r->left==NULL)
    {
        p=(PBTNode)malloc(sizeof(BTNode));
        p->data=x;
        p->left=NULL;
        p->right=NULL;
        r->left=p;
    }
    else    p=InsertRight(r->left,x);
    return p;
}
```

(6) 初始化树

```
void InitBiTree(BiTreeLink *root)
{
    DataType items[]={{0,"足球","2007-01-01","12345"," "},{0,"武术","2000-
01-01","34567"," "},{0,"桥牌","2008-01-11","45678"," "},{1,"张三","1990-11-
11","13567","会长"},{1,"李四","1989-01-11","13756","会员"},{1,"王五","1988-
11-11","133456","副会长"},{0,"社团管理委员会","1980-01-01","23698"," "}};
    *root=(PBTNode)malloc(sizeof(BTNode));
    (*root)->left=NULL;
    (*root)->right=NULL;
    (*root)->data=items[6];
    InsertChild(*root,items[6],items[1]);
    InsertChild(*root,items[1],items[3]);
    InsertSilbling(*root,items[1],items[2]);
    InsertSilbling(*root,items[3],items[4]);
    InsertChild(*root,items[2],items[4]);
    InsertSilbling(*root,items[2],items[0]);
    InsertChild(*root,items[0],items[5]);
}
```

(7) 接收数据

从键盘上接收用户输入的数据。

```
void Receive(char prn[],char data[])
{
    flushall();
    printf(prn);
    gets(data);
}
```

3. 主函数

```
int main(int argc,char * argv[])
{
    BiTreeLink root;
    DataType x,y;
    int choice = 0,n = 0;
    InitBiTree(&root);
    do{
        printf("****************************** \n");
        printf("*          menu           * \n");
        printf("* -------------------------- * \n");
        printf("*    1.增加社团              * \n");
        printf("*    2.增加会员              * \n");
        printf("*    3.修改社团信息          * \n");
        printf("*    4.修改会员信息          * \n");
        printf("*    5.撤销社团              * \n");
        printf("*    6.查询社团信息          * \n");
        printf("*    7.查询会员信息          * \n");
        printf("*    8.显示所有信息          * \n");
        printf("*    0.退出                 * \n");
        printf("****************************** \n");
        printf("\nPlease select(1,2,3,4,5,6,7,8,0):");
        scanf("% d",&choice);
        if(choice < 0 ‖ choice > 8) continue;
        switch(choice)
        {
        case 1:
            Receive("\n请输入社团名字:",x.name);x.type = 0;
            Receive("\n请输入社团联系电话:",x.phone);
            Receive("\n请输入插入在哪个社团的后边:",y.name);
            y.type = 0;
            InsertSilbling(root,y,x);break;
        case 2: break;      /*留给读者完成*/
        case 3:
            Receive("\n请输入社团名字:",x.name);x.type = 0;
            Receive("\n请输入新的社团名字:",y.name);y.type = 0;
            Receive("\n请输入新的社团联系电话:",y.phone);
            Update(root,x,y);break;
        case 4: break;      /*留给读者完成*/
        case 5: break;      /*留给读者完成*/
        case 6:
```

```
        Receive("\n 请输入社团名字:",x.name);x.type = 0;
        DispNode(root,x);break;
    case 7:
        Receive("\n 请输入会员名字:",x.name);x.type = 1;
        DispNode(root,x);break;
    case 8:
        DispBiTree(root);
        printf("\n \n");break;
    case 0:
        exit(0);
    }
}while(1);
return 0;
}
```

运行结果如图 6 - 38 所示。

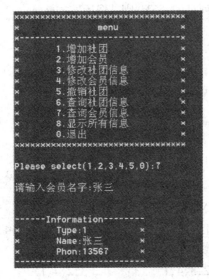

图 6 - 38 运行结果

6.7 习题

一、单项选择题

1. 树最适合用来表示(   )。

A. 集合 B. 元素之间具有层次关系的数据

C. 元素之间具有线性关系的数据 D. 元素之间具有网状关系的数据

2. 已知二叉树的高度为 4,则该二叉树最多含有(   )个结点。

A. 31 B. 15 C. 8 D. 7

3. 按照二叉树的定义,具有 4 个结点的二叉树共有(   )种。

A. 5 B. 10 C. 12 D. 14

4. 若一颗二叉树有 12 个度为 0 的结点,6 个度为 1 的结点,则有(   )个度为 2 的结点。

A. 5　　　　　　B. 7　　　　　　C. 11　　　　　　D. 18

5. 已知一颗满二叉树有 47 个结点,则该二叉树有(   )个叶结点。

A. 6　　　　　　B. 12　　　　　　C. 24　　　　　　D. 48

6. 若一颗完全二叉树有 768 个结点,则该二叉树中叶结点的个数是(   )。(2011 年考研题)

A. 257　　　　　B. 258　　　　　C. 384　　　　　D. 385

7. 已知一颗完全二叉树的第 6 层(设根为第 1 层)有 8 个叶结点,则该完全二叉树的结点个数最多是(   )。(2009 年考研题)

A. 39　　　　　　B. 52　　　　　　C. 111　　　　　　D. 119

8. 已知某二叉树的前序遍历序列为 RACEBD,中序遍历序列为 AECRDB,则它的后序遍历序列为(   )。

A. ECABDR　　　B. EACBDR　　　C. ECADBR　　　D. EACDBR

9. 给定二叉树如图 6 – 39 所示。设 N 代表二叉树的根,L 代表根结点的左子树,R 代表根结点的右子树。若遍历后的结点序列是 3175624,则其遍历方式是(   )。(2009 年考研题)

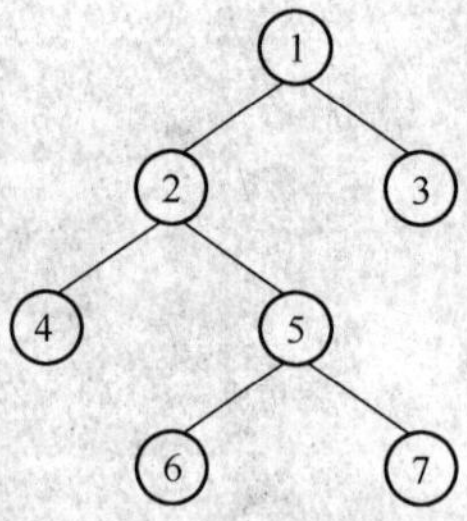

图 6 – 39

A. LRN　　　　　B. NRL　　　　　C. RLN　　　　　D. RNL

10. 若一颗二叉树前序遍历和后序遍历序列分别为 1,2,3,4 和 4,3,2,1,则该二叉树的中序遍历序列不会是(   )。(2011 年考研题)

A. 1,2,3,4　　　B. 2,3,4,1　　　C. 3,2,4,1　　　D. 4,3,2,1

11. 具有 n 个结点的线索二叉树上,含有(   )个线索。

A. n – 1　　　　B. n　　　　　　C. n + 1　　　　　D. 0

12. 若对图 6 – 39 所示的二叉树进行中序线索化,则结点 6 的左右线索域的指针分别指向(   )结点。

A. 5,7　　　　　B. 4,7　　　　　C. 4,5　　　　　D. 2,5

13. 树的先根遍历与(   )等价。

A. 二叉树的前序遍历　　　　　　　　B. 二叉树的中序遍历

C. 二叉树的后序遍历　　　　　　　　D. 树的后根遍历

14. 用给定的 n 个权值构造哈夫曼树,则该哈夫曼树共有(   )个结点。

A. n　　　　　　B. 2n　　　　　　C. 2n – 1　　　　　D. 2n + 1

15. 以下哪个是哈夫曼树(   )。

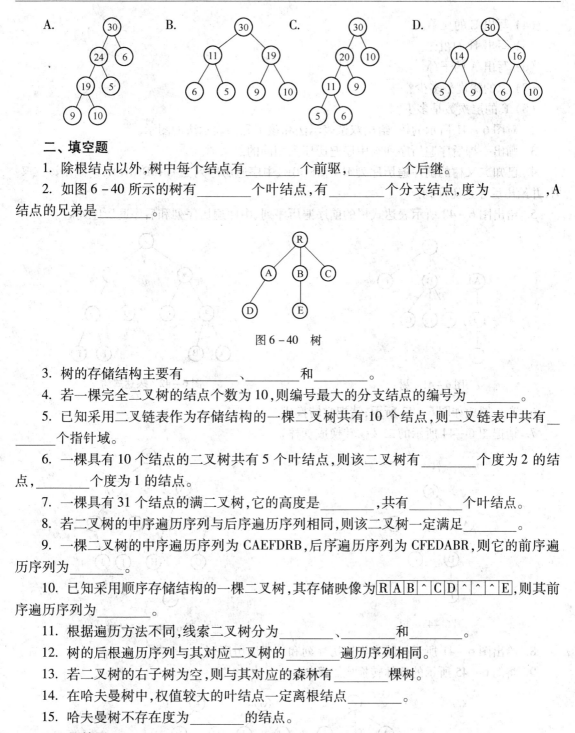

二、填空题

1. 除根结点以外,树中每个结点有_____个前驱,_____个后继。

2. 如图 6-40 所示的树有_____个叶结点,有_____个分支结点,度为_____,A 结点的兄弟是_____。

图 6-40　树

3. 树的存储结构主要有_____、_____和_____。

4. 若一棵完全二叉树的结点个数为 10,则编号最大的分支结点的编号为_____。

5. 已知采用二叉链表作为存储结构的一棵二叉树共有 10 个结点,则二叉链表中共有_____个指针域。

6. 一棵具有 10 个结点的二叉树共有 5 个叶结点,则该二叉树有_____个度为 2 的结点,_____个度为 1 的结点。

7. 一棵具有 31 个结点的满二叉树,它的高度是_____,共有_____个叶结点。

8. 若二叉树的中序遍历序列与后序遍历序列相同,则该二叉树一定满足_____。

9. 一棵二叉树的中序遍历序列为 CAEFDRB,后序遍历序列为 CFEDABR,则它的前序遍历序列为_____。

10. 已知采用顺序存储结构的一棵二叉树,其存储映像为 R A B ^ C D ^ ^ ^ E,则其前序遍历序列为_____。

11. 根据遍历方法不同,线索二叉树分为_____、_____和_____。

12. 树的后根遍历序列与其对应二叉树的_____遍历序列相同。

13. 若二叉树的右子树为空,则与其对应的森林有_____棵树。

14. 在哈夫曼树中,权值较大的叶结点一定离根结点_____。

15. 哈夫曼树不存在度为_____的结点。

三、问答题

1. 根据图 6-41 所示的树,回答以下问题:

(1) 写出根结点。

(2) 写出所有叶结点。

(3) 写出 E 的双亲。

（4）写出 E 的兄弟。

（5）写出 H 的祖先。

（6）写出 A 的子孙。

（7）树的深度是多少？

（8）E 的层次数是多少？

2. 对图 6-41 所示的树，给出双亲表示法和孩子兄弟表示法的图示。

3. 画出一棵后序遍历序列与中序遍历序列相同的二叉树。

4. 已知二叉树的前序遍历序列 RACDFGBE，中序遍历序列为 CAFDGREB，请画出该二叉树，并给出后序遍历序列。

5. 给出图 6-42 所示表达式树的前序遍历序列、中序遍历序列和后序遍历序列。

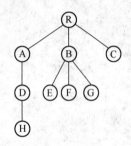

图 6-41　树

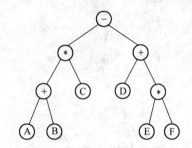

图 6-42　表达式树

6. 有一棵树如图 6-43 所示，请把它转换成二叉树。

7. 请把图 6-44 所示的二叉树转换成森林。

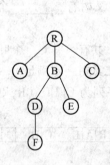

图 6-43　树

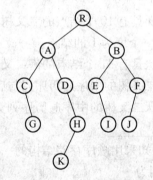

图 6-44　二叉树

8. 给出图 6-41 所示树的先根遍历序列和后根遍历序列。

9. 将图 6-45 所示的森林转换成二叉树。

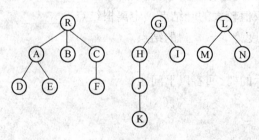

图 6-45　森林

10. 已知某密码电文由 5 个字母 A,B,C,D,E 组成,每个字母在电文中的出现频率分别是 12,7,21,8,6,请给出 5 个字母的哈夫曼编码。

四、算法设计题

1. 已知二叉树以二叉链表作为存储结构,请编写算法删除二叉树中的所有叶子结点。

2. 已知二叉树以二叉链表作为存储结构,请编写算法计算二叉树中度为 2 的结点数。

3. 若用二叉链表作为二叉树的存储结构,试设计一个交换每个结点的左右子树的算法。

4. 若用二叉链表作为二叉树的存储结构,试设计一个拷贝二叉树的算法。

5. 以二叉链表作为存储结构,设计按层次遍历二叉树(即以从上到下,从左到右的顺序遍历二叉树)的算法。

6. 已知二叉树原来以二叉链表作为存储结构,现在改为以三叉链表作为存储结构,请设计算法把结点中原来空置的双亲域填充入其双亲指针。

7. 试编写算法,对一棵以孩子兄弟链表表示的树统计叶子结点的数目。

8. 若用二叉链表作为二叉树的存储结构,试设计算法,给出前序遍历序列中第 i 个结点的值。

9. 已知一棵二叉树的中序序列和后序序列,试编写算法建立该二叉树的二叉链表。

10. 若一棵树以双亲表示法作为存储结构,试编写算法计算树的深度。

6.8　实验

【实验 6 - 1】　二叉树的二叉链表表示及实现。

1. 实验目的

(1) 掌握二叉树的逻辑结构。

(2) 掌握二叉树的链式存储结构。

(3) 掌握二叉树的基本操作,包括创建二叉树和遍历二叉树。

2. 实验内容

已知一棵二叉树如图 6 - 46 所示。

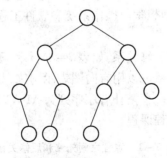

图 6 - 46　二叉树

(1) 请为二叉树的各个结点设计相应数据,并编写程序用二叉链表实现该二叉树。

(2) 使用递归和非递归算法实现二叉树的前序、中序和后序遍历,并比较遍历的结果。

3. 选作

设计一个算法求二叉树中分支结点的个数。

第 7 章 图

第 2 章至第 5 章主要讨论了线性结构,其数据元素之间存在一对一的关系。第 6 章讨论了非线性结构之一——树,其数据元素之间存在一对多的关系。本章接着讨论另一种非线性结构——图,它比树更复杂,它的数据元素之间存在多对多的关系,即图中任意一个结点都有多个前驱结点和多个后继结点。图中任意两个结点之间都可能存在关系,从而可以表达数据元素之间更复杂的关系。

本章主要介绍图的基本概念,图的存储结构,图的遍历方法,图的最小生成树、最短路径、拓扑排序、关键路径。

7.1 图的基本概念

7.1.1 图的定义

1. 图的概念

图中的数据元素称为顶点。在顶点集合 V 中,第 i 个顶点记作 v_i。

图中两个顶点 v_i 和 v_j 之间有关联关系,称作顶点 v_i 和 v_j 之间有一条边。在边集合 E 中,第 k 条边记作 e_k,$e_k = <v_i,v_j>$。

图是由顶点的非空有限集合与顶点间关系集合构成的数据结构。记作 G = (V,E)。其中,V 为顶点集合,E 为顶点间关系——边的集合。

【例 7 – 1】 张林是计算机专业的一名三年级学生,他已经学习了离散数学、高等数学和程序设计基础这些课程,这学期他想学习操作系统和软件工程课程,请问是否可以?

解:

因为课程之间存在着先修和后修关系,如表 7 – 1 所示,不是想学什么课程就可以学什么课程。课程之间的先修和后修关系可以用有向图表示出来,如图 7 – 1 所示,并且应该按照该图的拓扑有序顺序来学习。其中一个拓扑有序序列为 A1 A2 B1 B2 C2 C3 C4 B3 C1 C5。可见他还不能学习操作系统和软件工程课程。

表 7 –1 课程之间先修和后修关系

课 程 编 号	课 程 名 称	先 修 课 程
A1	高等数学	
A2	离散数学	A1
B1	程序设计基础	
B2	数据结构	A2,B1
B3	微机原理	B1
C1	操作系统	B2,B3
C2	多媒体技术	B2

课 程 编 号	课 程 名 称	先 修 课 程
C3	数据库	C2
C4	软件工程	B2,C3
C5	嵌入式系统	B3,C1

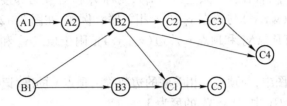

图 7-1 课程之间先修和后修关系的有向图

在日常生活中,还有许多图的例子。例如,公路交通是一个图,顶点是车站,边是连接车站的公路。类似的,还有铁路交通、水路交通、航空运输等。固定电话网络、计算机网络、施工进度图、化合物的分子结构等也是图的例子。

需要说明的是,本书只讨论简单的图,不考虑顶点到其自身的边,以及一条边在图中重复出现的情况。

2. 图的基本术语

无向图:由没有方向的边构成的图称为无向图。

无向图中的边由顶点的无序偶对组成,因此,在无向图中,顶点偶对 $<v_i,v_j>$ 与顶点偶对 $<v_j,v_i>$ 表示同一条边,记作 (v_i,v_j)。例如,图 7-2(a) 中的 G1 就是一个无向图,其中 $<v_1,v_2>$ 与 $<v_2,v_1>$ 是同一条边。

有向图:由有方向的边构成的图称为有向图。

弧:有向图中的边由顶点的有序偶对组成。顶点偶对 $<v_i,v_j>$ 表示从顶点 v_i 指向顶点 v_j 的一条有向边,也称为弧。顶点 v_i 是有向边的始点,也称为**弧尾**。顶点 v_j 是有向边的终点,也称为**弧头**。例如,图 7-2(b) 中的 G2 就是一个有向图,其中 $<v_1,v_2>$ 是一条弧,v_2 是弧头,v_1 是弧尾,而 $<v_2,v_1>$ 是另一条弧,它与 $<v_1,v_2>$ 不同,v_1 是弧头,v_2 是弧尾。

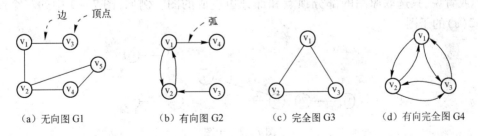

(a) 无向图 G1   (b) 有向图 G2   (c) 完全图 G3   (d) 有向完全图 G4

图 7-2 图的示例

完全图:含有 n 个顶点和 $\frac{1}{2}n(n-1)$ 条边的无向图称为完全图。在完全图中,任意两个顶点之间均有边相连。例如,图 7-2(c) 中的 G3 就是完全图。

推论1:具有 n 个顶点的无向图最多有 $\frac{1}{2}n(n-1)$ 条边。

有向完全图:含有 n 个顶点和 n(n−1)条弧的有向图称为有向完全图。在有向完全图中,任意两个顶点之间均有两条方向相反的弧。例如,图 7−2(d)中的 G4 就是有向完全图。

推论2:具有 n 个顶点的有向图最多有 n(n−1)条弧。

邻接点:在无向图中,若存在一条边(v_i,v_j),则称 v_i 和 v_j 互为邻接点。称边(v_i,v_j)依附于顶点 v_i 和 v_j 或称边(v_i,v_j)与顶点 v_i 和 v_j 相关联。例如,在图 7−2(a)所示的无向图 G1 中,顶点 v_2 的邻接点有顶点 v_4 和顶点 v_5。边(v_4,v_5)依附于顶点 v_4 和 v_5,边(v_4,v_5)与顶点 v_4 和 v_5 相关联。

顶点的度:在无向图中,与顶点 v 相关联的边数称为顶点 v 的度,记作 TD(v)。例如,在图 7−2(a)所示的无向图 G1 中,顶点 v_2 的度为 3。

在有向图中,顶点的度又分为顶点的入度和顶点的出度。顶点的入度是指以顶点 v 为弧头的弧的数目,记作 ID(v);顶点的出度是指以顶点 v 为弧尾的弧的数目,记作 OD(v)。顶点 v 的度等于顶点 v 的入度和出度之和,即 TD(v) = ID(v) + OD(v)。在图 7−2(b)所示的有向图 G2 中,顶点 v_2 的入度为 2,出度为 1,则顶点 v_2 的度为 3。

推论3:对于无向图,其总度数是总边数的两倍。

推论4:对于有向图,其总入度、总出度和总边数相等。

路径:在图 G 中,从顶点 v_i 出发,经过一系列的边或弧能够到达顶点 v_j,则称顶点 v_i 到顶点 v_j 的顶点序列为从顶点 v_i 到顶点 v_j 的路径。这条路径上所包含的边的数目称为路径长度。例如,在图 7−2(a)所示的无向图 G1 中,从顶点 v_3 到顶点 v_5 有两条路径,分别是"v_3,v_1,v_2,v_4,v_5"和"v_3,v_1,v_2,v_5",路径长度分别为 4 和 3。

简单路径:若路径上各顶点互不重复,则称这样的路径为简单路径。例如,对于图 7−2(a)中的无向图 G1,路径"v_1,v_2,v_4,v_5"是简单路径,路径"v_1,v_2,v_4,v_5,v_2"不是简单路径。

环或回路:若路径上第一个顶点和最后一个顶点相同,则称这样的路径为环或回路。例如,在图 7−2(a)所示的无向图 G1 中,路径"v_2,v_4,v_5,v_2"为环。

子图:对于图 G = {V,E}和图 G′ = {V′,E′},若存在 V′⊆V 且 E′⊆E,则称图 G′是图 G 的子图。或者说,只选取原图的部分顶点和部分边组成的图。例如,图 7−3 中的三个图均是图 7−2(a)的子图。

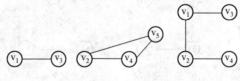

图 7−3　子图

连通图:在无向图中,若从顶点 v_i 到顶点 v_j 有路径存在,则称 v_i 和 v_j 是连通的。如果无向图中任意两个顶点都是连通的,则称该无向图为连通图;否则,就是非连通图。无向图中的极大连通子图称为该图的连通分量。例如,图 7−2(a)中的 G1 是连通图,图 7−4(a)中的 G5 是非连通图,图 7−4(b)中的两个图是图 7−4(a)中 G5 的连通分量,图 7−4(c)不是图 7−4(a)中 G5 的连通分量。

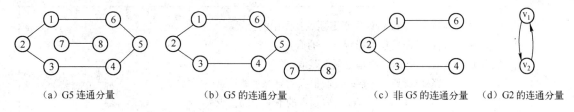

（a）G5 连通分量　　　　（b）G5 的连通分量　　　　（c）非 G5 的连通分量　　（d）G2 的连通分量

图 7 - 4　连通分量与强连通分量

推论 5：连通图的连通分量就是它本身。

强连通图：在有向图中，若一对顶点 v_i 和 v_j（$v_i \neq v_j$）存在从 v_i 到 v_j 和从 v_j 到 v_i 的有向路径，则称 v_i 和 v_j 是连通的。若有向图中任意两个顶点 v_i 和 v_j（$v_i \neq v_j$）之间都是连通的，则称该有向图为强连通图。有向图中的极大强连通子图称为**强连通分量**。例如，图 7 - 2(d) 是强连通图，图 7 - 4(d) 是图 7 - 2(b) 的强连通分量。

权：图中边或弧上附带的数据称为权。

网：带权的图称为网。例如，图 7 - 5 中的图都是网，其中，图 7 - 5(a) 是一个铁路交通图，边上的数据表示城市之间的距离；图 7 - 5(b) 是一个工程施工进度图，边上的数据表示花费的时间。

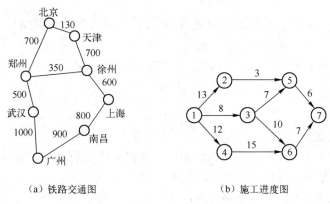

（a）铁路交通图　　　　　　　（b）施工进度图

图 7 - 5　网

生成树：包含连通图全部顶点的极小连通子图称作该图的生成树，即以最少的边连接连通图中所有顶点。

推论 6：有 n 个顶点的连通图，它的生成树一定包含 n 个顶点和 n - 1 条边。若加上一条边则构成环，若减去一条边则是非连通图。

7.1.2　图的抽象数据类型

图的抽象数据类型表示了图中的数据元素、数据元素之间的逻辑关系，以及对图的操作集合。其定义如下。

ADT Graph
数据元素集合： 　　具有相同性质的称为顶点的有限数据元素集合，以及称为弧或边的有限集合。 基本操作： 　　↘ 创建图（CreateGraph）：按顶点和弧的定义构造图

> ↘ 查找顶点(LocateVex):返回指定顶点在图中的位置
> ↘ 取顶点值(GetVex):返回指定顶点的值
> ↘ 给顶点赋值(PetVex):给指定顶点赋值
> ↘ 取第一个邻接点(FirstAdjVex):取顶点的第一个邻接点
> ↘ 取下一个邻接点(NextAdjVex):取顶点的下一个邻接点
> ↘ 插入顶点(InsertVex):在图中插入新顶点
> ↘ 删除顶点(DeleteVex):在图中删除指定顶点及相关的弧
> ↘ 插入弧(InsertArc):在图中插入一条新弧
> ↘ 删除弧(DeleteArc):在图中删除指定的弧
> ↘ 深度优先遍历(DFSTraverse):对图进行深度优先遍历
> ↘ 广度优先遍历(BFSTraverse):对图进行广度优先遍历
> ↘ 销毁图(DestroyGraph):销毁图

7.2　图的存储结构

图的信息主要有顶点信息和边的信息两部分,因此研究图的存储结构主要是研究这两部分信息如何在计算机内表示。

图的存储结构有多种,其中最常用的是邻接矩阵和邻接表。

7.2.1　邻接矩阵

1. 邻接矩阵的定义

邻接矩阵是表示顶点之间相邻关系的矩阵。它以矩阵的行和列表示顶点,以矩阵中的元素表示边或弧。邻接矩阵是图的顺序存储结构。

设 $G = (V, E)$ 是一个具有 n 个顶点的图。它的顶点集合 $V = \{v_0, v_1, \cdots, v_{n-1}\}$,则顶点间的关系 E 可用如下形式的矩阵 A 描述。

对于 A 中的每一个元素 a_{ij} 满足:

$$a_{ij} = \begin{cases} 1 & ,v_i \text{ 与 } v_j \text{ 相邻且具有边或弧相连} \\ 0 & ,\text{其他} \end{cases}$$

则矩阵 A 就是邻接矩阵。也就是说,当图中两个顶点 v_i 与 v_j 相邻且有边或弧相连时,邻接矩阵第 i 行第 j 列上的元素值为 1;其他情况下,矩阵元素值为 0。

在图的邻接矩阵存储结构中,常用一维数组存放顶点信息,用二维数组作为邻接矩阵存放顶点之间关系的信息。

【**例 7 - 2**】　对于图 7 - 2(a)所示的无向图,请给出它的邻接矩阵,并根据邻接矩阵计算顶点 v_2 的度。

解:

图 7 - 6(a)是该图的邻接矩阵。其中,V 是图的顶点集合,A 是邻接矩阵。

v_2 的度等于邻接矩阵第 2 行或第 2 列上非零元素的个数,即 3。

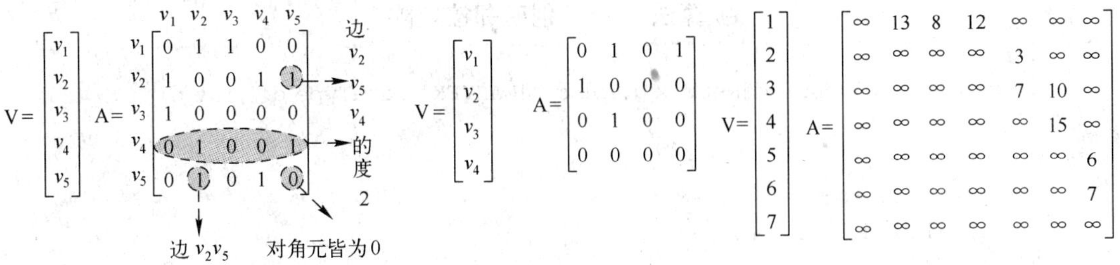

$$V = \begin{bmatrix} v_1 \\ v_2 \\ v_3 \\ v_4 \\ v_5 \end{bmatrix} \quad A = \begin{array}{c} \\ v_1 \\ v_2 \\ v_3 \\ v_4 \\ v_5 \end{array} \begin{bmatrix} \overset{v_1\ v_2\ v_3\ v_4\ v_5}{0\ 1\ 1\ 0\ 0} \\ 1\ 0\ 0\ 1\ 1 \\ 1\ 0\ 0\ 0\ 0 \\ 0\ 1\ 0\ 0\ 1 \\ 0\ 1\ 0\ 1\ 0 \end{bmatrix}$$

边 v_2 v_5 的度 2

边 v_2v_5 对角元皆为0

（a）无向图邻接矩阵

$$V = \begin{bmatrix} v_1 \\ v_2 \\ v_3 \\ v_4 \end{bmatrix} \quad A = \begin{bmatrix} 0 & 1 & 0 & 1 \\ 1 & 0 & 0 & 0 \\ 0 & 1 & 0 & 0 \\ 0 & 0 & 0 & 0 \end{bmatrix}$$

（b）有向图邻接矩阵

$$V = \begin{bmatrix} 1 \\ 2 \\ 3 \\ 4 \\ 5 \\ 6 \\ 7 \end{bmatrix} \quad A = \begin{bmatrix} \infty & 13 & 8 & 12 & \infty & \infty & \infty \\ \infty & \infty & \infty & \infty & 3 & \infty & \infty \\ \infty & \infty & \infty & \infty & 7 & 10 & \infty \\ \infty & \infty & \infty & \infty & \infty & 15 & \infty \\ \infty & \infty & \infty & \infty & \infty & \infty & 6 \\ \infty & \infty & \infty & \infty & \infty & \infty & 7 \\ \infty & \infty & \infty & \infty & \infty & \infty & \infty \end{bmatrix}$$

（c）网的邻接矩阵

图 7 - 6   邻接矩阵

【例 7 - 3】 对于图 7 - 2(b)所示的有向图,请给出它的邻接矩阵,并根据邻接矩阵计算顶点 v_2 的入度和出度。

解:

图 7 - 6(b)是该图的邻接矩阵。其中,V 是图的顶点集合,A 是邻接矩阵。

v_2 的入度等于邻接矩阵第 2 列上非零元素的个数,即 2。v_2 的出度等于邻接矩阵第 2 行上非零元素的个数,即 1。

对于带权图(网),邻接矩阵 A 中的元素定义为:

$$a_{ij} = \begin{cases} w_{ij} & ,v_i \text{ 与 } v_j \text{ 相邻且具有边或孤相连} \\ \infty & ,\text{其他} \end{cases}$$

其中,w_{ij} 为 v_iv_j 边上的权值。

【例 7 - 4】 对于图 7 - 5(b)所示的网,请给出它的邻接矩阵。

解:

图 7 - 6(c)是该图的邻接矩阵。其中,V 是图的顶点集合,A 是邻接矩阵。

通过以上讨论,可以得出邻接矩阵具有以下特点。

↳ 无向图的邻接矩阵一定是一个对称矩阵,可以进行压缩存储。

↳ 对于无向图,邻接矩阵的第 i 行(或第 i 列)非零元素的个数是第 i 个顶点的度。

↳ 对于有向图,邻接矩阵的第 i 行非零元素的个数是第 i 个顶点的出度;第 i 列非零元素的个数是第 i 个顶点的入度。

使用 C 语言描述的邻接矩阵为:

```c
#define MAXVEX 50              /*最大顶点个数*/
typedef int weight;           /*权值*/
typedef struct{
    weight arcs[MAXVEX][MAXVEX];   /*邻接矩阵*/
    DataType data[MAXVEX];         /*顶点信息*/
    int vexs;                      /*顶点数*/
}MGraph,*AdjMetrix;
```

2. 邻接矩阵的操作

（1）创建邻接矩阵

该操作根据给定的图的顶点 d 和权值 m 创建邻接矩阵 g。

♨ 算法 7-1　创建邻接矩阵

```
void CreateGraph(AdjMetrix g,int m[][MAXVEX],DataType d[],int n)
{
  int i,j;
  g - >vexs = n;
  for(i = 0;i < n;i + +)
  {
    g - >data[i] = d[i];
    for(j = 0;j < n;j + +)   g - >arcs[i][j] = m[i][j];
  }
}
```

（2）显示邻接矩阵

显示邻接矩阵的每个顶点，以及按行显示给定邻接矩阵的每一行。

♨ 算法 7-2　显示邻接矩阵

```
void DispGraph(AdjMetrix g)
{
  int i,j;
  printf("顶点:\n\t");
  for(i = 0;i < g - >vexs;i + +)
    printf("% c\t",g - >data[i]);
  printf("\n\n 邻接矩阵:");
  for(i = 0;i < g - >vexs;i + +)
  {
    printf("\n% c:\t",g - >data[i]);
    for(j = 0;j < g - >vexs;j + +)
      printf("% d\t",g - >arcs[i][j]);
  }
  printf("\n\n");
}
```

（3）取第一个邻接点

该操作根据给定的顶点序号 k，在邻接矩阵中寻找其第一个邻接点，并返回该邻接点的序号。

♨ 算法 7-3　第一个邻接点

```
int GetFirst(AdjMetrix g,int k)
{
  int i;
  if(k < 0 || k > g - >vexs){printf("参数 k 超出范围!\n");return -1;}
  for(i = 0;i < g - >vexs;i + +)
    if(g - >arcs[k][i] = =1) return i;
  return -1;
}
```

（4）取下一个邻接点
该操作寻找顶点 k 的邻接点 t 的下一个邻接点。

算法 7 − 4　下一个邻接点

```
int GetNext(AdjMetrix g,int k,int t)
{
  int i;
  if(k<0 ||k>g - >vexs ||t<0 ||t>g - >vexs)
  {
    printf("参数 k 或 t 超出范围!\n");
    return NULL;
  }
  for(i =t +1;i <g - >vexs;i + +)
    if(g - >arcs[k][i] = =1) return i;
  return  −1;
}
```

（5）给顶点赋值
该操作给顶点 k 赋值 x。

算法 7 − 5　赋值

```
void PutVex(AdjMetrix g,int k,DataType x)
{
  if(k <0 ||k>g - >vexs){printf("参数 k 超出范围!\n");return ;}
  g - >data[k] =x;
}
```

（6）取顶点的值
该操作返回顶点 k 的值。

算法 7 − 6　取值

```
DataType GetVex(AdjMetrix g,int k)
{
  if(k <0 ||k>g - >vexs){printf("参数 k 超出范围!\n");return  -1;}
  return g - >data[k];
}
```

（7）插入边
在指定的顶点 u 和顶点 v 之间建立一条边,并赋予权值 w。

算法 7 − 7　插入边

```
void InsertArc(AdjMetrix g,int u,int v,weight w)
{
```

```
    if(u<0 ||u>g->vexs ||v<0 ||v>g->vexs)
    {
        printf("参数u或v超出范围!\n");
        return ;
    }
    g->arcs[u][v]=w;
}
```

（8）删除边

删除与两个顶点 u 和 v 相关联的边。

♨ **算法 7 - 8　删除边**

```
void DeleteArc(AdjMetrix g,int u,int v)
{
    if(u<0 ||u>g->vexs ||v<0 ||v>g->vexs)
    {
        printf("参数u或v超出范围!\n");
        return ;
    }
    g->arcs[u][v]=0;
}
```

【例 7 - 5】　编写程序建立图 7 - 7 所示的无向图，并使用两种方法显示该无向图。

图 7 - 7　无向图

【设计思路】　使用算法 7 - 1 建立图，使用算法 7 - 2 显示图，使用算法 7 - 3 和 7 - 4 显示图。

【程序设计】

```
typedef char DataType;
int main(int argc,char * argv[])
{
    MGraph gg;
    AdjMetrix g =&gg;
    int pos,i;
    char d[]={ 'A','B','C','D','E };
    int m[][MAXVEX]={{0,1,0,0,1},{1,0,1,1,0},{0,1,0,0,0},
{0,1,0,0,1},{1,0,0,1,0}};
    CreateGraph(g,m,d,5);            /*使用算法 7 - 1 */
    DispGraph(g);                    /*使用算法 7 - 2 */
```

```
for(i = 0;i < g - >vexs;i + +)
{
  pos = GetFirst(g,i);               /*使用算法 7 - 3 * /
  if(pos! = -1)
    printf("\n[% c]\t% c",g - >data[i],g - >data[pos]);
  else  printf("\n[% c]",g - >data[i]);
  while(pos! = -1)
  {
    pos = GetNext(g,i,pos);          /*使用算法 7 - 4 * /
    if(pos! = -1)  printf("\t% c",g - >data[pos]);
  }
}
return 0;
}
```

7.2.2 邻接表

1. 邻接表的定义

当图的边数远远小于图的顶点数时,邻接矩阵就变成了稀疏矩阵,此时用邻接矩阵存储图就会浪费大量存储空间。一个较好的解决方法是采用邻接表。

邻接表是图的链式存储结构。邻接表由边表和顶点表组成。边表就是对图中的每个顶点建立的单链表,单链表中存放与同一个顶点相邻接的邻接点,相当于邻接矩阵中的一行。实际上,单链表中的邻接点与该顶点可以组成一条边,因此可以认为边表中存放的就是边的信息。

顶点表用于存放图中每个顶点的信息以及指向该顶点边表的头指针。顶点表通常采用顺序存储结构。

边表的结点结构如图 7 - 8 所示。

其中,adjvex 为邻接点在顶点表中的序号,next 为指向下一个邻接点的指针。

顶点表的结点结构如图 7 - 9 所示。

| adjvex | next |

| data | head |

图 7 - 8 边表的结点结构   图 7 - 9 顶点表的结点结构

其中,data 存放顶点信息,head 为边表的头指针。

使用 C 语言描述的邻接表为:

```
#define MAXVEX 50
typedef struct arc{               /*边表结点类型 * /
  int adjvex;                     /*顶点序号 * /
  struct arc * next;              /*指向下一个邻接点 * /
}ArcNode, * PArcNode;
typedef struct{                   /* 顶点表结点类型 * /
  DataType data;                  /*顶点信息 * /
  ArcNode * head;                 /*边表头指针 * /
```

```
}VexNode;
typedef struct{                          /*邻接表类型*/
  VexNode lists[MAXVEX];                  /*顶点表*/
  int edges,vexs;                         /*边数,顶点数*/
}VGraph,*AdjList;
```

由于邻接表中的每个单链表与邻接矩阵中的一行相当,因此某个顶点的度等于相应链表中的结点个数。对于有向图,顶点的出度等于相应链表中的结点个数。而要求顶点的入度,则必须遍历整个邻接表,统计该顶点出现的次数。显然,这种操作既费时又费力。为了方便这类操作,可以为图建立一个逆邻接表。逆邻接表的结构与邻接表完全相同,只是边表中每个结点存放的是每条弧的弧尾顶点。

【例7-6】 为图7-2(b)所示的图 G2 建立邻接表和逆邻接表。

解:

图7-10(a)是图 G2 的邻接表,图7-10(b)是图 G2 的逆邻接表。

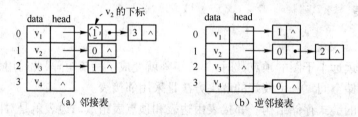

图7-10　邻接表和逆邻接表

需要注意的是:对于一个给定的图,其邻接表和逆邻接表的结构不唯一。因为顶点表中的顶点次序与边表中的顶点次序是任意的。

2. 邻接表的操作

（1）创建邻接表

该操作根据给定的邻接矩阵 m 创建邻接表 g。

♨算法7-9　创建邻接表

```
void CreateGraph(AdjList *g,int m[][MAXVEX],int n)
{   /*n 为顶点总数*/
  int i,j;
  PArcNode p;
  *g = (AdjList)malloc(sizeof(VGraph));    /*初始化邻接表*/
  (*g) - >edges = 0;
  (*g) - >vexs = n;
  for(i = 0;i < n;i + +)
  {
    (*g) - >lists[i].head = NULL;            /*边表头指针初始化*/
    for(j = n - 1;j > = 0;j - -)
      if(m[i][j]! = 0)     /*邻接矩阵元素不为0,则在边表中生成一个结点*/
      {
```

```
        p = (PArcNode)malloc(sizeof(ArcNode));
        p - >adjvex = j;
        p - >next = (* g) - >lists[i].head;  /* 从链表头部插入新结点 * /
        (* g) - >lists[i].head = p;
        (* g) - >edges + +;                  /* 边数增一 * /
      }
    }
}
```

（2）显示邻接表

按行显示给定邻接表的每一个边表。

♨ 算法 7 - 10　显示邻接表

```
void DispGraph(AdjList g)
{
  int i;
  PArcNode p;
  for(i = 0;i < g - >vexs;i + +)
  {
    printf("\nLine% d:\t",i);
    p = g - >lists[i].head;
    while(p! = NULL)
    {
      printf("[% d]\t",p - >adjvex);
      p = p - >next;
    }
  }
}
```

（3）寻找第一个邻接点

该操作根据给定的顶点序号 k（在顶点表中的序号），在边表中寻找其第一个邻接点，并返回其序号。

♨ 算法 7 - 11　第一个邻接点

```
int GetFirst(AdjList g,int k)
{
  if(k < 0 ||k > g - >vexs){printf("参数 k 超出范围! \n");return -1;}
  if(g - >lists[k].head = =NULL)  return -1;
  else  return g - >lists[k].head - >adjvex;
}
```

（4）寻找下一个邻接点

该操作在顶点 k 的边表中寻找 u 的下一个邻接点。方法是：先在边表中寻找 u，找到 u

后,u 的 next 指针域即指向下一个邻接点。

♨ 算法 7 - 12　下一个邻接点

```
int GetNext(AdjList g,int k,int u)
{
  PArcNode p;
  if(k<0 ||k>g - >vexs ||u<0 ||u>g - >vexs)
  {
    printf("参数 k 或 u 超出范围! \n");return -1;
  }
  p = g - >lists[k].head;
  while(p - >next! = NULL && p - >adjvex! = u) p = p - >next;/*寻找 u */
  if(p - >next = =NULL) return -1;
  else return p - >next - >adjvex;/*u 的 next 指针域指向下一个邻接点 */
}
```

【例 7 - 7】　编写程序建立图 7 - 2(a)所示的无向图 G1,并使用两种方法显示 G1。

【设计思路】　使用算法 7 - 9 建立图,使用算法 7 - 10 显示图,组合算法 7 - 11 和 7 - 12 使其显示图。

【程序设计】

```
typedef int DataType;
int main(int argc,char * argv[])
{
  AdjList g;                    /*邻接表的存储结构 */
  int p;
  int i;
  int m[][MAXVEX] = {{0,1,1,0,0},{1,0,0,1,1},{1,0,0,0,0},
{0,1,0,0,1},{0,1,0,1,0}};
  CreateGraph(&g,m,5);         /*使用算法 7 - 9 */
  printf("\n1 :\n");
  DispGraph(g);                /*使用算法 7 - 10 */
  printf("\n \n \n2 :\n");
  for(i = 0;i < g - >vexs;i + +)
  {
    p = GetFirst(g,i);
    if(p! = -1)
      printf("\nLine% d \t[% d]",i,p);
    else
      printf("\nLine% d",i);
    while(p! = -1)
    {
      p = GetNext(g,i,p);    /*使用算法 7 - 12 */
```

```
        if(p! = -1)
            printf("\t[% d]",p);
    }
    }
    return 0;
}
```

*7.2.3 十字链表

十字链表是适用于有向图的链式存储结构。它仍然由边表和顶点表组成,只不过边表和顶点表的结点结构发生了变化。边表中的结点用于表示一条弧,它的结构如图 7-11 所示。

其中,archead 指示弧头顶点在顶点表中的位序,arctail 指示弧尾顶点在顶点表中的位序,info 表示与弧相关的信息,hnext 指向具有同一弧头顶点的下一条弧,tnext 指向具有同一弧尾顶点的下一条弧。

顶点表仍然存放顶点信息,它的结构如图 7-12 所示。

| archead | arctail | info | hnext | tnext |

| data | head | tail |

图 7-11　边表的结点结构　　　　　图 7-12　顶点表的结点结构

其中,data 存放顶点信息,head 为以该顶点为弧头的边表头指针,tail 为以该顶点为弧尾的边表头指针。由此可见,图中的每条弧存在于两个链表中,一个是弧头相同的链表,一个是弧尾相同的链表,两个链表在该弧处交叉形成十字,因此称作十字链表。

在十字链表中,可以很容易地找到以某顶点为弧尾的弧,也可以很容易地找到以某顶点为弧头的弧,因此求顶点的入度和出度非常容易。实际上,十字链表是邻接表和逆邻接表的结合体。

【例 7-8】　建立图 7-2(b)所示有向图 G2 的十字链表。

解:

G2 的十字链表如图 7-13 所示。

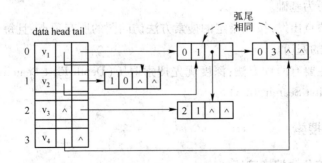

图 7-13　十字链表

*7.2.4 邻接多重表

邻接多重表是适用于无向图的链式存储结构。邻接多重表是邻接表的改进形式,它解决了在邻接表中对边操作不方便的问题。在邻接多重表的边表中存放的是真正的边,即边的两个顶点存放于边表的一个结点中。

边表的结点结构如图 7－14 所示。

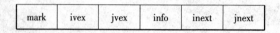

| mark | ivex | jvex | info | inext | jnext |

图 7－14　边表的结点结构

其中,mark 为标志域,可用来标记边是否被访问过;ivex 和 jvex 分别存放边的两个顶点在顶点表中的位序;info 存放边的信息;inext 指向依附于同一顶点 ivex 的下一条边,jnext 指向依附于同一顶点 jvex 的下一条边。

顶点表的结构与邻接表完全相同,用于存放顶点信息。

【例 7－9】　建立图 7－2(a)所示的无向图 G1 的邻接多重表。

解:

G1 的邻接多重表如图 7－15 所示。

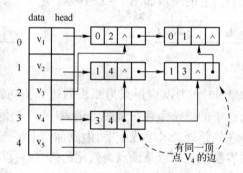

图 7－15　邻接多重表

7.3　图的遍历

与树的遍历类似,图的遍历也是许多操作的基础,例如,求连通分量、求最小生成树和拓扑排序等都以图的遍历为基础。

从图中指定的顶点出发,按照指定的搜索方法访问图的所有顶点,且每个顶点仅被访问一次,这个过程称为图的遍历。

图的遍历方法主要有两种方法:深度优先搜索遍历(Depth-First Search,DFS)和广度优先搜索遍历(Breadth-First Search,BFS)。

7.3.1　深度优先搜索

1. 连通图的深度优先搜索遍历

深度优先搜索遍历类似于树的先根遍历,是树的先根遍历的推广。

(1) 遍历方法

从图中指定的顶点 v 出发,先访问 v,然后依次从 v 的未被访问的邻接点出发深度优先遍历图,直至图中所有和 v 有路径相通的顶点都被访问到为止。换而言之,首先访问 v,然后从 v

的未被访问过的邻接点中任取一个顶点 w,访问 w;再从 w 的未被访问过的邻接点中任取一个顶点 s,访问 s;依此类推,直至一个顶点的所有邻接点均被访问过,则依照先前的访问次序回退到最近被访问过的顶点,若它还有未被访问过的邻接点,则从这些未被访问过的邻接点中任取一个重复以上过程,直至图中所有顶点均被访问过为止。

【例 7 - 10】 从图 7 - 16 所示的无向图的顶点 A 出发,深度优先搜索遍历图,并写出遍历序列。

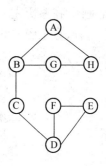

图 7 - 16　深度优先搜索

解:

遍历过程为:访问顶点 A,访问 A 的邻接点 B,访问 B 的邻接点 C(当然也可以访问邻接点 G),访问 C 的邻接点 D,访问 D 的邻接点 E,访问 E 的邻接点 F;F 的邻接点均已被访问过,则回退,回退至 E;E 的邻接点均被访问过,则继续回退至 D;D 的邻接点均被访问过,则继续回退至 C;C 的邻接点均被访问过,则继续回退至 B,B 还有未被访问过的邻接点,则访问 B 的邻接点 G;访问 G 的邻接点 H,遍历完成。得到遍历序列:ABCDEFGH。

从以上遍历过程可以得出以下结论:

① 图没有首尾之分,因此必须指定访问的开始顶点;

② 在遍历过程中,必须设置顶点是否被访问过的标志,以免一个顶点被多次访问;

③ 一个顶点可能有多个邻接点,而这些邻接点的访问次序是任意的,因此造成遍历序列不唯一;

④ 图的遍历路径有可能构成环,算法设计时要考虑死循环的问题。

(2) 具体实现

以邻接矩阵作为存储结构,实现连通图深度优先搜索遍历。

为了保证图中每个顶点仅被访问一次,建立一个标识数组 visited,用于标识顶点是否被访问过。若顶点的标识为 1,则表示该顶点被访问过;若顶点的标识为 0,则表示该顶点未被访问过。

算法 7 - 13　连通图深度优先搜索遍历

```
void DFS(AdjMetrix g,int k,int visited[])
{/*g 为邻接矩阵,k 为起始顶点,visited 为标识数组 */
 int u;                      /*k 的邻接点 */
 printf("% c",g - >data[k]); /*访问顶点 k */
 visited[k]=1;              /*标识 k 已被访问过 */
 u=GetFirst(g,k);          /*取 k 的第一个邻接点 u */
 while(u!= -1)
 {
   if(visited[u]= =0)       /*u 未被访问过,则递归访问 u 的邻接点 */
     DFS(g,u,visited);
   u=GetNext(g,k,u);        /*取下一个邻接点 */
 }
}
```

注意:在算法执行前,visited 数组元素必须初始化为 0。

2. 非连通图的深度优先搜索遍历

以邻接矩阵作为存储结构,实现非连通图的深度优先搜索遍历。

若是连通图,则一次遍历即可访问图中的每一个顶点。若是非连通图,则一次遍历仅能访问开始顶点所在连通分量中的每一个顶点,其他连通分量中的顶点则无法访问到。因此,对于非连通图,在遍历完一个连通分量之后,还要再选择一个开始顶点,遍历下一个连通分量,重复这个过程,直至图中的所有顶点均被访问过为止。

♨ 算法 7 – 14   非连通图深度优先搜索遍历

```
void DFSTraverse(AdjMetrix g)
{/*g 为邻接矩阵*/
  int i;
  int visited[MAXVEX];
  for(i = 0;i < g – >vexs;i + +)    /*初始化 visited 数组*/
    visited[i] = 0;
  for(i = 0;i < g – >vexs;i + +)    /*对每个连通分量分别进行深度优先搜索遍历*/
    if(visited[i] = = 0)
      DFS(g,i,visited);
}
```

7.3.2 广度优先搜索

1. 连通图的广度优先搜索遍历

广度优先搜索遍历类似于树的层次遍历(按照从上至下,从左至右的顺序遍历),是树的层次遍历的推广。

(1) 遍历方法

从图中指定的顶点 v 出发,先访问 v,再依次访问 v 的未被访问的所有邻接点 w_i,然后分别从这些邻接点 w_i 出发依次访问它们的未被访问的所有邻接点 t_j;依此类推,直至图中所有顶点均被访问过为止。

访问邻接点 w_i 的次序要带入到访问邻接点 t_j 中。假设邻接点 w_1 先于邻接点 w_2 被访问,w_1 的邻接点为 t_1,w_2 的邻接点为 t_2,则先被访问的邻接点 w_1,它的邻接点 t_1 也要先被访问,后被访问的邻接点 w_2,它的邻接点 t_2 也要后被访问,即先访问 t_1 后访问 t_2。

【例 7 – 11】 从图 7 – 16 所示无向图的顶点 A 出发,广度优先搜索遍历图,并写出遍历序列。

解:

遍历过程为:访问顶点 A,依次访问 A 的邻接点 B 和 H;访问 B 的邻接点 C,访问 H 的邻接点 G;访问 C 的邻接点 D,由于 G 的邻接点均已被访问过,所以不再访问 G 的邻接点;访问 D 的邻接点 F 和 E,遍历完成。得到遍历序列:ABHCGDFE。

需要注意的是:与深度优先搜索遍历一样,广度优先搜索遍历序列也不唯一。以上给出的只是一种遍历结果。

（2）具体实现

以邻接表作为存储结构，实现连通图广度优先搜索遍历。

与深度优先搜索遍历一样，为了保证图中每个顶点仅被访问一次，建立一个标识数组 visited，用于标识顶点是否被访问过。若顶点的标识为 1，则表示该顶点被访问过；若顶点的标识为 0，则表示该顶点未被访问过。

由于访问邻接点的次序要带入访问它们的邻接点的次序中，因此设置一个队列 queue，用于保存访问邻接点的次序。

♨ 算法 7 – 15　连通图广度优先搜索遍历

```
void BFS(AdjList g,int v,int visited[])
{/*g 为邻接矩阵,v 为起始点,visited 为标识数组 */
    int u;
    int queue[MAXVEX];                       /*循环队列 */
    int front = 0,rear = 0;                  /*队头、队尾指针 */
    int w;                                   /*v 的邻接点 */
    printf("% d",g - >lists[v].data);        /*访问顶点 v */
    visited[v] =1;                           /*标识 v 已被访问过 */
    queue[rear] = v;                         /*v 入队 */
    rear = (rear +1)% MAXVEX;
    while(front < rear)
    {
      u = queue[front];
      front = (front +1)% MAXVEX;
      w = GetFirst(g,u);                     /*取 v 的第一个邻接点 w */
      while(w! = -1)
      {
        if(visited[w] = =0)                  /*w 未访问过,则递归访问 w 的邻接点 */
        {
          printf("% d",g - >lists[w].data);
          visited[w] =1;
          queue[rear] = w;
          rear = (rear +1)% MAXVEX;
        }
        w = GetNext(g,u,w);                  /*取下一个邻接点 */
      }
    }
}
```

2. 非连通图的广度优先搜索遍历

以邻接表作为存储结构，实现非连通图的广度优先搜索遍历。

与深度优先搜索遍历一样，若是连通图，则一次遍历即可访问图中的每一个顶点。若是非连通图，则依次遍历图的每个连通分量。

♨算法7－16　非连通图广度优先搜索遍历

```
void BFSTraverse(AdjList g)
{/* g 为邻接矩阵 */
  int i;
  int visited[MAXVEX];
  for(i = 0;i < g - >vexs;i + +)
    visited[i] = 0;
  for(i = 0;i < g - >vexs;i + +)
    if(visited[i] = = 0)
      BFS(g,i,visited);
}
```

【例7－12】　对于图7－17(a)所示的无向图,求:

① 邻接表;

② 按照邻接表,给出从顶点 A 出发的深度优先搜索遍历序列;

③ 按照邻接表,给出从顶点 C 出发的广度优先搜索遍历序列。

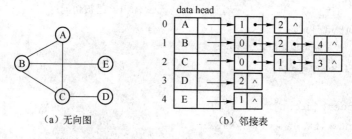

（a）无向图　　　　　（b）邻接表

图7－17　无向图及邻接表

解:

① 邻接表如图7－17(b)所示。

② 按照深度优先搜索遍历方法,从 A 出发得到的遍历序列为:ABCDE。

③ 按照广度优先搜索遍历方法,从 C 出发得到的遍历序列为:CABDE。

【例7－13】　编写程序对图7－17(a)所示的无向图进行广度优先搜索遍历。

【设计思路】　利用算法7－16进行遍历。

【程序设计】

```
typedef int DataType;
```

主函数:

```
int main(int argc,char * argv[])
{
  AdjList g;
  int i;
  int m[][MAXVEX] = {{0,1,1,0,0},{1,0,1,0,1},{1,1,0,1,0},
              {0,0,1,0,0},{0,1,0,0,0}};
```

```
CreateGraph(&g,m,5);                  /*使用算法7-9*/
for(i=0;i<g->vexs;i++)  g->lists[i].data=i;
printf("\n邻接表:");
DispGraph(g);                         /*使用算法7-10*/
printf("\n广度优先搜索序列:\n");
BFSTraverse(g);                       /*使用算法7-16*/
printf("\n\n");
return 0;
}
```

【例7-14】 已知图G采用邻接表作为存储结构,试设计一个算法,判断图G是否为连通图。

【设计思路】 如果是连通图,则经过一次遍历以后,就可以访问图中的所有顶点。图中的所有顶点是否被访问过,可以通过 visited 数组获知。

【程序设计】

```
int Connected(AdjList g,int visited[])
{
  int i;
  int n=0;
  for(i=0;i<g->vexs;i++)      /*初始化 visited 数组*/
    visited[i]=0;
  DFS(g,1,visited);           /*遍历*/
  for(i=0;i<g->vexs;i++)  n+=visited[i];
  if(n==g->vexs)              /*如果 visited 数组元素全为1,则是连通图*/
    return 1;
  else  return 0;
}
```

7.4 最小生成树

生成树是连通图中的极小连通子图,它由连通图的 n 个顶点和不构成回路的 n-1 条边构成。显然,满足以上条件的生成树有多颗,换言之,图的生成树不唯一。

对于带权的图,其生成树的边也带权。在这些带权的生成树中必有一棵边的权值之和最小的生成树,这棵生成树就是最小(代价)生成树。

有许多实际应用都是最小生成树问题。例如,在 n 个城市之间建立公路交通网。如果把城市看成图的顶点,城市之间的公路看成图的边,公路建设费用看成边上的权,则 n 个城市之间可以建设 $\frac{1}{2}n(n-1)$ 条公路。如果要求在任意两个城市之间都有公路相通,且建设费用最小,即从 $\frac{1}{2}n(n-1)$ 条边中选取权值最小的 n-1 条边,这就是最小生成树问题。

构造最小生成树的方法主要有两种,分别是普里姆(Prim)算法和克鲁斯卡尔(Kruskal)算法。

7.4.1　普里姆算法

1. 基本思想

从最小生成树的定义可以看出,构造最小生成树,实际上就是解决以下两个问题的过程:

① 如何选取权值最小的边。

② 如何用 $n-1$ 条边连接带权图的 n 个顶点,且不构成回路。

普里姆算法很好地解决了这两个问题,下面就详细介绍算法的基本思想。

设 $G=(V,E)$ 是连通网,V 是连通网中顶点集合,E 是连通网中边的集合。$T=(U,D)$ 是正在构造的最小生成树,U 是最小生成树的顶点的集合,D 是最小生成树的边的集合。$V-U$ 表示属于集合 V,但不属于集合 U 的顶点集合,如图 7-18 所示。

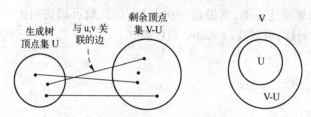

图 7-18　最小生成树的顶点集

① 若从顶点 v_0 开始构造最小生成树,则从集合 V 中取出顶点 v_0 放入集合 U 中。此时,集合 $U=\{v_0\}$,集合 $V-U=\{$除 v_0 以外的所有顶点$\}$,集合 D 为空。

② 若在集合 U 中的顶点 v_i 和集合 $V-U$ 中的顶点 v_j 之间存在边,则寻找这些边中权值最小的边,但不构成回路。将顶点 v_j 加入集合 U 中,将边 (v_i,v_j) 加入集合 D 中。

③ 重复步骤②,直至 U 与 V 相等为止。此时,D 中必有 $n-1$ 条边,则 $T=(U,D)$ 即是最小生成树。

【例 7-15】 已知一个带权图如图 7-19(a)所示,请给出根据普里姆算法构造的一棵最小生成树(假设从顶点 1 开始构造)。

解:

构造过程如图 7-19 所示。

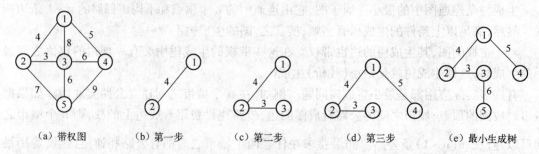

（a）带权图　　　（b）第一步　　　（c）第二步　　　（d）第三步　　　（e）最小生成树

图 7-19　最小生成树构造过程

2. 具体实现

为了便于选择权值最小的边,设置两个数组 lowcost 和 uset。lowcost 数组元素 lowcost[v]

存放集合 U 中的顶点 u 和集合 V – U 中的顶点 v 构成的权值最小的边(v,u)的权值;uset 数组存放 U 集合中的顶点和 V – U 集合中的顶点,当 uset[u] = 0 时,表示顶点 u 在集合 U 中,当 uset[u] = 1 时,表示顶点 u 在集合 V – U 中。

每次从 lowcost 数组中寻找权值最小的边。若找到这样的边(v,u),则把顶点 v 加入到集合 U 中,即置 uset[v]为 0。

当顶点 v 从集合 V – U 加入到集合 U 后,需要更新 lowcost[v]的权值。若存在一条边(v,u),它的权值比原先 lowcost[v]的权值小,则用新的权值更新 lowcost[v]。

♨ 算法 7 – 17 普里姆算法

```
void Prim(AdjMetrix g,int v)
{/*g 为邻接矩阵,v 为起始点 */
 weight lowcost[MAXVEX];
 int uset[MAXVEX];
 int i,j,MinEdge,MinWeight,k;
 for(i = 0;i < g - > vexs;i + +)          /* 初始化 lowcost 和 uset 数组 */
 {
   lowcost[i] = g - > arcs[v][i];
   uset[i] = 1;
 }
 uset[v] = 0;                              /* 把起始点放到最小生成树中 */
 printf("起始点% c \n",g - > data[v]);
 for(i = 1;i < g - > vexs;i + +)
 {
   MinWeight = MAXWEIGHT;                  /* 初始化最小权值 */
   for(j = 0;j < g - > vexs;j + +)
   {
     if(uset[j] && lowcost[j] < MinWeight)/* 寻找权值最小的边 */
     {
       MinWeight = lowcost[j];
       MinEdge = j;                        /* 权值最小边的弧尾顶点 */
     }
   }
   for(j = 0;j < g - > vexs;j + +)         /* 寻找权值最小边的弧头顶点 */
     if(g - > arcs[j][MinEdge] = = MinWeight)
       k = j;
   printf("边(% c,% c) \t 权值[% d] \n",
       g - > data[k],g - > data[MinEdge],MinWeight);
   uset[MinEdge] = 0;                      /* 权值最小的边加入最小生成树 */
   v = MinEdge;
   for(j = 0;j < g - > vexs;j + +)         /* 更新最小权值 */
     if(uset[j] && g - > arcs[v][j] < lowcost[j])
       lowcost[j] = g - > arcs[v][j];
```

```
      }
   }
```

【例 7 – 16】   编写程序构造图 7 – 19(a)所示无向图的最小生成树。

【设计思路】   使用算法 7 – 17。

【程序设计】

```
        #define MAXWEIGHT 100          /*最大权值*/
        typedef char DataType;
        int main(int argc,char * argv[])
        {
          MGraph gg;
          AdjMetrix g = &gg;
          char d[] = {'1','2','3','4','5'};
          int m[][MAXVEX] = {{MAXWEIGHT,4,8,5,MAXWEIGHT},
          {4,MAXWEIGHT,3,MAXWEIGHT,7},{8,3,MAXWEIGHT,6,6},
          {5,MAXWEIGHT,6,MAXWEIGHT,9},{MAXWEIGHT,7,6,9,MAXWEIGHT}};
          CreateGraph(g,m,d,5);          /*使用算法 7 – 1*/
          Prim(g,0);                     /*使用算法 7 – 17*/
          return 0;
        }
```

输出结果如下：

```
   起始点 1
   边(1,2)   权值[4]
   边(2,3)   权值[3]
   边(1,4)   权值[5]
   边(3,5)   权值[6]
```

7.4.2   克鲁斯卡尔算法

克鲁斯卡尔(Cruskal)算法是一种按照带权图中边的权值递增次序,选择合适的边构造最小生成树的方法。

设 G = (V,E)是一个具有 n 个顶点的带权连通图,T = (U,D)是 G 的最小生成树。初始时,U 中包含 G 的全部 n 个顶点,D 为空。然后,从 E 中选择一条以前未选择过的、边上的权值最小的边加入 D 中。若加入后,并未使 T 形成回路,则继续选择下一条边;若加入后,使 T 形成回路,则放弃选择的边。重复以上过程,直至 D 中包含了 n – 1 条边为止。此时,T 即为 G 的最小生成树。

【例 7 – 17】   已知一个带权图如图 7 – 19(a)所示,请给出根据克鲁斯卡尔算法构造的一棵最小生成树。

解:

构造过程如图 7 – 20 所示。

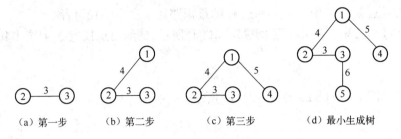

图 7 - 20　最小生成树构造过程

克鲁斯卡尔算法主要时间花在边按权排序上,因此它适用于顶点数较多,而边较少的图(也称稀疏图)。而普里姆算法主要时间花在按顶点寻找权值最小的边上,因此它适用于顶点数不多,而边数较多的图(也称稠密图)。

7.5　最短路径

路径长度一般是指路径上边的数目。对于带权图,路径长度是指路径所经过的所有边上的权值之和。图的顶点间可能存在多条路径,其中路径长度最短的路径称为最短路径。例如,对于图 7 - 5(a)的铁路交通图,若旅客希望乘车从北京到广州所需花费最少,或者途中所需时间最短等问题都是最短路径问题。

最短路径分为两种情况:从图中某个顶点到其余顶点间的最短路径和图中每对顶点之间的最短路径。

7.5.1　从某个顶点到其余顶点的最短路径

1. 迪杰斯特拉算法

为求解一个确定顶点(称为源点)到图中其余顶点的最短路径问题,迪杰斯特拉(Dijkstra)提出了一个按路径长度递增的次序产生最短路径的算法。

此算法把带权图中的所有顶点分成两个集合 V 和 W。集合 V 中存放已找到最短路径的顶点,集合 W 中存放当前还未找到最短路径的顶点。

算法基本思想如下。

① 初始时,集合 V 中仅包含源点 v,集合 W 中包含除源点 v 以外的所有顶点,v 到 W 中各顶点的路径长度或为边的权值(有边相连),或为∞(没边相连)。

② 按最短路径长度递增的次序,从集合 W 中选出到顶点 v 路径长度最短的顶点 w,把它加入到集合 V 中。

③ 加入 w 后,为了寻找下一个最短路径,必须修改从 v 到集合 W 中剩余顶点 v_i 的最短路径长度值。若在路径上加入顶点 w 后,使 v 到 v_i 的路径长度比原来没有加入 v 时的路径长度短,则修正 v 到 v_i 的路径长度为较短者。

④ 重复以上过程,直至集合 W 中的顶点全部加入到集合 V 中为止。

换言之,按路径长度递增次序,逐步产生最短路径,首先求出长度最短的一条最短路径,再参照它求出长度次短的一条最短路径,依此类推,直至从顶点 v 到其他各顶点的最短路径全部求出为止。在每次求最短路径时,从 v 到其余顶点 v_i 的最短路径长度为:从 v 到 v_i 原来的最短路径长度与经过集合 V 中的顶点到达 v_i 的最短路径长度中的较短者。

【例 7 - 18】 已知一个带权图如图 7 - 21(a)所示,请给出从顶点 A 到图中其余顶点的最短路径。

解:

求解过程如图 7 - 21(b) ～ 图 7 - 21(g)所示。

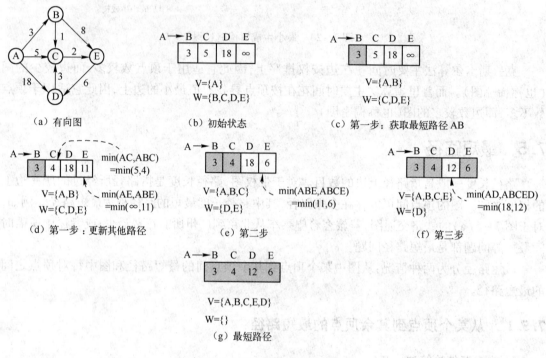

图 7 - 21　迪杰斯特拉算法求解过程

2. 算法实现

用一个数组 dis[ ]存放从源点 v 到其余各顶点的最短距离值。用一个数组 vset[ ]标识顶点是否加入集合 V,若 vset[v] = 0,则表示顶点 v 加入集合 V;若 vset[v] = 1,则表示顶点 v 还在集合 W 中,未加入集合 V。

♨算法 7 - 18　迪杰斯特拉算法

```
void Dijstra(AdjMetrix g,int v,int dis[])
{
    int vset[MAXVEX];
    int MinDis,i,j,w;
    for(i = 0;i < g - >vexs;i + +)/*初始化*/
    {
        vset[i] = 1;
        dis[i] = g - >arcs[v][i];
    }
    vset[v] = 0;                        /*顶点 v 加入集合 V 中*/
```

```
for(i =1;i < g - >vexs;i + +)
{
    MinDis = MAXWEIGHT;
    for(j =0;j < g - >vexs;j + +)          /* 求出 v 到 w 的最短路径 */
        if(vset[j] && dis[j] <MinDis)
        {
            w = j;
            MinDis = dis[j];
        }
    printf("顶点% c 到顶点% c 的最短路径值为:% d \n",g - >data[v],g - >data[w],
    MinDis);                              /* 输出最短路径 */
    /* 如果是非连通图,则无路径时退出算法 */
    if(MinDis = = MAXWEIGHT) return;
    vset[w] =0;                           /* 顶点 w 加入集合 V */
    /* 由于加入 w,需要修改 v 到集合 W 中顶点的最短路径值 */
    for(j =0;j < g - >vexs;j + +)
    {
        if(vset[j] && g - >arcs[w][j] < MAXWEIGHT && dis[w] + g - >arcs[w][j] <
    dis[j])
            dis[j] = dis[w] + g - >arcs[w][j];
    }
}
}
```

*7.5.2 每对顶点之间的最短路径

1. 弗洛伊德算法

求每对顶点之间的最短路径,可以通过迪杰斯特拉算法实现,即对每个顶点都应用一次迪杰斯特拉算法。那么有没有其他更好的方法? 答案是有,这就是弗洛伊德(Floyd)算法。

先设一个矩阵 F,用于记录路径长度。初始时,顶点 v_i 到顶点 v_j 的最短路径长度 $F[i][j] = weight[i][j]$,即弧 $<v_i,v_j>$ 上的权值。若不存在弧 $<v_i,v_j>$,则 $F[i][j] = \infty$。此时,把矩阵 F 记作 F_0。F_0 考虑了有弧相连的顶点间直接到达的路径,显然这个路径的长度不可能都是最短路径长度。为了求得最短路径长度,需要进行 n 次试探。

① 考虑让路径经过顶点 v_0(第一个顶点),并比较路径(v_i,v_j)与路径(v_i,v_0,v_j)的长度,取较短者作为最短路径长度。其中,路径(v_i,v_0,v_j)的长度等于路径(v_i,v_0)与路径(v_0,v_j)长度之和,即 $F_1[i][j] = F_0[i][0] + F_0[0][j]$。把此时得到的矩阵 F 记作 F_1,F_1 是考虑了各顶点间除了直接到达的路径(弧)以外,还存在经过顶点 v_0 到达的路径,只有取它们较短者才是当前最短路径长度,并称 F_1 为路径上的顶点序号不大于 1 的最短路径长度。

② 考虑在 F_1 的基础上让路径经过顶点 v_1(第二个顶点),并依据步骤①的方法求得最短路径长度,得到 F_2,并称 F_2 为路径上的顶点序号不大于 2 的最短路径长度。

③ 依此类推,让路径经过顶点 v_k,并比较 $F_{k-1}[i][j]$ 与 $F_{k-1}[i][k] + F_{k-1}[k][j]$,取其较

短者,得到 F_k。称 $F_k[i][j]$ 为路径上的顶点序号不大于 k 的最短路径长度。

④ 经过 n 次试探以后,就把 n 个顶点都考虑在路径中了,此时求得的 F_n 就是各顶点之间的最短路径长度。

总之,弗洛伊德算法通过以下递推公式产生矩阵序列 $F_0,F_1,\cdots,F_k,\cdots,F_n$,求得每对顶点之间的最短路径长度。

$$\begin{cases} F_0[i][j] = weight[i][j] \\ F_k[i][j] = \min\{F_{k-1}[i][j], F_{k-1}[i][k] + F_{k-1}[k][j]\} \quad 0 \leqslant i,j,k \leqslant n-1 \end{cases} \quad (7-1)$$

$F_k[i][j]$ 表示从顶点 v_i 到顶点 v_j 的中间顶点序号不大于 k 的最短路径长度,而 $F_0[i][j]$ 即是边 (v_i,v_j) 的权值。

换言之,从顶点 v_i 到顶点 v_j 有多条路径,一条是从 v_i 经由弧 $<v_i,v_j>$ 直接到达 v_j 的路径,其他是从 v_i 经由其他顶点到达 v_j 的路径。从这些路径中找出最短者,才是 v_i 到 v_j 的最短路径。初始时,把从 v_i 经由弧 $<v_i,v_j>$ 直接到达 v_j 的路径作为最短路径。之后,逐步向路径中加入其他顶点 v_k,使路径长度为 $v_iv_k + v_kv_j$。最后,找出这些路径长度最小者就是 v_i 到 v_j 之间最短路径。

【例 7-19】 已知一个带权图如图 7-21(a)所示,请给出图中每对顶点之间的最短路径。

解:

求解过程如图 7-22 所示。

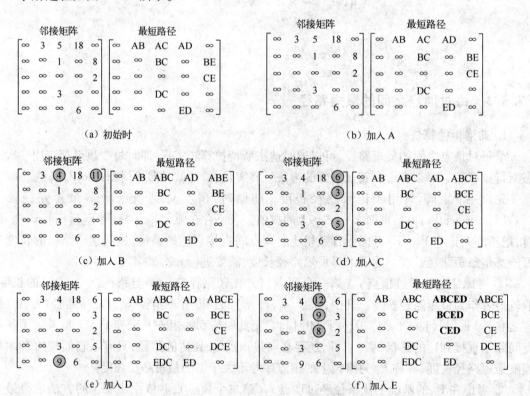

图 7-22　弗洛伊德算法的求解过程

2. 算法实现

🔥 **算法 7 – 19　弗洛伊德算法**

```
void Floyd(AdjMetrix g,int F[][MAXVEX])
{
  int path[MAXVEX][MAXVEX];
  int i,j,k;
  for(i = 0;i < g - >vexs;i + +)        /*初始化*/
    for(j = 0;j < g - >vexs;j + +)
    {
      F[i][j] = g - >arcs[i][j];
      path[i][j] = -1;
    }
  for(k = 0;k < g - >vexs;k + +)        /*递推*/
    for(i = 0;i < g - >vexs;i + +)
      for(j = 0;j < g - >vexs;j + +)
        if(F[i][j] > F[i][k] + F[k][j])
        {
          F[i][j] = F[i][k] + F[k][j];
          path[i][j] = k;
        }
  printf("\n 每对顶点间最短路径长度:\n");
  for(i = 0;i < g - >vexs;i + +)        /*输出最短路径*/
    for(j = 0;j < g - >vexs;j + +)
      if(F[i][j]! = MAXWEIGHT && i! = j)
        printf("% c - >% c:[% d]\n",g - >data[i]
            ,g - >data[j],F[i][j]);
}
```

7.6　拓扑排序和关键路径

工程上的许多问题也与图有关,例如,判断一个工程能否顺利进行,以及计算完成工程的最短时间问题,就是有向无环图的拓扑排序和求关键路径问题。

7.6.1　拓扑排序

1. AOV 网

在有向图中,如果用图中的顶点表示活动(事件、任务),用弧(有向边)表示活动间的先后关系,则称这样的有向图为顶点活动网(Activity On Vertex Network,AOV 网)。

例如,大学课程之间具有先修和后修的关系,因此要学习数据结构课程,必须先修 C 语言(C + +语言)和离散数学课程。这种先修和后修关系可以用 AOV 网表示出来。

在 AOV 网中,若存在一条从顶点 v_i 到顶点 v_j 的有向路径,则称 v_i 是 v_j 的前驱,v_j 是 v_i 的后继。若 $<v_i, v_j>$ 是网中的一条弧,则称 v_i 是 v_j 的直接前驱,v_j 是 v_i 的直接后继。

2. 拓扑排序

对于一个 AOV 网,若存在满足以下性质的一个线性序列,则这个线性序列称为拓扑序列。构造拓扑序列的操作称为拓扑排序。

① 网中的所有顶点都在该序列中;

② 在从顶点 v_i 到顶点 v_j 存在一条路径,则在线性序列中,v_i 一定排在 v_j 的前面。

若 AOV 网表示一个工程计划,顶点表示子工程,则对 AOV 网的拓扑排序就是检验该工程计划能否顺利实现的一种手段。若拓扑排序失败,则说明网中存在回路,意味着某个子工程要以自身任务的完成作为先决条件,显然这是荒谬的。若拓扑排序成功,则说明按照该计划,工程可以顺利完工。同样,安排工程的各项活动时,必须遵循拓扑序列中的次序,工程才可行。

3. 拓扑排序方法

拓扑排序的方法如下:

① 在有向图中,选择一个入度为 0 的顶点并输出它;

② 在图中,把该顶点连同它发出的全部有向边一并删除。

③ 重复步骤①和②,直至图中不再有入度为 0 的顶点为止。

【例 7 – 20】 已知一个带权图如图 7 – 23(a)所示,请给出图的拓扑有序序列。

解:

求解过程如图 7 – 23(b) ~ 图 7 – 23(e)所示。

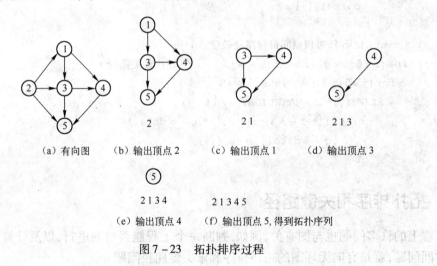

(a) 有向图	(b) 输出顶点 2	(c) 输出顶点 1	(d) 输出顶点 3

2134   21345

(e) 输出顶点 4   (f) 输出顶点 5, 得到拓扑序列

图 7 – 23 拓扑排序过程

7.6.2 关键路径

1. AOE 网

在带权有向图中,如果用顶点表示事件,用有向边表示活动,边上的权值表示活动持续的时间,则称这样的有向图为边表示活动的网(Activity On Edge Network, AOE 网)。

对一个只有开始点和一个完成点的工程,可用 AOE 网来表示。网中仅有一个入度为 0 的顶点称作**源点**,它表示工程的开始点。同时,网中也仅有一个出度为 0 的顶点称为**汇点**,它表示工程的完成点。

7.6.1 节所介绍的 AOV 网可以表示一个工程的子工程之间的优先关系,即哪些子工程必须先完成才能开始下一个子工程。但一个工程仅仅知道这些还不够,还需要知道完成整个工程所需最短时间或者哪些活动会影响整个工程的工期,这就是 AOE 网所要完成的任务。

AOE 网的性质如下:

① 只有在某顶点所代表的事件发生后,从该顶点发出的有向边所代表的活动才能开始;

② 只有在进入某一顶点的各有向边所代表的活动均已完成,该顶点所代表的事件才能发生。

2. 关键路径

在 AOE 网中,从源点到汇点之间可能有多条路径,这些路径中具有最大路径长度的路径称为**关键路径**。关键路径上的活动称为**关键活动**。关键活动持续时间的总和(关键路径的长度)就是完成一个工程的最短工期。

3. 与关键路径有关的几个基本概念

(1) 事件的最早发生时间

事件 v_k 的最早发生时间 se(k)是从源点到顶点 v_k 的最大路径长度。

事件的最早发生时间决定了所有从 v_k 发出的有向边所代表的活动能够开始的最早时间。

根据 AOE 网的性质,只有进入 v_k 的所有活动 $< v_j , v_k >$ 都结束,v_k 所代表的事件才能发生。而所有活动 $< v_j , v_k >$ 的最早结束时间为 $\max \{ se(j) + dur(< v_j , v_k >) \}$。因此,计算事件 v_k 最早发生时间的递推公式为:

$$\begin{cases} se(0) = 0 \\ se(k) = \max \{ se(j) + dur(< v_j , v_k >) \} \qquad (k = 1,2,\cdots,n-1) \end{cases}$$

其中,$dur(< v_j , v_k >)$ 为活动 $< v_j , v_k >$ 的持续时间,即有向边 $< v_j , v_k >$ 上的权值。se(j) 为所有进入 v_k 的有向边 $< v_j , v_k >$ 的弧尾所代表事件的最早发生时间。公式中各项之间的关系如图 7 – 24 所示。

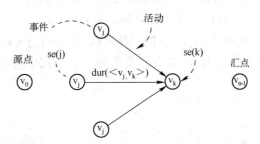

图 7 – 24 se(k)与 se(j)和 dur($< v_j , v_k >$)的关系

从递推公式可以看出,计算事件最早发生时间,要从源点向汇点方向递推。

(2) 事件的最迟发生时间

事件 v_k 的最迟发生时间 le(k)是在不推迟整个工程工期的前提下,该事件最迟发生的时间。

计算事件 v_k 最迟发生时间的递推公式为:

$$\begin{cases} le(n-1) = se(n-1) \\ le(k) = \min \{ le(j) - dur(< v_k , v_j >) \} \qquad (k = n-2,\cdots,1,0) \end{cases}$$

其中,$dur(< v_k , v_j >)$ 为活动 $< v_k , v_j >$ 的持续时间,即有向边 $< v_k , v_j >$ 上的权值。le(j)为

所有从 v_k 发出的有向边 $<v_k,v_j>$ 的弧头所代表事件的最迟发生时间。公式中各项之间的关系如图 7 - 25 所示。

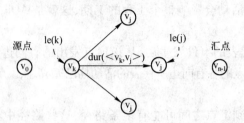

图 7 - 25　le(k) 与 le(j) 和 dur($<v_j,v_k>$) 的关系

从递推公式可以看出,计算事件最迟发生时间,要从汇点向源点方向递推。

(3) 活动的最早开始时间

若用弧 $<v_k,v_j>$ 表示活动 a_i,则根据 AOE 网的性质,只有事件 v_k 发生了,活动 a_i 才能开始,即活动 a_i 的最早开始时间 e(i) 等于事件 v_k 的最早发生时间:e(i) = se(k)。

公式中各项之间的关系如图 7 - 26 所示。

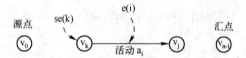

图 7 - 26　e(i) 与 se(k) 的关系

(4) 活动的最迟开始时间

活动 a_i 的最迟开始时间 l(i) 是在整个工期按期完工的前提下,a_i 必须开始的最迟时间。

若用有向边 $<v_k,v_j>$ 表示活动 a_i,则活动 a_i 最迟开始时间为:

$$l(i) = le(j) - dur(<v_k,v_j>)$$

其中,dur($<v_k,v_j>$) 为活动 $<v_k,v_j>$ 的持续时间,即有向边 $<v_k,v_j>$ 上的权值。le(j) 为有向边 $<v_k,v_j>$ 的弧尾所代表事件 v_j 的最迟发生时间。公式中各项之间的关系如图 7 - 27 所示。

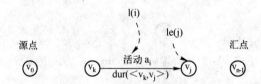

图 7 - 27　l(i) 与 le(j) 和 dur($<v_j,v_k>$) 的关系

(5) 活动的时间余量

活动 a_i 的最迟开始时间 l(i) 与最早开始时间 e(i) 之差定义为活动 a_i 的时间余量 sp(i)。它表示在不影响整个工程工期的前提下,活动 a_i 可以拖延的时间。

当一个活动 a_i 的时间余量为零,即 e(i) = l(i),则表明该活动是关键活动。若 a_i 拖延,则整个工期就要拖延;若 a_i 提前,则整个工程就可能提前完工。

4. 确定关键路径

确定关键路径的方法是:首先,求出所有事件的最早发生时间和最迟发生时间,然后利用它们再求出所有活动的最早开始时间和最迟开始时间,最后根据活动的时间余量是否为零确定关键活动。关键活动所在的路径就是关键路径。

【例 7-21】　已知一个带权图如图 7-28 所示,请确定该图的关键路径。若此 AOE 网表示工程进度图,弧上的权值表示完成工序所需的天数,则完成该工程最少需要多少天?

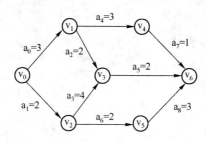

图 7-28　AOE 网

解：

事件的最早发生时间:

$$se(0) = 0 \qquad\qquad se(1) = 3$$
$$se(2) = 2 \qquad\qquad se(3) = \max\{se(1)+2, se(2)+4\} = 6$$
$$se(4) = se(1) + 3 = 6 \qquad se(5) = se(2) + 2 = 4$$
$$se(6) = \max\{se(3)+2, se(4)+1\} = 8$$

事件的最迟发生时间:

$$le(6) = 8 \qquad\qquad le(5) = le(6) - 3 = 5$$
$$le(4) = le(6) - 1 = 7 \qquad le(3) = le(6) - 2 = 6$$
$$le(2) = \min\{le(5)-2, le(3)-4\} = 2 \qquad le(1) = \min\{le(4)-3, le(3)-2\} = 4$$
$$le(0) = \min\{le(2)-2, le(1)-3\} = 0$$

活动的最早开始时间、最迟开始时间和活动的时间余量:

$e(0) = se(0) = 0$	$l(0) = le(1) - 3 = 1$	$sp(0) = 1$
$e(1) = se(0) = 0$	$l(1) = le(2) - 2 = 0$	$sp(1) = 0$
$e(2) = se(1) = 3$	$l(2) = le(3) - 2 = 4$	$sp(2) = 1$
$e(3) = se(2) = 2$	$l(3) = le(3) - 4 = 2$	$sp(3) = 0$
$e(4) = se(1) = 3$	$l(4) = le(4) - 3 = 4$	$sp(4) = 1$
$e(5) = se(3) = 6$	$l(5) = le(6) - 2 = 6$	$sp(5) = 0$
$e(6) = se(2) = 2$	$l(6) = le(5) - 2 = 3$	$sp(6) = 1$
$e(7) = se(4) = 6$	$l(7) = le(6) - 1 = 7$	$sp(7) = 1$
$e(8) = se(5) = 4$	$l(8) = le(6) - 3 = 5$	$sp(8) = 1$

关键活动为 a_1, a_3, a_5,则关键路径为 (v_0, v_2, v_3, v_6)。

完成该工程最少需要的天数即是关键路径的长度:8 天。

7.7 综合实例——故宫导游咨询

【问题描述】

一般来讲,游客游览某一景点时,对景点都不熟悉。特别是对于故宫这样的大型景点,如果随便参观的话,可能会错过一些景点,也可能走许多冤枉路。为了方便游客,需要一套软件系统,能够为游客提供以下功能:

① 查询景点信息;

② 给出到某个景点的最佳路线;

③ 给出到所有景点的最佳路线。

为系统管理员提供以下功能:

① 添加和撤销景点;

② 添加和撤销旅游线路;

③ 修改景点信息。

【问题分析】

景点和旅游线路可以构成图状结构,景点作为图的顶点,旅游线路作为图的边,边上的权值作为景点间的距离,如图 7-29 所示。查询景点信息就是输出相应顶点的信息;给出到景点的最佳线路就是求最短路径问题;添加和撤销景点、旅游线路就是添加和删除顶点、边;修改景点信息就是修改顶点信息。

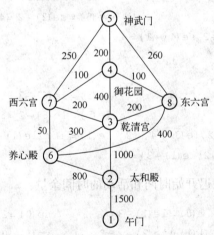

图 7-29 故宫游览图

【问题实现】

1. 数据结构

```
#include "malloc.h"
#include "stdio.h"
#include "string.h"
#include "stdlib.h"
#define MAXVEX 50            /*最大顶点个数*/
#define MAXWEIGHT 5000       /*最大权值*/
typedef int weight;          /*权值*/
```

```
typedef struct{                              /*景点类型*/
  int no;                                    /*景点编号*/
  char name[20];                             /*景点名称*/
  char desc[100];                            /*景点简介*/
}DataType;
typedef struct{
  weight arcs[MAXVEX][MAXVEX];   /*邻接矩阵*/
  DataType data[MAXVEX];         /*顶点信息*/
  int vexs;                      /*顶点数*/
}MGraph,*AdjMetrix;
```

2. 操作实现

(1) 根据景点名称查询景点信息

```
void QueryVex(AdjMetrix g,char name[])
{
  int i;
  for(i=0;i<g->vexs;i++)
    if(!strcmp(name,g->data[i].name))
      {
        printf("景点编号:[%d],景点名称:%s\n简介:\n---------\n%s\n",g->
data[i].no,g->data[i].name,g->data[i].desc);
        return;
      }
}
```

(2) 根据景点名称查找景点序号

```
int Locate(AdjMetrix g,char name[])
{
  int i;
  for(i=0;i<g->vexs;i++)
    if(!strcmp(name,g->data[i].name))
      return i;
  return -1;
}
```

(3) 显示最短路径

```
void DispPath(AdjMetrix g,int path[],int dis[],int start,int end)
{
  int top=-1,pos;
  DataType base[MAXVEX];
  DataType x;
  pos=path[end];
  while(pos!=start){base[++top]=g->data[pos]; pos=path[pos];}
  base[++top]=g->data[start];
  printf("从[%s]到[%s]的最佳路径为:",g->data[start].name,g->data[end].
name);
  while(top!=-1){x=base[top--];printf("%s->",x.name);}
  printf("%s",g->data[end].name);
```

```
    printf("\n 此路径长为% d 米,大约需要走% d 分钟 \n \n",dis[end],dis[end]/60);
}
```

(4) 求最短路径

```
void Dijstra(AdjMetrix g,int v,int dis[],int path[])
{/* 把局部变量 path[]改变为函数参数,其他没有改变,详见算法 7 - 18 */
    ……
}
```

3. 主函数

```
int main(int argc,char * argv[])
{
    MGraph gg;
    AdjMetrix g = &gg;
    DataType d[] = {{1,"午门","午门是紫禁城的正门,午门有五个门洞,明三暗五."},{2,"太和
殿","俗称金銮殿,是紫禁城最高最大的宫殿,是朝廷举行重大典礼的地方."},{3,"乾清宫","是
后三宫中最大的宫殿,是清朝康熙帝以前的皇帝居住的寝宫"},{4,"御花园","宫中最大花园,供
帝后玩赏"},{5,"神武门","紫禁城北门,故宫博物院正门"},{6,"养心殿","雍正时期,皇帝的寝
宫"},{7,"西六宫","西六宫包括储秀宫,翊坤宫,永寿宫,咸福宫,长春宫,太极殿."},{8,"东六
宫","东六宫包括钟翠宫,承乾宫,景仁宫,景阳宫,永和宫,延禧宫."}};
    int
m[][MAXVEX] = {{MAXWEIGHT,1500,MAXWEIGHT,MAXWEIGHT,MAXWEIGHT,MAXWEIGHT,MAX-
WEIGHT,MAXWEIGHT},{1500,MAXWEIGHT,1000,MAXWEIGHT,MAXWEIGHT,800,MAXWEIGHT,
MAXWEIGHT}, {MAXWEIGHT, 1000, MAXWEIGHT, MAXWEIGHT, MAXWEIGHT, 300, 200, 200 },
{MAXWEIGHT, MAXWEIGHT, 400, MAXWEIGHT, MAXWEIGHT, MAXWEIGHT, 100, 100 }, {MAX-
WEIGHT,MAXWEIGHT,MAXWEIGHT,200,MAXWEIGHT,MAXWEIGHT,MAXWEIGHT,MAXWEIGHT},
{MAXWEIGHT,800,300,MAXWEIGHT,MAXWEIGHT,MAXWEIGHT,50,400},{MAXWEIGHT,MAX-
WEIGHT,200,100,250,MAXWEIGHT,MAXWEIGHT,MAXWEIGHT}, {MAXWEIGHT,MAXWEIGHT,
200,100,260,MAXWEIGHT,MAXWEIGHT,MAXWEIGHT}};
    int dis[5],path[MAXVEX];
    int choice = 0,start,end;
    char vname[20];
    DataType x;
    CreateGraph(g,m,d,8);        /*算法 7 -1 */
    do{
printf("**************************************************** \n");
    printf("*        故宫导游咨询系统         * \n");
printf("* ------------------------------------------- * \n");
    printf("*   1.查询景点信息               * \n");
    printf("*   2.给出到某个景点的最佳路线      * \n");
    printf("*   3.给出到所有景点的最佳路线       * \n");
    printf("*   4.修改景点信息         * \n");
    printf("*   5.添加景点            * \n");
    printf("*   6.撤销旅游线路          * \n");
    printf("*   0.退出              * \n");
```

```
printf("**************************************** \n");
    printf("\nPlease select(1,2,3,4,5,6,0):");
    scanf("% d",&choice);
    if(choice <0 ||choice >8)  continue;
    switch(choice)
    {
    case 1:
      printf("\n 请输入景点名字:");
        scanf("% s",vname);
        QueryVex(g,vname);break;
    case 2:
        printf("\n 请输入你现在所在的景点名称:");
        scanf("% s",vname);
        start = Locate(g,vname);
        printf("\n 请输入你要去的景点名称:");
        scanf("% s",vname);
        end = Locate(g,vname);
        if(start! = -1 ||end! = -1)
        {
          Dijstra(g,start,dis,path); /*算法 7 -18 * /
          DispPath(g,path,dis,start,end);
        }
        break;
    case 3:break;
    case 4:
        printf("\n 请输入景点名称:");
        scanf("% s",vname);
        start = Locate(g,vname);
        printf("\n 请输入修改后的景点名称:");
        scanf("% s",vname);
        strcpy(x.name,vname);
        printf("\n 请输入修改后的景点编号:");
        scanf("% d",&end);
        x.no = end;
        printf("\n 请输入修改后的景点简介:");
        scanf("% s",vname);
        strcpy(x.desc,vname);
        PutVex(g,start,x);break;       /*算法 7 -5 * /
    case 5:break;
    case 6:
        printf("\n 请输入起始景点名称:");
        scanf("% s",vname);
        start = Locate(g,vname);
        printf("\n 请输入结束景点名称:");
        scanf("% s",vname);
```

```
            end = Locate(g,vname);
             DeleteArc(g,start,end);  break;  /*算法7-8*/
          case 0:exit(0);
          }
     }while(1);
     return 0;
  }
```

运行结果如图 7 - 30 所示。

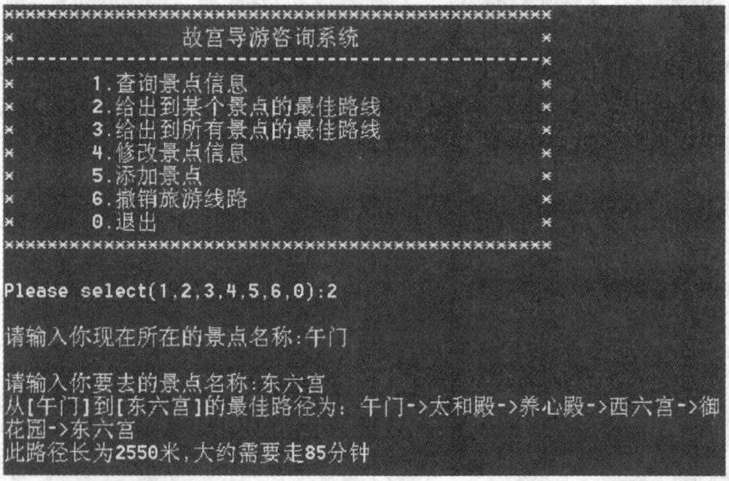

图 7 - 30　运行结果

7.8　习题

一、单项选择题

1. 以下有关完全图的叙述中,不正确的是 (　　　)。

A. 在完全图中,任意两个顶点之间均有边相连

B. 含有 n 个顶点的完全图具有 n(n-1)/2 条边

C. 完全图是无向图

D. 完全图是有向图

2. 在无向图中,所有顶点的度数之和等于边数之和的(　　　)倍。

A. 0.5   B. 1   C. 2   D. 3

3. 以下不是简单路径的是(　　　)。

A. v1,v2,v4,v2   B. v1,v2,v4,v5   C. v1,v2,v5,v4   D. v1,v2,v3,v5

4. 在一个含有 n 个顶点的连通图中,任意一条简单路径的长度都不可能超过(　　　)。

A. n/2   B. n-1   C. n   D. n+1

5. 若邻接表中有奇数个边结点,则该图(　　　)。

A. 是无向图   B. 是有向图   C. 有奇数个顶点   D. 有偶数个顶点

6. 设图的邻接矩阵如图 7 - 31 所示。各顶点的度依次是(　　　)。(2013 年考研题)

$$\begin{bmatrix} 0 & 1 & 0 & 1 \\ 0 & 0 & 1 & 1 \\ 0 & 1 & 0 & 0 \\ 1 & 0 & 0 & 0 \end{bmatrix}$$

图 7 - 31 邻接矩阵

A. 1,2,1,2   B. 2,2,1,1   C. 3,4,2,3   D. 4,4,2,2

7. 对于图 7 - 32 所示的有向图,其深度优先搜索遍历序列为( )。

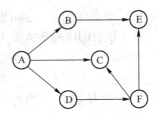

图 7 - 32 有向图

A. ADFCBE   B. ABEDCF   C. ACDBEF   D. ADFECB

8. 对于图 7 - 32 所示的有向图,其广度优先搜索遍历序列为( )。

A. ABCDFE   B. ABCDEF   C. ABECDF   D. ADCBEF

9. 具有 n 个顶点的连通图,其最小生成树具有( )条边。

A. n/2   B. n - 1   C. n   D. n + 1

10. 下列关于最小生成树的说法中,正确的是( )。(2012 年考研题)

I. 最小生成树的代价唯一

II. 权值最小的边一定会出现在所有的最小生成树中

III. 用普里姆算法从不同顶点开始得到的最小生成树一定相同

IV. 使用普里姆算法和克鲁斯卡尔算法得到的最小生成树总不相同

A. 仅 I   B. 仅 II   C. 仅 I、III   D. 仅 II、IV

11. 使用( )算法可以确定从源点到图中其余顶点的最短路径。

A. 迪杰斯特拉   B. 弗洛伊德   C. 普里姆   D. 克鲁斯卡尔

12. 判断一个有向图是否存在回路,除了可以利用拓扑排序方法外,还可以利用( )。

A. 深度优先搜索遍历算法   B. 广度优先搜索遍历算法

C. 普里姆算法   D. 克鲁斯卡尔算法

13. 对于图 7 - 32 所示的有向图,其拓扑排序序列为( )。

A. ADCFEB   B. CEBFDA   C. ABDFCE   D. CBFEDA

14. 以下有关关键路径的叙述中,不正确的是( )。

A. 关键路径上的活动是关键活动

B. 关键路径是从源点到汇点之间具有最大路径长度的路径

C. 关键路径可以构成回路

D. 关键活动的时间余量为零

15. 下列关于图的叙述中,正确的是( )。(2011 年考研题)

Ⅰ. 回路是简单路径

Ⅱ. 存储稀疏图,用邻接矩阵比邻接表更省空间

Ⅲ. 若有向图中存在拓扑序列,则该图中不存在回路

　　A. 仅Ⅱ　　　　　　　　B. 仅Ⅰ、Ⅱ　　　　　　　C. 仅Ⅲ　　　　　　　　D. 仅Ⅰ、Ⅲ

二、填空题

1. 一个具有 n 个顶点的完全无向图的边数为_____;一个具有 n 个顶点的完全有向图的弧数为_____。

2. 在有向图中,顶点的度等于_____。

3. 一个有 10 个顶点的有向图,它最多能有_____条边。

4. 在有 10 个顶点的有向图中,每个顶点的度的最大值可以达到_____。

5. 一个有 16 个顶点的无向图,至少应该有_____条边才能确保它是连通图。

6. 图的存储结构主要有_____、_____、_____和_____四种。

7. 一个有 n 个顶点的无向图,采用邻接矩阵作为存储结构,则求图中边数的方法是_____。求任一顶点的的度的方法是_____。

8. 构造图的最小生成树的方法主要有_____和_____两种。

9. 已知一无向图 $G = (V, E)$,其中 $V = \{a, b, c, d, e\}$,$E = \{(a, b), (a, d), (a, c), (d, c), (b, e)\}$。现用某一种图遍历方法从顶点 a 开始遍历图,得到序列 abecd,则采用的是_____遍历方法。

10. 图的遍历方法主要有_____和_____两种。

11. 普里姆算法适用于求_____的最小生成树,克鲁斯卡尔算法适用于求_____的最小生成树。

12. 用图中的顶点表示活动,用弧表示活动间的先后关系,这样的有向图称为_____。

13. 有向图 G 可拓扑排序的判别条件是_____。

14. 事件 v_k 的最早发生时间是从源点到顶点 v_k 的_____。

15. 在 AOE 网中,从源点到汇点之间具有最大路径长度的路径称为_____。

三、问答题

1. 对如图 7-33 所示的有向图,请回答以下问题。

(1) 该图是强连通图吗? 若不是,请给出其强连通分量。

(2) 请给出每个顶点的度、入度和出度。

2. 给出图 7-34 所示有向图的邻接矩阵、邻接表和逆邻接表。

图 7-33　有向图

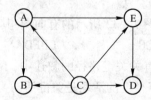

图 7-34　有向图

3. 对图 7-34 所示有向图,请给出从 A 开始的深度优先搜索遍历序列和广度优先搜索遍历序列。

4. 已知一个无向图的邻接表如图 7-35 所示,请给出从顶点 v_0 开始的深度优先搜索遍历序列和广度优先搜索遍历序列。

5. 已知如图 7-36 所示的网,请给出从顶点 A 开始按普里姆算法构造的最小生成树,并给出构造顺序。

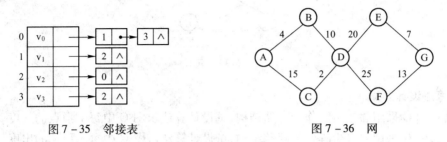

图 7-35　邻接表　　　　　　　　　　　　　图 7-36　网

6. 已知如图 7-36 所示的网,请给出按克鲁斯卡尔算法构造的最小生成树,并给出构造顺序。

7. 对于图 7-37 所示的 AOE 网,求出关键路径,并写出关键活动。

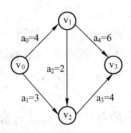

图 7-37　AOE 网

8. 已知有 6 个顶点(顶点编号为 0~5)的有向带权图 G,其邻接矩阵 A 为上三角矩阵,按行为主序(行优先)保存在如下的一维数组中。(2011 年考研题)

4	6	∞	∞	∞	5	∞	∞	∞	4	3	∞	∞	3	3

要求:

(1) 写出图 G 的邻接矩阵 A。

(2) 画出有向带权图 G。

(3) 求图 G 的关键路径,并计算该关键路径的长度。

9. 对图 7-38 所示的网,求顶点 v_0 到其他顶点之间的最短路径和最短路径长度。

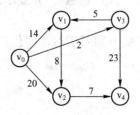

图 7-38　网

10. 对图 7 – 39 所示的网,求任意两个顶点之间的最短路径。

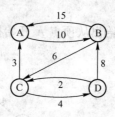

图 7 – 39　网

四、算法设计题

1. 已知图 G 采用邻接矩阵作为存储结构,试设计算法求图 G 中每个顶点的入度。

2. 已知图 G 采用邻接矩阵作为存储结构,试设计算法求图 G 中每个顶点的出度。

3. 已知图 G 采用邻接表作为存储结构,试设计算法求图 G 中每个顶点的入度。

4. 已知图 G 采用邻接表作为存储结构,试设计算法判断图 G 中是否存在指定的边。

5. 设有向图 G 有 n 个顶点,e 条边,试设计一个算法根据 G 的邻接表生成 G 的逆邻接表。

6. 编写一个算法将邻接表转换为邻接矩阵。

7. 若无向图以邻接表作为存储结构,请编写一个插入边的算法。

8. 写一算法求连通分量的个数并输出各连通分量的顶点集。

9. 按图的广度优先搜索法写一个算法判别以邻接矩阵存储的有向图中是否存在由顶点 v_i 到顶点 v_j 的路径($i \neq j$)。

10. 写一个算法判断无向图 G 中是否存在一条以 v_0 为起点的包含所有顶点的简单路径。

7.9　实验

【实验 7 – 1】　图的遍历。

1. 实验目的

(1)通过实验进一步加深理解图的逻辑结构。

(2)掌握图的邻接表存储结构。

(3)熟练运用 C 语言实现图的广度优先搜索遍历和深度优先搜索遍历。

2. 实验内容

(1)建立如图 7 – 16 所示无向图的邻接表存储结构,并显示邻接表的内容。

(2)对建立的无向图,进行深度优先搜索遍历,并显示遍历序列。

(3)对建立的无向图,进行广度优先搜索遍历,并显示遍历序列。

3. 选作

建立无向图的邻接矩阵存储结构,并对其进行深度优先搜索遍历和广度优先搜索遍历。

第8章 查　　找

在利用计算机进行数据处理时,特别是在非数值处理中,查找是最常用的一种操作。许多软件都提供了这种操作,因此有必要掌握一些常用的查找方法。常用的查找方法主要有顺序查找、折半查找、分块查找、二叉排序树等。

本章主要介绍查找的基本概念,各种顺序表的查找算法,二叉排序树的构造及基本操作,B-树的定义及基本操作,哈希表的构造方法及处理冲突方法。

8.1　查找的基本概念

查找表:是由同一类型的数据元素(或记录)构成的集合。根据对查找表的操作不同,查找表分为静态查找表和动态查找表。

静态查找表:若只对查找表进行查询(查找指定的数据元素是否在查找表中)和检索(获取指定数据元素的各种信息)操作,则这类查找表称为静态查找表。

动态查找表:若在查找过程中,对查找表中不存在的数据元素进行插入操作或从查找表中删除已存在的数据元素,则这类查找表称为动态查找表。

由于查找表中的数据元素只存在"同属一个集合"的松散关系,给查找带来不便,因此一般都在数据元素之间人为地加上一些关系,用相应的数据结构表示查找表。即不同的查找方法应采用不同的数据结构,以期获得更好的效果。如顺序表、索引顺序表、二叉排序树等。

关键字:用于标识数据元素(或记录)的数据项。

主关键字:能够唯一标识数据元素(或记录)的关键字。

次关键字:不能唯一标识数据元素(或记录)的关键字。例如,电话号码簿中,能够唯一标识一条记录的是电话号码,它是主关键字。而用户姓名或地址均不能唯一标识一条记录,它们都是次关键字。

查找:在查找表中确定是否存在关键字等于指定关键字的数据元素的过程。若查找表中存在这个数据元素,则称**查找成功**;否则,称**查找不成功**。

平均查找长度:在查找过程中,与给定关键字进行比较的次数的平均值(数学期望),记为ASL,其数学定义为:

$$ASL = \sum_{i=1}^{n} p_i c_i$$

其中,p_i 为要查找的第 i 个数据元素的出现概率,一般取 $1/n$;c_i 为查找第 i 个数据元素进行比较的次数。平均查找长度是衡量查找算法效率的一个重要指标,其取值越小,查找效率越高。

在日常生活中,查找的例子比比皆是。在电话号码簿中查找电话号码,在成绩单中查找某科成绩,在图书馆中查找某本书,在期刊杂志中查找某篇论文等。查找的方法也多种多样,例如,在汉语字典中查找某个汉字,如果不知道该汉字的读音,也不会汉字笔画,则只能从头开始逐一在字典中查找,这就是顺序查找;如果知道汉字的读音,可先在音节表中查找,先确定该汉字所在的页码,再到正文中查找;如果知道汉字的笔画,可先在部首检字表中查找,然后再到正文中查找,这就是分块查找。

8.2　顺序查找

顺序查找是在静态查找表上进行的查找。这里的静态查找表通常用顺序表表示。
定义关键字类型为:

```
typedef int KeyType;
```

定义数据元素类型为:

```
typedef struct{
    KeyType key;
}DataType;
```

静态查找表类型为:

```
#define LISTSIZE 100
typedef struct{
    DataType items[LISTSIZE];
    int length;
}SqList;
```

顺序查找的基本思想为:从顺序表的一端开始,用指定的关键字与顺序表中数据元素的关键字逐一进行比较。若有与之相等的数据元素,则查找成功,返回数据元素在顺序表中的位置;否则,查找失败,返回 0。

♨ 算法 8 - 1　顺序查找

```
int SeqSearch(SqList L,DataType x)
{/* L 为静态查找表,x 为待查找的数据元素 */
  int i = L.length;
  L.items[0].key = x.key;        /* 设置监视哨 */
  while(L.items[i].key! = x.key)i - -;
  return i;
}
```

在 L. items[0] 中设置监视哨,可以在每一次查找过程中免去判断是否查找完毕的操作。在大数据量的情况下,可以节省大量时间。

设待查找的数据元素在查找表中出现的概率均相等,则顺序查找在查找成功的情况下的平均查找长度为:

$$\mathrm{ASL}_{成功} = \sum_{i=1}^{n} p_i c_i = \sum_{i=1}^{n} \frac{1}{n} \times i = \frac{1}{2}(n+1)$$

在查找失败情况下的平均查找长度为:

$$\mathrm{ASL}_{失败} = \sum_{i=1}^{n} p_i c_i = \sum_{i=1}^{n} \frac{1}{n}(n+1) = n+1$$

8.3 折半查找

折半查找也称二分查找,应用于静态查找表。它要求查找表是有序表,通常采用有序的顺序表。也就是说顺序表中的数据元素按关键字有序(非递增或非递减)排列,如果不作特别声明,本书所指的有序序列均指数据元素以非递减顺序排列。

折半查找的过程为:首先确定待查找区间的中间位置,然后把待查找关键字 key 与中间位置上数据元素的关键字 mkey 作比较;若 key = mkey,则查找成功;若 key < mkey,则在待查找区间的前半子区间继续这样的查找;若 key > mkey,则在待查找区间的后半子区间继续这样的查找;直至找到或查找区间的上界小于下界(没找到)为止。

由于每查找一次即把查找区间缩小一半,因此称作折半查找。

【例 8 -1】 已知一个有 7 个数据元素的有序顺序表,其关键字集合为{8,12,13,15,20,75,90}。请用折半查找方法查找关键字值为 12 和 50 的数据元素。

解:

设 low、upper 和 mid 分别为指向待查找区间的下界、上界和中间位置的变量。查找过程如图 8 -1 所示。

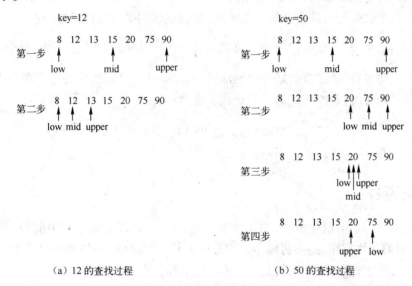

(a) 12 的查找过程　　(b) 50 的查找过程

图 8 -1　折半查找过程

折半查找在实现时,要设置三个变量 low、upper 和 mid 分别指向待查找区间的下界、上界和中间位置,其中,折半查找的中间位置 $mid = \left[\dfrac{low + high}{2} \right]$。

♨ 算法 8 -2　折半查找

```
int BinarySearch(SqList L,DataType x)
{/* L 为静态查找表,x 为待查找的数据元素 */
    int low = 0,upper = L.length - 1,mid;
    while(low < = upper)
```

```
{
    mid = (low + upper)/2;
    if(L.items[mid].key = = x.key) return mid;        /*查找成功*/
    if(L.items[mid].key < x.key) low = mid +1;        /*在后半子区间查找*/
    else  upper = mid -1;                             /*在前半子区间查找*/
}
return -1;                                            /*查找失败*/
}
```

显然,对于一个有 n 个数据元素的有序顺序表,折半查找对应了一棵完全二叉树,根结点为待查找区间的中间位置上的数据元素,左子树对应前半子区间,右子树对应后半子区间。同理,左子树的根结点为前半子区间的中间位置上的数据元素,右子树的根结点为后半子区间的中间位置上的数据元素。

查找过程恰好是走了一条从根结点到被查找结点的路径,而比较的次数就是被查找结点在树中的层次数。因此,折半查找在查找成功时进行比较的次数不超过树的深度 k,即 k = $\log_2(n+1)$。

不妨设二叉树为满二叉树,则第 i 层上有 2^{i-1} 个结点,每个结点的比较次数为 i。因此,当有序顺序表中每个数据元素的查找概率相等时,查找成功的平均查找长度为:

$$ASL_{成功} = \sum_{i=1}^{n} p_i c_i = \sum_{i=1}^{k} \left(\frac{1}{n} \times 2^{i-1} \times i \right) = \frac{n+1}{n} \log_2(n+1) - 1 \approx \log_2 n$$

当查找不成功时,比较次数恰好为树的深度 $\log_2(n+1)$。因此,当有序顺序表中每个数据元素的查找概率相等时,查找失败的平均查找长度为:

$$ASL_{成功} = \sum_{i=1}^{n} p_i c_i = \sum_{i=1}^{k} \frac{1}{n} \log_2(n+1) = \log_2(n+1)$$

由此可见,折半查找的效率比顺序查找高。

8.4　分块查找

分块查找又称为索引顺序查找,应用于静态查找表。它要求顺序表中的数据元素是"分块有序"的。所谓分块有序,是指将顺序表均分成 k 块,并保证前一块中的最大关键字小于后一块中的最小关键字,但每一块中的关键字不一定有序。

为了加快查找速度,分块查找又构建了一个索引表。它用每块中的最大关键字及该块在顺序表中的起始位置构成索引表。这样在进行查找时,首先查找索引表,以确定要查找的数据元素在哪一块中。然后,在已经确定的块中进行查找。由于索引表是有序表,因此对索引表的查找,可以采用折半查找,也可以采用顺序查找。而在块内查找时,只能用顺序查找,因为块内关键字不一定有序。

【例 8 - 2】　已知一个分块有序的顺序表有 20 个数据元素,其关键字集合为{3,28,15,8,20,42,30,41,50,51,62,55,60,73,70,95,75,81,90,77}。请按分块查找方法查找关键字值为 60 和 25 的数据元素。

解:

构建索引表如图 8 - 2 所示。

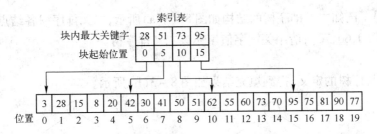

图 8 - 2 分块有序顺序表及其索引表

查找 60：key = 60。首先查找索引表,由于 key ≤ 73,则关键字值为 60 的数据元素必在顺序表的第 3 块中。第 3 块的起始位置为 10,则从第 10 个位置开始在顺序表的第 3 块中顺序查找,直到 key = 60 为止。

查找 25：key = 25。由于 key ≤ 28,所以在第 1 块内顺序查找,直至查找失败为止。

由以上查找过程可以看出,分块查找是由在索引表上的查找和在顺序表的块内查找组成。因此,分块查找的平均查找长度就是两个平均查找长度之和。

一般情况下,为进行分块查找,可以将含 n 个数据元素的顺序表均匀分成 k 块,每块含有 m 个数据元素,则 k = $\lceil n/m \rceil$。在等概率的情况下,块内数据元素的查找概率为 1/m,每块查找的概率为 1/k。若索引表用顺序查找,则分块查找的平均查找长度为：

$$ASL_{成功} = \sum_{i=1}^{n} p_i c_i = \sum_{i=1}^{m} \left(\frac{1}{m} \times i \right) + \sum_{j=1}^{k} \left(\frac{1}{k} \times j \right) = \frac{m+1}{2} + \frac{k+1}{2} = \frac{1}{2} \left(\frac{n}{m} + m \right) + 1$$

可见,此时的平均查找长度不但和表长 n 有关,还和每一块中的数据元素个数 m 有关。

总之,通过对适用于静态查找表的三种查找方法的分析,可以看出它们各有优缺点和使用范围,具体结果参见表 8 - 1 所示。

表 8 - 1 三种查找方法的比较

查找算法	存储结构	优 点	缺 点	适 用 范 围
顺序查找	顺序表,链表	算法简单,对表无要求	查找效率低	无序表和有序表
折半查找	顺序表	查找效率高	关键字必须有序	有序表且很少变动的表
分块查找	顺序表,链表	插入和删除较容易,查找效率较高	要增加索引表的存储空间	分块有序的顺序表

8.5 二叉排序树

8.5.1 二叉排序树的定义

二叉排序树或者是空树,或者是具有以下性质的二叉树：
① 若左子树非空,则左子树上所有结点的关键字值均小于它的根结点的关键字值;
② 若右子树非空,则右子树上所有结点的关键字值均大于等于它的根结点的关键字值;
③ 左右子树本身又各是一棵二叉排序树。

可见,二叉排序树的定义与二叉树一样,也是一个递归定义。对二叉排序树进行中序遍历可以得到一个有序序列。

【例 8 – 3】   已知二叉排序树的结构如图 8 – 3(a)所示,二叉排序树各结点的关键字值为
{10,20,30,40,50,60,70},请用关键字值填充该二叉排序树。

解:

按照二叉排序树的定义,得到填充结果如图 8 – 3(b)所示。

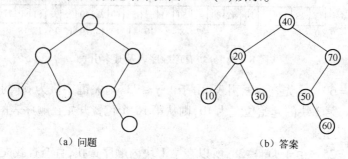

（a）问题   （b）答案

图 8 – 3   二叉排序树

二叉排序树通常采用二叉链表作为存储结构,因此定义二叉排序树的结点类型为:

```
typedef struc Node{
  DataType data;               /*数据域*/
  struct node * left,*right;/*左右孩子指针域*/
}BSTNode, * BSTree;
```

关键字和数据元素的类型仍然为:

```
typedef int KeyType;
typedef struct{
  KeyType key;
}DataType;
```

8.5.2   二叉排序树的基本操作

1.   二叉排序树的查找

在二叉排序树上进行查找,与折半查找类似,根结点就相当于待查找区间的中点,左子树
相当于前半子区间,右子树相当于后半子区间。查找过程为:若待查找数据元素的关键字值等
于二叉排序树根结点的关键字值,则查找成功;若查找数据元素的关键字值大于二叉排序树
根结点的关键字值,则在根结点的右子树中继续查找;若待查找的数据元素的关键字值小于二
叉排序树根结点的关键字值,则在根结点的左子树中继续查找。

🔥 算法 8 – 3   二叉排序树的查找

```
BSTNode * BSTSearch(BSTree r,DataType x)
{/* r 为指向二叉排序树的指针,x 为待查找的数据元素 */
  BSTNode *p;
  p = r;
  if(r = = NULL) return NULL;
  while(p! = NULL)
```

```
    {
      if(p - >data.key = =x.key) return p;          /*查找成功*/
      if(p - >data.key <x.key) p =p - >right;       /*在右子树中查找*/
      else  p =p - >left;                           /*在左子树中查找*/
    }
    return NULL;                                     /*查找失败*/
}
```

与折半查找类似,在二叉排序树上进行查找,也是走一条从根结点到待查找结点的路径的过程,比较次数等于结点所在层次数,因此比较次数不超过树的深度 $k = \log_2(n + 1)$。若每个数据元素的查找概率相等,则二叉排序树查找成功的平均查找长度为:

$$\text{ASL}_{成功} = \sum_{i=1}^{n} p_i c_i = \sum_{i=1}^{k} \left(\frac{1}{n} \times 2^{i-1} \times i \right) = \frac{n+1}{n}\log_2(n+1) - 1 \approx \log_2 n$$

但是,含 n 个结点的二叉排序树不唯一,它与给定关键字的顺序有关,因此其平均查找长度也与树的形态有关。在最坏情况下(如单支树),二叉排序树的平均查找长度与顺序查找一样为 $(n+1)/2$。一般情况下的平均查找长度为 $\log_2 n$。

2. 二叉排序树的插入

当二叉排序树查找失败时,才进行插入操作。插入的过程为:若二叉排序树为空,则将新结点作为根结点插入;若二叉排序树非空,则将新结点的关键字值与二叉排序树根结点的关键字值相比较,若等于根结点关键字值,则不插入;若大于根结点的关键字值,则插入到二叉排序树的右子树中;若小于根结点的关键字值,则插入到二叉排序树的左子树中。

从插入的过程可以看到,插入的新结点都作为二叉排序树的叶子结点。因此,在二叉排序树上,插入新数据元素不必移动其他数据元素。另外,二叉排序树的查找效率又类似于折半查找,因此二叉排序树是动态查找表的一种适宜表示。

♨ 算法 8 - 4　二叉排序树的插入

```
void BSTInsert(BSTree * r,DataType x)
{/*r 为指向二叉排序树的二级指针,x 为待插入的数据元素*/
  BSTNode *p, * q =NULL;                           /*q 指向 p 的双亲*/
  p = *r;
  while(p! =NULL)
  {
    q =p;
    if(p - >data.key = =x.key) return;    /*元素存在,则不插入*/
    if(p - >data.key <x.key) p =p - >right;
    else  p =p - >left;
  }
  /*查找失败,则进行插入操作*/
  p = (BSTNode *)malloc(sizeof(BSTNode));
  p - >data =x;
  p - >left =NULL;
  p - >right =NULL;
  if(q = =NULL){* r =p;return;}                    /*空树,新结点作为根结点*/
```

```
      if(q - >data.key > x.key) q - >left = p;   /*新结点作为左孩子*/
      else  q - >right = p;                      /*新结点作为右孩子*/
    }
```

【例 8-4】 试编写一个构造二叉排序树的算法(提示:利用二叉排序树的插入算法)。

解:

```
    void CreateBSTree(BSTree * r,DataType items[],int n)
    {
      int i;
      for(i = 0;i < n;i + +)
        BSTInsert(r,items[i]);   /*使用算法 8-4*/
    }
```

【例 8-5】 已知关键字序列{5,9,4,1,15,8,2},请给出构造一棵二叉排序树的过程(提示:新插入的结点应作为叶子结点)。

解:

按照二叉排序树的插入算法构造二叉排序树,其构造过程如图 8-4 所示。

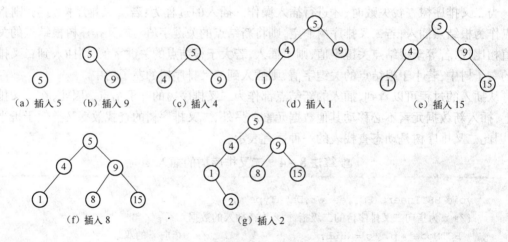

图 8-4　构造二叉排序树的过程

3. 二叉排序树的删除

删除二叉排序树的结点时,不能把以该结点为根的子树一并删除,而只能删除该结点,并仍然保持二叉排序树的特性。

下面分三种情况讨论二叉排序树的删除操作。

(1) 待删除结点为叶子结点

直接删除该结点,并修改其双亲的指针。图 8-5(a)为一棵二叉排序树,图 8-5(b)为删除叶子结点 e 后的二叉排序树。

(2) 待删除结点仅有左子树或仅有右子树

删除该结点并使被删结点的双亲成为被删结点左子树或右子树的双亲。图 8-5(b)为一棵二叉排序树,图 8-5(c)为删除 c 结点后的二叉排序树;图 8-5(c)为一棵二叉排序树,图 8-5(d)为删除结点 d 后的二叉排序树。

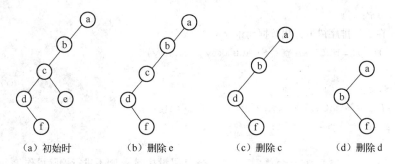

（a）初始时　　　（b）删除e　　　（c）删除c　　　（d）删除d

图 8 − 5　删除结点的第 1、2 种情况

通过对第（1）种情况和第（2）种情况分析，可以看到第（1）种情况实际上是第（2）种情况的特例，即待删结点的左子树或右子树为空时，第（2）种情况就变成了第（1）种情况。在算法 8 − 5 中，也是把第（1）种情况和第（2）种情况合并为一种情况来处理。

（3）待删结点既有左子树，也有右子树

这种情况稍微复杂一些，在删除结点时，要考虑被删结点的左右子树在删除结点后应该放在什么位置。由于二叉排序树的中序遍历序列是一个有序序列，如图 8 − 5（a）所示的二叉排序树的中序遍历序列为 dfceba。若删除 c 结点，则二叉排序树的中序遍历序列变为 dfeba。通过对比两个中序遍历序列，可以得出两种删除方法，一是用被删结点 c 的前驱代替 c；一是使 c 的后继 e 直接成为它的前驱 f 的后继。对应到二叉排序树上，可有以下两种情形。

① 用被删结点中序遍历的前驱结点代替被删结点，然后删除前驱结点，如图 8 − 6（a）和图 8 − 6（b）所示。此时，删除前驱结点的操作又变成了第（2）种情况。因为前驱结点是只有一棵子树（右子树）或叶子的结点，算法 8 − 5 就是采用该方法实现的。

② 被删结点的左子树成为被删结点双亲的左（或右）子树，而被删结点的右子树成为被删结点的中序遍历前驱结点的右子树，如图 8 − 6（a）和图 8 − 6（c）所示。

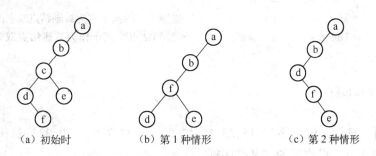

（a）初始时　　　　（b）第 1 种情形　　　　（c）第 2 种情形

图 8 − 6　删除结点的第 3 种情况

♨ 算法 8 − 5　二叉排序树的删除

```
void BSTDelete(BSTree * r,DataType x)
{/* r 为指向二叉排序树的二级指针,x 为待删除的数据元素 */
    /* p 指向被删结点,q 指向 p 的双亲,s 指向 p 的孩子 */
    BSTNode * p,* q = NULL,* s;
```

```
    p = *r;
    /*在二叉排序树中查找数据元素 x*/
    while(p! = NULL && p - >data.key! = x.key)
    {
      q = p;
      if(p - >data.key < x.key) p = p - >right;
      else  p = p - >left;
    }
    if(p = = NULL) return;          /*如果没找到 x,则不进行删除操作*/
    s = p;
    if(s - >left && s - >right)      /*找被删结点的中序前驱结点,并用 p 指向它*/
    {
      q = s;p = s - >left;
      while(p - >right! = NULL)
      {
        q = p;
        p = p - >right;
      }
```
    /*用中序前驱的数据覆盖被删结点,此时中序前驱就变成了被删结点,后边只需删除中序前
驱即可*/
```
      if(p! = s)   s - >data = p - >data;
    }
```
/*由于第(1)和第(3)种情况都转化成了第(2)种情况,因此,以下只需考虑第(2)种情况*/
```
    s = (p - >left)?p - >left:p - >right;
    if(!q) *r = s;                 /*被删结点为根结点,删除后应修改根指针*/
    else
    {
        if(q - >left = =p)
          q - >left = s;            /*被删结点的孩子作为被删结点双亲的左孩子*/
        else q - >right = s;        /*被删结点的孩子作为被删结点双亲的右孩子*/

    }
    free(p);
}
```

【例 8 - 6】 已知关键字序列 {15,25,10,12,30,45,37,7,5,8,70,23},试构造一棵二叉排序
树,并分别给出下列操作后的二叉排序树:

① 插入 28;

② 删除 10。

解:

构造的二叉排序树如图 8 - 7(a)所示,插入 28 后的二叉排序树如图 8 - 7(b)所示,删除
10 后的二叉排序树如图 8 - 7(c)所示。

【例 8 - 7】 编写程序完成以下操作:

① 创建图 8 - 4(g)所示的二叉排序树;

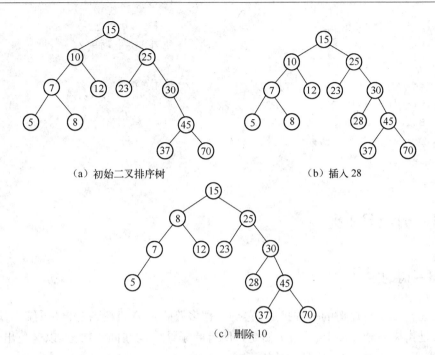

（a）初始二叉排序树　　　　　　　　　　（b）插入 28

（c）删除 10

图 8-7　二叉排序树

② 以中序遍历序列形式显示该二叉排序树；

③ 在二叉排序树上查找关键字值为 4 的数据元素；

④ 在二叉排序树上插入关键字值为 10 的结点；

⑤ 在二叉排序树上分别删除关键字值为 1 和 9 的结点。

【程序设计】

```
void DisplayBST(BSTree r)
{/* 以中序遍历序列形式显示二叉排序树 */
  if(!r) return;
  if(r - >left! =NULL)
    DisplayBST(r - >left);
  printf("% d\t",r - >data.key);
  if(r - >right! =NULL)
    DisplayBST(r - >right);
}
int main(int argc, char * argv[])
{
  BSTree root =NULL;
  BSTNode * p;
  DataType items[] = {5,9,4,1,15,8,2};
  DataType x = {10};
  CreateBSTree(&root,items,7);          /* 使用例 8 - 4 的函数构造二叉排序树 */
  DisplayBST(root);
  p = BSTSearch(root,items[2]);          /* 使用算法 8 - 3 */
```

```
        printf("% d \n",p - >data.key);
        BSTInsert(&root,x);                    /* 使用算法 8 - 4 * /
        DisplayBST(root);
        BSTDelete(&root,items[3]);             /* 使用算法 8 - 5 * /
        DisplayBST(root);
        BSTDelete(&root,items[1]);
        DisplayBST(root);
        return 0;
    }
```

8.6 B – 树和 B + 树

8.6.1 B – 树的定义

B – 树是对二叉排序树的一种扩展,它是一种多路平衡查找树,在文件系统中使用较多。所谓多路,是指树的分支多于二叉;平衡是指所有叶子结点均在同一层上,以避免出现单支树的情况。需要注意的是,B – 树是一种树而非二叉树。

B – 树的阶: 树中所有结点的孩子结点最大值称为 B – 树的阶。通常用 m 来表示,从查找效率来考虑,通常取 m≥3。

B – 树: 一棵 m 阶 B – 树或者是空树,或者是满足以下性质的 m 叉树:

① 树中每个结点至多有 m 棵子树;

② 若根结点不是叶子结点,则根结点至少有两棵子树;

③ 除根结点以外,其他结点至少有 $\lceil m/2 \rceil$ 棵子树;

④ 所有结点的结构如图 8 – 8 所示。

| n | P_0 | K_1 | P_1 | K_2 | P_2 | ... | K_i | P_i | ... | K_n | P_n |

图 8 – 8   结点的结构

其中,n 为该结点中的关键字个数,除根结点以外,其他结点的 n 应满足:$\lceil m/2 \rceil - 1 \leqslant n < m - 1$,即每个非根结点至少应有 $\lceil m/2 \rceil - 1$ 个关键字,至多有 m – 1 个关键字,而且每个非根的内部结点至少有 $\lceil m/2 \rceil$ 棵子树,至多有 m 棵子树;$K_i(1 \leqslant i \leqslant n)$ 为该结点的关键字,并且应该满足:$K_i < K_i + 1$,即关键字是非递减有序的;$P_i(0 \leqslant i \leqslant n)$ 为指向子树的指针,并且它所指结点的关键字均大于等于 K_i 并小于 K_{i+1},P_n 指针所指结点的关键字大于等于 K_n。

可见,结点中的关键字是分界点,任一关键字 K_i 左边子树中的所有关键字均小于 K_i,右边子树中的所有关键字均大于 K_i。

⑤ 所有叶子结点都在同一层上,并且叶子结点所在的层数为树的深度。

如图 8 – 9 所示为一棵 3 阶 B – 树。根结点有 2 棵子树,一个关键字,其他结点有 $\lceil 3/m \rceil$ ~ 3(即 2~3)棵子树,有 $\lceil 3/2 \rceil - 1$ ~ 3 – 1(即 1~2)个关键字。

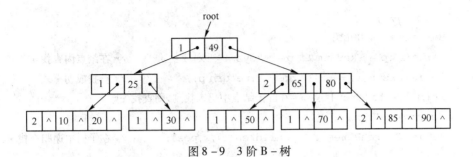

图 8 - 9　3 阶 B - 树

B - 树的结点类型为：

```
#define MAXM 20
typedef int KeyType;
typedef struct Node{
    int keynum;                              /＊关键字个数＊/
    KeyType keys[MAXM];                      /＊关键字序列＊/
    struct Node ＊ parent;                   /＊双亲域＊/
    struct Node ＊ children[MAXM];           /＊子树序列＊/
}BMTNode, ＊BMTree;
```

8.6.2　B - 树的基本操作

1. B - 树的查找

在 B - 树中查找给定关键字的方法与二叉排序树的查找类似,但在每个结点向下查找时,查找的路径不只两条,而是至多为 m 条。对根结点内有序存放的关键字序列可以用折半查找方法,也可以用顺序查找方法。

若待查找关键字为 key,根结点内第 i 个关键字为 K_i,则查找分为以下几种情况：

① 若 key $= K_i$,则查找成功;

② 若 key $< K_1$,则沿指针 P_0 所指的子树继续查找;

③ 若 $K_i < key < K_{i+1}$,则沿指针 P_i 所指的子树继续查找;

④ 若 key $> K_n$,则沿指针 P_n 所指的子树继续查找;

⑤ 若直至找到叶结点且叶结点中的查找仍不成功时,查找过程失败。

【例 8 - 8】　在图 8 - 9 所示的 3 阶 B - 树上,查找关键字值为 50 的数据元素。

解：

从根结点开始,由于 50 > 49,则沿着它的第 2 颗子树继续查找。由于 50 < 65,则沿着它的第 1 颗子树继续查找。在子树的根结点中,第 1 个关键字值就为 50,则查找成功。

♨ 算法 8 - 6　B - 树的查找

```
BMTNode ＊SearchBTree(BMTree r,KeyType x,int ＊pos)
{/＊在 B - 树 r 中查找关键字 key,成功时返回结点的地址及在关键字序列中的序号 pos ＊/
```

```
    int i = 0;
    BMTNode * p = NULL;
    while(i < p - >keynum && p - >keys[i] < x) i + +;        /* 在结点内查找 */
    if(p - >keys[i] = = x){ * pos = i;return p;}              /* 查找成功 */
    if(!r - >children[i]) /* 在叶子结点中仍未找到,则查找失败 */
       return NULL;
    return SearchBTree(r - >children[i],x,pos);              /* 在子树中递归查找 */
}
```

2. B - 树的插入

首先在树中利用查找算法查找待插入的关键字 key,若找到则不必插入;若没找到,则查找操作必失败于某个叶子结点上,然后将 key 插入到该叶子结点中。在插入时,要考虑以下情况:

① 若该叶子结点的关键字总数小于 m - 1,说明该结点还有空位置,则可直接插入,此时不破坏 B - 树的性质;

② 若该叶子结点的关键字总数等于 m - 1,说明该结点没有空位置(结点已满),插入 key 会破坏 B - 树的性质,故须分裂该结点。分裂的步骤为:

↪ 以中间位置上的关键字为分裂点,将该结点分裂为两个结点;

↪ 将中间位置上的关键字向上插入到该结点的双亲结点的相应位置上;

↪ 若双亲结点已满,则按同样的方法继续向上分裂。这个分裂过程有可能一直到根结点。

【例 8 - 9】　在图 8 - 9 所示的 3 阶 B - 树上,插入关键字值为 95 的数据元素。

解:

插入 95 时,结点分裂,中间关键字 90 上移到双亲结点,如图 8 - 10(a)所示;双亲结点已满,则继续分裂,中间关键字 80 上移,如图 8 - 10(b)所示。

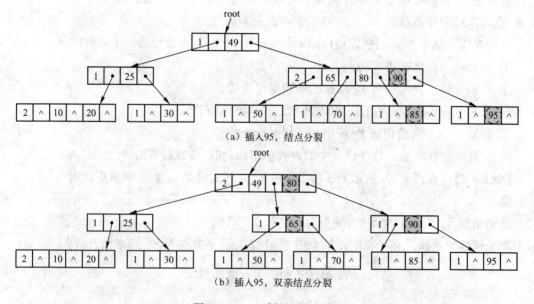

图 8 - 10　B - 树的插入操作

3. B - 树的删除

首先在树中利用查找算法查找待删除的关键字 key,若没找到则不必删除;若找到,则进行删除操作。删除分为两种情况。

(1) 在非叶结点上删除关键字 key

用 key 的中序前驱(中序遍历 B - 树同样可得到关键字的有序序列)取代 key,然后从叶子结点中删除该中序前驱结点。

(2) 在叶子结点上删除关键字 key

从叶子结点上删去关键字 key 有以下 3 种情形。

① 若叶子结点的关键字个数大于 $\lceil m/2 \rceil - 1$,则直接删除 key,此时不会破坏 B - 树的性质。

② 若叶子结点的关键字个数等于 $\lceil m/2 \rceil - 1$,则删除 key 会破坏 B - 树的性质。若叶子结点的左(或右)兄弟结点中的关键字数目大于 $\lceil m/2 \rceil - 1$,则将左(或右)兄弟结点中的最大(或最小)关键字上移至双亲结点中,而将双亲结点中大于(或小于)上移关键字的关键字下移至叶结点中。显然这种移动使得双亲结点中关键字数目不变;兄弟结点中被移出一个关键字,因其关键字个数大于 $\lceil m/2 \rceil - 1$,故其关键字个数减少 1 后仍大于等于 $\lceil m/2 \rceil - 1$;而叶子结点中已移入一个关键字,故删 key 后仍然有 $\lceil m/2 \rceil - 1$ 个关键字。因此,删除 key 后,不会破坏 B - 树的性质。

③ 若叶子结点及其相邻的左右兄弟中的关键字个数均等于 $\lceil m/2 \rceil - 1$,则必须将叶子结点和左(或右)兄弟合并。不妨设叶子结点有右兄弟,在叶子结点中删去 key 后,将双亲结点中介于叶子结点和兄弟结点之间的关键字 k 作为中间关键字,并与二者一起合并为一个新结点,此时新结点中恰有 $2\lceil m/2 \rceil - 2$ 个关键字,仍然小于 m - 1 个关键字,没有破坏 B - 树的性质。但由于从双亲中删除了关键字 k,若双亲中的关键字大于 $\lceil m/2 \rceil - 1$,则删除操作结束;否则,同样要与其左右兄弟合并,这个合并过程有可能一直到根结点。

【例 8 - 10】 在图 8 - 9 所示的 3 阶 B - 树上,分别删除关键字为 85、30 和 70 的数据元素。

解:

在删除 85 时,直接在叶子结点中删除即可。在删除 30 时,需将其兄弟结点的 20 上移到双亲结点,将双亲结点的 25 下移到叶子结点,如图 8 - 11(a)。在删除 70 时,需要合并结点,关键字 80 从双亲下移并与右兄弟合并,如图 8 - 11(b)所示。

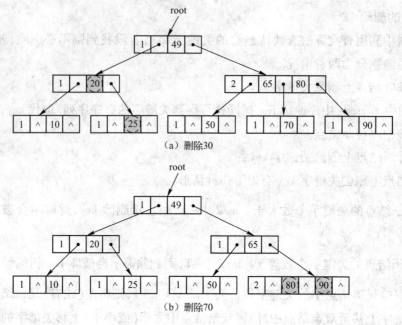

（a）删除30

（b）删除70

图 8 - 11   B - 树的删除操作

8.6.3   B + 树的定义

B + 树是指一颗 m 阶 B + 树或者是空树，或者是满足以下性质的 m 叉树：

（1）树中每个结点至多有 m 颗子树；

（2）若根结点不是叶子结点，则根结点至少有两颗子树；

（3）除根结点以外，其他结点至少有「m/2」颗子树；

（4）有 n 颗子树的结点有 n 个关键字；

（5）所有叶子结点都在同一层上，按从小到大的顺序存放全部关键字，并且各个叶子结点顺序链接。

（6）所有非叶结点（可以看成是索引的索引）中仅包含它的各个子结点（下级索引的索引块）中最大关键字及指向子结点的指针。

如图 8 - 12 所示为一颗 4 阶 B + 树。所有的关键字都出现在叶子结点中，且在叶子结点中关键字有序排列。上面各层非叶结点中的关键字都是其子树上最大关键字的副本。

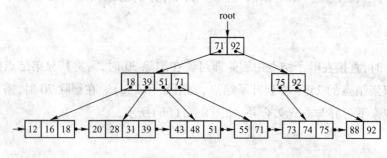

图 8 - 12   4 阶 B + 树

8.6.4　B+树的基本操作

1. B+树的查找

B+树有两种查找方法：一种是按叶子结点的有序链表进行顺序查找；另一种是从根结点开始，采用自顶向下，直至叶子结点的随机查找，其查找过程与 B–树类似。只是在查找过程中，如果非叶结点上的关键字等于给定值，查找并不停止，而是继续查找到叶子结点上的这个关键字。因此，在 B+树中，不论查找成功与否，每次查找都是走了一条从根到叶子结点的路径。

2. B+树的插入

B+树的插入仅在叶子结点中进行。首先找到插入的结点，当插入后结点中的关键字个数大于 m 时要分裂成两个结点，它们所含关键字个数分别为 $\lceil (m+1)/2 \rceil$ 和 $\lfloor (m+1)/2 \rfloor$，同时要使得它们的双亲结点中包含有这两个结点的最大关键字和指向它们的指针。若双亲结点的关键字个数大于 m，应继续分裂，依此类推。

3. B+树的删除

B+树的删除仅在叶子结点中进行。当叶子结点中最大关键字被删除时，分支结点中的值可以作为"分界关键字"存在。若因删除操作而使结点中关键字个数少于 $\lceil m/2 \rceil$ 时，则从兄弟结点中调剂关键字或与兄弟结点合并。

8.7　哈希表

在 8.2～8.6 节讨论的几种查找方法中，由于数据元素在存储结构中的相对位置是随机的，因此查找过程是一系列与关键字的比较过程，只不过不同的方法，其比较过程不同而已。那么能不能设计这样一类查找表，使其数据元素的关键字与其存放位置之间建立某种关系，在查找时直接由其关键字获得其存放位置，从而查找到所需数据元素。这类查找表就是哈希（Hash）表。

8.7.1　哈希表的定义

哈希函数：在数据元素的关键字与其存储位置之间建立一个对应关系，使每个关键字与表中一个唯一的存储位置相对应，称这个对应关系为哈希函数，也称为散列函数，记为 h(key)。按这个思想建立的表称为哈希表。

哈希地址：由哈希函数得到的存储位置称为哈希地址。

冲突：在构造哈希表时，不同的关键字可能得到同一个哈希地址，这种现象称为冲突。在构造哈希表时，冲突在所难免。

同义词：把具有不同关键字而有相同哈希地址的数据元素称作同义词。

哈希表：根据设定的哈希函数和处理冲突的方法将一组关键字映射到一个有限的地址集上，并以关键字在地址集中的"象"作为数据元素在表中的存储位置，这种表便称为哈希表。

在构造哈希表时，如果遇到冲突，则可以根据设定的处理冲突的方法，为数据元素选择一个新的哈希地址，如此重复，直至不产生冲突为止。

一旦构造好哈希表，在哈希表中进行查找的方法就是以待查找数据元素的关键字作为自变量,用建表时使用的同一个哈希函数得到其哈希地址,并把该地址上的数据元素的关键字与待查找数据元素的关键字作比较。若相等,则查找成功;若不相等,则使用与建表时同样的处理冲突的方法,获得新的哈希地址,并用上述同样的方法作比较,直至查找成功或找完所有给出的哈希地址仍未找到而查找失败为止。

【例 8 – 11】 已知某班同学的情况登记表如表 8 – 2 所示,请为这些数据建立一个哈希表,并尝试使用不同的哈希函数。

表 8 – 2 学生情况登记表

学　号	姓　名	性　别	年　龄
071001	刘理	男	18
071002	王民	男	19
071003	张立	男	19
071004	章丽	女	17
071005	韩莉	女	19
071006	边疆	男	18
071007	汪敏	女	18

解:

若以学号为关键字,可以构造哈希函数为 $h(key) = key - 071000$,哈希表如下:

0	1	2	3	4	5	6	7	…	26
	071001	071002	071003	071004	071005	071006	071007	…	

若以姓名作为关键字,以姓名的汉语拼音首字母在字母表中的序号作为哈希函数,则哈希表如下:

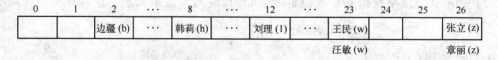

从以上例子可以看出,第 1 个哈希函数不产生冲突,而第 2 个哈希函数会产生冲突。在一般情况下,冲突不能完全避免,但能通过选择合适的哈希函数来减少冲突。这是因为关键字集合一般比较大,包括了所有可能的关键字(不仅仅是要构造哈希表的那些关键字),而地址集合相对较小。这样,在两个集合之间就存在多对一的映射关系。因此,在构造哈希表时,要解决两个关键问题:一是如何构造合适的哈希函数,二是如何解决冲突。

8.7.2 哈希函数的构造方法

为减少冲突,应构造合适的哈希函数。所谓合适的哈希函数,是指经过哈希函数映射后,哈希地址应均匀分布在整个地址区间中,而且计算过程尽可能简单,以节省时间。

下面就介绍几种常用的哈希函数构造方法。

1. 直接定址法

取关键字本身或关键字的某个线性函数值为哈希地址。即 $h(key) = key$ 或 $h(key) =$

a * key + b(a 和 b 均为常数)。

为简单起见,假定关键字均为整数。以下相同,不再赘述。

例如,某大学从 2000 年开始统计毕业生就业情况,得到就业情况统计表。若以年份为关键字,为该表设计的哈希函数为:h(key) = key − 2000。

采用直接定址法设计的哈希函数计算简单,并且不可能有冲突发生。因为,关键字与存储位置之间存在一一对应关系。但在实际使用中,关键字集合中的元素很少是连续的,因此,使用该方法就会造成存储空间的大量浪费。

2. 除留余数法

选择一个适当的正整数 m(m ≤ 表长),并用数据元素的关键字除以 m,取所得的余数作为哈希地址。即 h(key) = key % m(m ≤ 表长)。

除留余数法是简单而实用的一种方法,同时也是最常用的一种方法。它不但可以单独使用,也可以与其他方法组合使用。这种方法的关键是选取适当的 m,一般选 m 为小于或等于哈希表长度的某个素数时效果较好。注:素数是除了 1 和自身以外,不能被任何数整除的数。

【例 8 − 12】 已知关键字序列{85,21,66,9,12,34}和哈希函数 h(key) = key % 7,试构造哈希表。

解:

哈希地址	0	1	2	3	4	5	6
关键字	21	85	9	66		12	34

3. 数字分析法

在由 r 位数字构成的关键字中,选取其中若干位数构成哈希地址。

在用数字分析法构造哈希函数时,要事先知道可能出现关键字的全部或大部。通过分析后,去掉值分布不均匀的位,选取值分布较均匀的位。

【例 8 − 13】 以下 5 个关键字,它们由 7 位十进制数组成。若哈希表的表长为 1000,则用数字分析法确定它们的哈希地址。

```
1 1 0 1 3 6 9
1 1 0 5 2 7 8
1 1 0 7 3 2 1
1 1 0 3 2 4 5
1 1 0 2 3 8 2
```

解:

通过分析以后,可以得出,第 1 位、第 2 位、第 3 位和第 5 位数字分布较集中,第 4 位、第 6 位和第 7 位分布较均匀,因此,可以选取第 4 位、第 6 位和第 7 位构成哈希地址,它们是{169,578,721,345,282}。

4. 平方取中法

取关键字平方后的中间几位为哈希地址。

通过求关键字的平方值可以扩大相近数的差别,同时一个数平方后的中间几位与这个数的每一位都有关,因此,平方取中法产生的哈希地址较为均匀,冲突的机会相对较小。

对于平方取中法,到底取几位由哈希表的表长决定。

例如,将一组关键字{1100,0010,1110,1101,0100}平方后得{1210000,0000100,1232100,1212201,0010000}。如果表长为1000,则可取第2位~第4位作为哈希地址。那么,这组关键字的哈希地址为:{210,000,232,212,010}。

平方取中法适用于关键字值中的每一位取值都不够分散,或者相对比较分散的位数小于哈希地址所需要的位数的情况。

5. 折叠移位法

把一个关键字分成位数相同的若干段,然后将各段的叠加和(舍去进位)作为哈希地址。

折叠法又分为移位叠加和间界叠加两种。移位叠加是将各段的最低位对齐,然后相加;间界叠加则是两个相邻的段沿边界来回折叠,然后对齐相加。

【例8-14】 已知关键字351246783,且哈希表长度为1000,请采用折叠移位法求其哈希地址。

解:

根据哈希表长度可以将关键字分成三段,每段长为3位。

采用移位叠加得到的哈希地址为:

$$
\begin{array}{r}
3\ 5\ 1 \\
2\ 4\ 6 \\
+\ 7\ 8\ 3 \\
\hline
3\ 8\ 0
\end{array}
$$

采用间界叠得到的哈希地址为:

$$
\begin{array}{r}
3\ 5\ 1 \\
6\ 4\ 2 \\
+\ 7\ 8\ 3 \\
\hline
7\ 7\ 6
\end{array}
$$

折叠移位法适用于关键字位数很多,且关键字中每一位上数字分布大致均匀的情况。

8.7.3　处理冲突的方法

常用的处理冲突的方法有:开放定址法和链地址法。前者将所有结点都放在哈希表中,后者将互为同义词的结点放在一个单链表中。

1. 开放定址法

开放定址法是使用某种探查技术在哈希表中形成一个探查序列,当冲突发生时,沿此序列逐个单元地查找,直到找到空闲单元地址的方法。

按照形成探查序列的方法不同,可将开放定址法分为线性探查法、平方探查法、双哈希函数探查法等。

(1)线性探查法

线性探查法是从发生冲突的地址 d(初始探查的地址)开始,得到一个探查序列:

$$d, d+1, d+2, \cdots, m-1, 0, 1, \cdots, d-1 \ (m 为表长)$$

即先探查 d,然后依次探查 d+1,…,一直到 m-1,此后又循环到 0,1,…,直到探查到 d-1 为止。在每次探查中,若探查到的单元是空闲单元,则不再往下探查,把关键字插入该单元。

线性探查法探查序列的递推公式为：

$$\begin{cases} d_0 = h(key) \\ d_i = (d_{i-1} + 1)\%m \quad (1 \leqslant i \leqslant m - 1) \end{cases}$$

【例 8 – 15】 已知一组关键字为 $\{15,59,22,34,7,78\}$，哈希表长为 13，哈希函数为 $h(key) = key\%13$，请用线性探查法解决冲突构造这组关键字的哈希表。

解：

$h(15) = 15\%13 = 2$，不冲突，直接插入。

$h(59) = 59\%13 = 7$，不冲突，直接插入。

$h(22) = 22\%13 = 9$，不冲突，直接插入。

$h(34) = 34\%13 = 8$，不冲突，直接插入。结果如图 8 – 13(a) 所示。

$h(7) = 7\%13 = 7$，此时发生冲突。利用线性探查法处理冲突，获得下一个地址：$(7 + 1)\%13 = 8$，还是发生冲突。再次利用线性探查法处理冲突，获得下一个地址：$(8 + 1)\%13 = 9$，还是发生冲突。再次利用线性探查法处理冲突，获得下一个地址：$(9 + 1)\%13 = 10$，此时 10 号单元空闲，则插入，如图 8 – 13(b) 所示。

$h(78) = 78\%13 = 0$，不冲突，直接插入。最终结果如图 8 – 13(c) 所示。

哈希地址	0	1	2	3	4	5	6	7	8	9	10	11	12
关键字			15					59	34	22			

（a）插入 15,59,34,22

哈希地址	0	1	2	3	4	5	6	⑦	⑧	⑨	10	11	12
关键字			15					59	34	22	7		

（b）插入 7,产生冲突

哈希地址	0	1	2	3	4	5	6	7	8	9	10	11	12
关键字	78		15					59	34	22	7		

（c）构造的哈希表

图 8 – 13 利用线性探查法构造哈希表

利用线性探查法解决冲突时，会产生聚集现象。当表中第 $i, i + 1, \cdots, i + k$ 位置上已有结点时，一个哈希地址为 $i, i + 1, \cdots, i + k + 1$ 的结点都将插入在位置 $i + k + 1$ 上。把这种哈希地址不同的结点争夺同一个后继哈希地址的现象称为聚集。这将造成不是同义词的结点也处在同一个探查序列之中，从而增加了探查序列的长度，增加了查找时间。

（2）平方探查法

平方探查法是从发生冲突的地址 d 开始，得到一个探查序列：

$$d, d + 2^0, d - 2^0, d + 2^1, d - 2^1, d + 2^2, d - 2^2, \cdots$$

平方探查法的探查序列跳跃式地散列在整个哈希表中，可以减少聚集的发生。该方法的缺点是不能探查到整个哈希地址空间。

【例 8 – 16】 对例 8 – 15 的关键字序列采用平方探查法解决冲突构造哈希表。

解：

构造的哈希表如图 8 – 14 所示。只有关键字 7 产生了两次冲突。

h(7) = 7%13 = 7,冲突。利用平方探查法获取下一地址:(7 + 1)%13 = 8,再次冲突。再次利用平方探查法获取下一地址:(7 − 1)%13 = 6,不冲突,则插入。

哈希地址	0	1	2	3	4	5	6	7	8	9	10	11	12
关键字	78		15				7	59	34	22			

图 8 – 14　利用平方探查法构造哈希表

（3）双哈希函数探查法

双哈希函数法的探查序列是:

$$hi = (h(key) + i * h_1(key))\%m \quad (0 \leq i \leq m − 1)$$

即探查序列为:

$$d = h(key),(d + h_1(key))\%m,(d + 2h_1(key))\%m,\cdots$$

其中,h(key)和 h_1(key)均为哈希函数,因此称为双哈希函数探查法。在双哈希函数探查法中,要求 h_1(key)的值与 m 互素,这样才使发生冲突的同义词地址均匀地分布在整个哈希表中。

2. 链地址法

链地址法解决冲突的做法是:把所有关键字为同义词的数据元素存放在同一个单链表中。

若哈希表的长度为 m,则可将哈希表定义为一个由 m 个头指针组成的指针数组。哈希地址为 i 的数据元素,均插入到以指针数组第 i 个单元为头指针的单链表中。

【例 8 – 17】　对例 8 – 14 的关键字序列采用链地址法构造哈希表。

解:

构造的哈希表如图 8 – 15 所示。

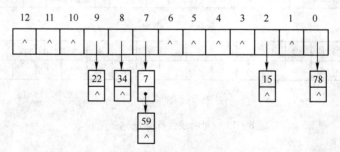

图 8 – 15　链地址法构造哈希表

与开放定址法相比,链地址法优点为:处理冲突简单,且无聚集现象,因此平均查找长度较短;在哈希表中,删除结点的操作易于实现。

与开放定址法相比,链地址法的缺点为:需要额外的空间存放指针,因此表较小时,开放定址法较为节省空间。

链地址法适用于冲突较严重及经常在哈希表中删除数据元素的场合。

8.7.4　哈希表的基本操作

对于不同的处理冲突方法,哈希表的类型定义也不同。本书采用开放定址法处理冲突,则哈希表类型定义为:

```
#define HASHSIZE 13              /*哈希表大小*/
#define DELFLAG  -1              /*删除标志*/

typedef struct{                  /*关键字*/
  int key;
}DataType;
typedef struct{
   DataType data;                /*数据域*/
   int times;                    /*比较次数*/
}HashTable[HASHSIZE];
```

在开放定址法中,若选用线性探查法处理冲突,则定义处理冲突的函数为:

```
int Collision(int d)
{/*线性探查*/
  return (d+1) % HASHSIZE;
}
```

若采用除留余数法构造哈希函数,即 h(key)=key%m,则构造的哈希函数为:

```
int HashFunc(int key)
{/*hash 函数*/
  return key % HASHSIZE;
}
```

1. 哈希表的查找

哈希表的查找过程与构建哈希表过程类似。查找过程如下。

① 根据待查找的数据元素 x 和建表时的哈希函数计算哈希地址。

② 若该地址所对应的单元为空,则查找失败;若不为空,则将该单元中结点的关键字与 x 的关键字相比较:

↳ 若相等则查找成功;

↳ 若不相等,则按建表时设定的处理冲突的方法找下一个地址。

③ 重复步骤②,直至某个单元为空,则查找失败或者与 x 的关键字比较并相等,则查找成功。

🔥 算法 8-7 哈希表的查找

```
int HashSearch(HashTable ht,DataType x)
{/*找到,则返回哈希地址;没找到,则返回负的哈希地址*/
  int addr;
  addr=HashFunc(x.key);                 /*获得哈希地址*/
  while(ht[addr].data.key!=NULL && ht[addr].data.key!=x.key)
    addr=Collision(addr);               /*没找到,处理冲突*/
  if(ht[addr].data.key==x.key)  return addr; /*查找成功*/
  else  return -addr;                   /*查找失败*/
}
```

　　哈希表在关键字与数据元素存储位置之间建立了映像关系,若哈希函数能够得到均匀的哈希地址,则查找过程无须进行任何元素的比较。但在一般情况下,都不可避免会产生冲突,使得哈希表的查找过程仍然是一个与关键字值比较的过程。因此,仍然要以平均查找长度衡量哈希表的查找效率。

　　在查找过程中,与关键字值比较的次数与三个因素有关,它们是:哈希函数、处理冲突的方法和哈希表的装填因子。

　　哈希函数选择得当,可使哈希地址尽可能地均匀分布在哈希地址空间上,从而减少冲突。反之,会加大冲突。

　　处理冲突方法选择不当也会引入新的冲突。

　　装填因子的定义为:a = 哈希表中已存入的数据元素数/哈希表的长度。它表示哈希表的装满程度。a 越小,冲突的可能性越小,但存储空间的利用率就越低;a 越大,冲突的可能性越大,但存储空间的利用率就越高。为了兼顾二者,一般选 a 在 0.6 ~ 0.9 的范围内。

　　表 8 - 3 列出了几种不同处理冲突方法下的哈希表平均查找长度。

表 8 - 3　　不同处理冲突方法下的哈希表平均查找长度

处理冲突方法	$ASL_{成功}$	$ASL_{失败}$
线性探查法	$\dfrac{1}{2}\left(1+\dfrac{1}{1-a}\right)$	$\dfrac{1}{2}\left[1+\dfrac{1}{(1-a)^2}\right]$
平方探查法	$\dfrac{1}{a}\ln(1-a)$	$\dfrac{1}{1-a}$
链地址法	$1+\dfrac{a}{2}$	$a+e^{-a}$

　　从表中可以看到,哈希表的平均查找长度不是 n 的函数,而是 a 的函数。因此,通过选择合适的 a,可以控制平均查找长度使其在合理范围之内。

2. 哈希表的插入

　　首先调用查找算法在哈希表中查找待插入的数据元素,若在表中找到待插入的数据元素,则不必插入;若在表中没找到待插入的数据元素,此时查找算法给出一个单元空闲的哈希地址,则将待插入的数据元素插入到该哈希地址对应的空闲单元中。

♨ 算法 8 - 8　哈希表的插入

```
int HashInsert(HashTable ht,DataType x)
{
    int addr;
    addr = HashSearch(ht,x);      /*在哈希表中查找*/
    if(addr >0) return 0;         /*找到,则不必插入*/
    ht[-addr].data = x;           /*没找到,则插入*/
    ht[-addr].times =1;
    return 1;
}
```

3. 哈希表的创建

首先要将表中各结点的关键字清空,使其地址为开放的;然后调用插入算法将给定的数据元素序列 items 依次插入哈希表中。

♨算法 8－9 哈希表的创建

```
void CreateHash(HashTable ht,DataType items[],int n)
{/* 利用所给关键字序列 items 创建哈希表,n 为关键字个数 */
  int i;
  for(i=0;i<HASHSIZE;i++)          /* 初始化哈希表 */
  {
    ht[i].data.key=NULL;
    ht[i].times=0;
  }
  for(i=0;i<n;i++)                 /* 依次向哈希表插入数据元素 */
    HashInsert(ht,items[i]);
}
```

4. 哈希表的删除

　　基于开放定址法的哈希表不能执行真正的删除操作,只能给被删除结点设置删除标记。以免在删除后,找不到比它晚插入且与它发生过冲突的数据元素。也就是说,如果执行真正的删除操作,会中断查找路径。若必须对哈希表做删除操作,则宜采用基于链地址法的哈希表。

♨算法 8－10 哈希表的删除

```
int HashDelete(HashTable ht,DataType x)
{
  int addr;
  addr=HashSearch(ht,x);          /* 查找数据元素 */
  if(addr>=0)                     /* 找到,则打上删除标记 */
  {
    ht[addr].data.key=DELFLAG;
    return 1;
  }
  return 0;
}
```

5. 哈希表的显示

♨算法 8－11 哈希表的显示

```
void DisplayHash(HashTable ht)
{
  int i;
  printf("\n 哈希表 \n 哈希地址:\t");
  for(i=0;i<HASHSIZE;i++)
    printf("% d\t",i);
```

```
        printf("\n 关键字:\t");
        for(i = 0;i < HASHSIZE;i + +)
          if(ht[i].data.key! = NULL)
            printf("% d\t",ht[i].data.key);
          else
            printf("\t");
        printf("\n");
      }
```

【例 8 – 18】　对关键字序列{15,59,22,34,7,78},编写程序完成以下操作:
① 采用线性探查法解决冲突构造哈希表;
② 在哈希表中,查找关键字为 7 的数据元素;
③ 删除哈希表中关键字为 7 的数据元素。

【程序设计】

```
      int main(int argc, char * argv[])
      {
        int addr;
        DataType x;
        DataType items[6] = {15,59,22,34,7,78};
        HashTable ht;
        CreateHash(ht,items,6);                /* 使用算法 8 – 9 */
        DisplayHash(ht);                       /* 使用算法 8 – 11 */
        x.key = 7;
        addr = HashSearch(ht,x);               /* 使用算法 8 – 7 */
        if(addr > = 0)
          printf("所查找数据元素(% d)的哈希地址为[% d]\n",x.key,addr);
        else
          printf("哈希表中不存在数据元素(% d)",x.key);
        HashDelete(ht,x);                      /* 使用算法 8 – 10 */
        DisplayHash(ht);
        return 0;
      }
```

8.8　综合实例——十大流行歌手排行榜

【问题描述】
　　现在社会上各种排行评比越来越多,其中较有影响的就是十大流行歌手排行榜。为了便于评比、统计和发布十大流行歌手排行榜,需要能够完成以下功能的软件:
　　① 统计和显示排行榜;
　　② 为喜欢的歌手投票;
　　③ 查看上榜歌手的主打歌曲;
　　④ 查看歌手的票数。

【问题分析】

通过对一段时间的投票情况进行统计,按得票数取前十名,即可得到十大流行歌手排行榜。

由于需要对一段时间的投票数进行统计,因此必须保存投票情况。一个比较好的选择是使用文件保存,可以把每一个月的投票情况分别保存在一个文件中,这样一年的投票情况只需要 12 个文件即可。为了节省篇幅,这里只使用了一个文件,如果读者感兴趣,可以对这个程序加以完善。为了查找的方便,对文件中的数据按哈希表形式组织,以歌手的名字作为关键字。

为歌手投票,就是在哈希表中查找歌手的过程。若找到歌手,则为歌手添加一票;若没找到歌手,则在哈希表中插入该歌手。

查看歌手的主打歌曲和查看歌手的票数,都是对哈希表进行查找操作。

为了完成统计和显示排行榜,使用了二叉排序树,因为二叉排序树的中序遍历序列就是一个有序序列。当然,也可以使用第 9 章讲述的各种排序方法。

【问题实现】

1. 数据结构

```
#include "stdio.h"
#include "malloc.h"
#include "string.h"
#include "stdlib.h"
#define HASHSIZE 41              /*哈希表长*/
#define NULLKEY "\0"             /*空关键字*/
typedef int KeyType;            /*关键字类型*/
typedef struct{                 /*歌手信息*/
  KeyType key;                  /*得票数*/
  char pinyin[20];             /*用拼音表示的姓名,用于计算哈希地址*/
  char name[10];               /*歌手姓名*/
  char song[50];               /*主打歌曲*/
}DataType;
typedef struct Node{
  DataType data;                /*数据域*/
  struct Node * left, * right;  /*左右孩子指针域*/
}BSTNode, * BSTree;
typedef struct{
  DataType data;
}HashItem,HashTable[HASHSIZE];
```

2. 操作实现

(1) 初始化排行榜

在程序初始化时,根据文件内容建立哈希表。以后,为歌手投票和查询歌手信息都是对这个哈希表进行操作。

```
void CreateBoard(HashTable ht,char filename[])
{/* ht 为根据文件内容建立的哈希表,filename 为文件名*/
  DataType items[HASHSIZE];
```

```
    int n = 0;
    n = ReadBoard(filename,items);          /*读取文件*/
    CreateHash(ht,items,n);                 /*按文件内容建立哈希表,使用算法8-9*/
}
```

（2）为歌手投票

为歌手投票分为两种情况：一是歌手已经在榜上,那么给歌手的票数增一；二是歌手不在榜上,那么把歌手插入哈希表中,并保存在文件中。

```
    void Vote(HashTable ht,char filename[],DataType x)
    {/* ht 为哈希表,filename 为文件名,x 为歌手信息*/
    DataType items[HASHSIZE];
    int addr;
    addr = HashSearch(ht,x);          /*在哈希表中查找歌手,使用算法8-7*/
    if(addr > 0)                      /*哈希表中已有该歌手,则票数增一*/
    {
      ht[addr].data.key + +;
      x = ht[addr].data;
    }
    else                             /*哈希表中没有该歌手,则插入哈希表*/
    {
      addr = - addr;
      ht[addr].data = x;
    }
    WriteBoard(filename,x,addr);/*歌手信息保存在文件中*/
    printf("\n - -OK! - - \n \n");
    }
```

（3）显示排行榜

把文件内的歌手信息读取出来,然后以这些内容构造二叉排序树。构造二叉排序树的目的是按照歌手得票情况排序,排序后的结果就是排行榜。

```
    void DispBoard(char filename[])
    {/* filename 为文件名*/
    BSTree r;  int n = 0;
    DataType items[HASHSIZE];
    n = ReadBoard(filename,items);          /*读取文件内容*/
    CreateBSTree(&r,items,n);               /*以文件内容,构造二叉排序树*/
    printf("\n \n \t 十大流行歌手排行榜 \n");
    printf("\t 歌手名字[得票数] \n");
    printf("-------------------------------------\n");
    DisplayBST(r);                /*中序遍历二叉排序树,以升序显示榜单内容*/
    printf("\n \n");
    }
```

（4）查询歌手得票情况

根据歌手的名字,在哈希表中查找歌手,并显示歌手的得票数。

```
void DispVote(HashTable ht,DataType x)
{/* ht 为哈希表,x 为要查找的歌手信息 */
  int addr;
  addr = HashSearch(ht,x);
  if(addr > = 0)
    printf("\n\n 歌手% s 的票数为 [% d]\n\n",ht[addr].data.name,ht[addr].
data.key);
    else  printf("\n 没有你要查找的歌手 \n");
}
```

(5) 查询歌手主打歌曲

根据歌手的名字,在哈希表中查找歌手,并显示歌手的主打歌曲。

```
void DispSong(HashTable ht,DataType x)
{/* ht 为哈希表,x 为要查找的歌手信息 */
  int addr;
  addr = HashSearch(ht,x);
  if(addr > = 0)
    printf("\n\n 歌手% s 的主打歌曲为 [% s]\n\n",ht[addr].data.name,ht[addr].
data.song);
    else  printf("\n 没有你要查找的歌手 \n");
}
```

(6) 哈希函数

根据以拼音表示的歌手姓名计算哈希地址。h(key) = key% HASHSIZE,其中,key 为所有拼音的 ASCII 码值的累加和,HASHSIZE 为表长。

```
int HashFunc(char key[])
{/* key 为歌手的姓名 */
  int addr = 0 ,i = 0;
  while(key[i]! = '\0'){addr + = (int)key[i];i + + ;}
  return addr % HASHSIZE;
}
```

(7) 读取整个文件的内容

生成的文件为二进制随机存取文件,文件内容为每个上榜歌手的信息,即 DataType 类型的数据。文件中的记录按照哈希地址来存放。

```
int ReadBoard(char filename[],DataType items[])
{/* filename 为文件名,用 items 返回读取的内容 */
  FILE * fp;
  int n = 0;
  HashItem hi[HASHSIZE];
  fp = fopen(filename,"rb");              /* 打开文件 */
  if(fp = = NULL){  printf("不能打开文件!");return -1;}
  while(!feof(fp))                        /* 读取文件 */
  {
```

```
       fread(&hi[n],sizeof(HashItem),1,fp);
       items[n]=hi[n].data;              /*返回读取的内容*/
       n++;
   }
   fclose(fp);                            /*关闭文件*/
   return n;
}
```

（8）写文件

把修改后的歌手信息或新上榜歌手信息写入文件中的指定位置,这个位置 offset 就是哈希地址。

```
int WriteBoard(char filename[],DataType x,long offset)
{/* filename 为文件名,x 为要写入的内容,offset 为 x 在文件中的偏移量*/
   FILE * fp;
   HashItem item;
   item.data=x;
   fp=fopen(filename,"r+b");                /*打开文件*/
   if(fp==NULL){ printf("不能打开文件!");return 0;}
   fseek(fp,offset * sizeof(HashItem),SEEK_SET);  /*设置保存位置*/
   fwrite(&item,sizeof(HashItem),1,fp);          /*保存*/
   fclose(fp);                                    /*关闭文件*/
   return 1;
}
```

（9）在哈希表中查找

在 8.7 节中,哈希表的关键字均为整数,而本程序中的关键字为字符串(歌手姓名),因此,所有算法的关键字比较,均要换成 strcmp() 函数。下面以在哈希表中查找为例说明,其他算法也按此方法修改,不再赘述。

```
int HashSearch(HashTable ht,DataType x)
{
   int addr;
   addr=HashFunc(x.pinyin);
   while(strcmp(ht[addr].data.pinyin,NULLKEY) && strcmp(ht[addr].data.piny-
in,x.pinyin))
       addr=Collision(addr);
   if(!strcmp(ht[addr].data.pinyin,x.pinyin))  return addr;
   else  return -addr;
}
```

3. 主函数

```
int main(int argc, char * argv[])
{
   HashTable ht;
```

```
    int choice = 0;
    DataType x;
    char filename[] = "c:\\Book\\ch8\\instance7\\boards.dat";
    CreateBoard(ht,filename);
    do{
printf("*******************************************\n");
    printf("*      十大流行歌手排行榜      *\n");
printf("* -------------------------------------- *\n");
    printf("*   1.给喜欢的歌手投票           *\n");
    printf("*   2.查看上榜歌手主打歌曲         *\n");
    printf("*   3.查看歌手票数            *\n");
    printf("*   4.排行榜               *\n");
    printf("*   0.退出               *\n");
printf("*******************************************\n");
    printf("\nPlease select(1,2,3,4,0):");
    scanf("%d",&choice);
    if(choice < 0 || choice > 4)  continue;
    switch(choice)
    {
    case 1:           /*投票*/
      flushall();
      printf("\n请输入歌手名字:");  gets(x.name);
      printf("\n请输入歌手拼音名字:");  gets(x.pinyin);
      printf("\n请输入主打歌曲名字:");  gets(x.song);  x.key =1;
      Vote(ht,filename,x);break;
    case 2:           /*查看主打歌曲*/
      flushall();
      printf("\n请输入歌手拼音名字:");  gets(x.pinyin);
      DispSong(ht,x);break;
    case 3:           /*查看票数*/
      flushall();
      printf("\n请输入歌手拼音名字:");  gets(x.pinyin);
      DispVote(ht,x);break;
    case 4:           /*显示排行榜*/
      DispBoard(filename);break;
    case 0:
      exit(0);
    }
    }while(1);
    return 0;
}
```

运行结果如图 8 - 16 所示。

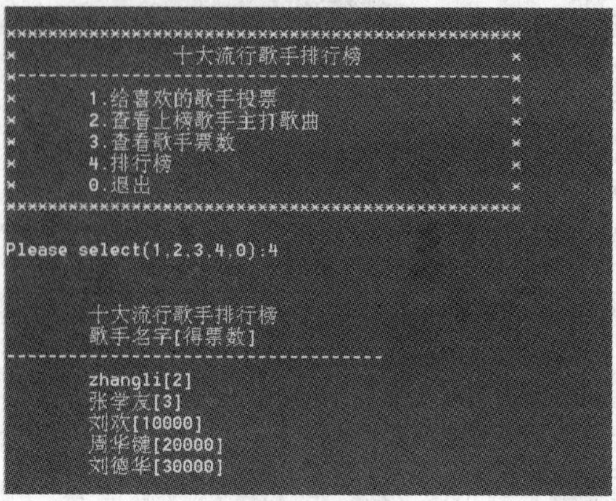

图 8 - 16　运行结果

8.9　习题

一、单项选择题

1. 对有 n 个数据元素的顺序表做顺序查找时,若查找每个元素的概率相同,则平均查找长度为(　　)。

　　A. (n-1)/2　　　　　　B. n/2　　　　　　C. (n+1)/2　　　　　D. n

2. 对长度为 4 的顺序表进行查找,若查找第一个元素的概率为 1/24,第二个元素的概率为 1/6,第三个元素的概率为 2/3,第四个元素的概率为 1/8,则查找任一个元素的平均查找长度为(　　)。

　　A. 23/8　　　　　　B. 20/8　　　　　　C. 17/8　　　　　　D. 14/8

3. 下面有关折半查找的叙述中,正确的是(　　)。

A. 数据元素必须有序排列,可以采用顺序存储,也可以采用链式存储

B. 数据元素必须有序排列,且必须采用顺序存储

C. 数据元素必须有序排列,而且只能从大到小排列

D. 数据元素可以有序排列,也可以无序排列

4. 对有 14 个数据元素的有序表 A[14] 进行折半查找,搜索到 A[5] 的关键字等于给定值,此时元素比较顺序依次为(　　)。

　　A. A[8],A[5],A[6],A[7]　　　　　　B. A[1],A[8],A[7],A[6]

　　C. A[6],A[4],A[8],A[5]　　　　　　D. A[6],A[2],A[4],A[5]

5. 已知一个长度为 16 的顺序表 L,其元素按关键字有序排列,若采用折半查找法查找一个 L 中不存在的元素,则关键字的比较次数最多是(　　)。(2010 年考研题)

　　A. 4　　　　　　　　B. 5　　　　　　C. 6　　　　　　　D. 7

6. 当采用分块查找时,数据的组织方式为(　　)。

A. 数据必须有序

B. 数据不必有序

C. 数据分成若干块,每块内数据不必有序,但块间必须有序

D. 数据分成若干块,每块内数据必须有序,但块间不必有序

7. 二叉排序树根结点的左子树中所有结点关键字值(　　　)右子树中所有结点的关键

字值。

    A. 小于   B. 等于   C. 大于   D. 大于等于

8. 分别用下列序列构造二叉排序树,与用其他三个序列所构造的结果不同的是(   )。

    A. {100,70,40,90,140,150,110}

    B. {100,70,90,40,140,110,150}

    C. {100,140,110,150,70,40,90}

    D. {100,40,70,90,140,110,150}

9. 一棵 8 阶 B - 树中,根结点具有(   )棵子树。

    A. 2 ~ 8   B. 1 ~ 8   C. 4 ~ 8   D. 2 ~ 4

10. 以下有关 m 阶 B - 树的叙述中,错误的是(   )。

    A. 根结点至多有 m 棵子树   B. 每个结点至少有 $\lceil m/2 \rceil$ 棵子树

    C. 所有叶子结点都在同一层上   D. 每个结点至多有 m - 1 个关键字

11. 下面关于哈希表的说法中,正确的是(   )。

    A. 不管采用何种处理冲突方法,都可直接删除元素

    B. 哈希表不需比较关键字即可查找到元素

    C. 哈希函数构造的越复杂,冲突就越小

    D. 哈希函数在关键字与哈希地址之间建立映像

12. 哈希表的地址区间为 0 ~ 17,哈希函数为 h(key) = K % 17。采用线性探测法处理冲突,并将关键字序列{26,25,72,38,8,18,59}依次存储到哈希表中,则存放元素 59 需要搜索的次数是(   )。

    A. 5   B. 4   C. 3   D. 2

13. 设有一组关键字为{19,15,23,2,68,20,84,28,55,11,10,80},用链地址法构造哈希表,哈希函数为 h(key) = key% 13,则哈希地址为 2 的链表中有(   )个记录。

    A. 1   B. 2   C. 3   D. 4

14. 若采用链地址法构造哈希表,哈希函数为 h(key) = key % 13,则需(   )个链表。

    A. 13   B. 15   C. 17   D. 任意

15. 为提高哈希表的查找效率,可以采取的正确措施是(   )。(2011 年考研题)

    Ⅰ. 增大装填(载)因子

    Ⅱ. 设计冲突(碰撞)少的哈希函数

    Ⅲ. 处理冲突(碰撞)时避免产生聚集(堆积)现象

    A. 仅Ⅰ   B. 仅Ⅱ   C. 仅Ⅰ、Ⅱ   D. 仅Ⅱ、Ⅲ

二、填空题

1. 动态查找表和静态查找表的主要区别在于:_____。

2. 顺序查找在查找成功情况下的平均查找长度为_____;在查找失败情况下的平均查找长度为_____。

3. 折半查找只能使用_____存储结构。

4. 已知一个有序表为{10,23,35,46,48,55,59,64,72,83,88,99},当用折半查找方法查找值为 46 和 83 的元素时,分别需要比较_____次和_____次才能查找成功;若采用顺序查找时,分别需要比较_____次和_____次才能查找成功。

5. 索引顺序表上的查找分两个阶段,它们是_____和_____。

6. 二叉排序树查找成功时的平均查找长度一般为_____。

7. 在一棵 m 阶 B - 树中,若在某结点中插入一个新关键字而引起该结点分裂,则此结点中原有的关键字的个数是_____;若在某结点中删除一个关键字而导致结点合并,则该结点中原有的关键字的个数是_____。

8. 哈希函数的构造方法主要有_____、_____、_____、_____和_____。

9. 在哈希函数 h(key) = key % m 中,m 值最好取_____。

10. 在各种查找方法中,平均查找长度与结点个数 n 无关的查找方法是_____。

三、问答题

1. 顺序查找时间为 O(n),折半查找时间为 O(log₂n),哈希法为 O(1),为什么有高效率的查找方法而低效率的方法不被放弃?

2. 为什么有序的单链表不能进行折半查找?

3. 在查找算法中,监视哨的作用是什么?

4. 已知一个有 7 个数据元素的有序顺序表,其关键字为{3,18,25,37,69,87,99}。请给出用折半查找方法查找关键字值 18 的查找过程。

5. 已知关键字序列为{53,17,19,61,98,75,79,63,46,40},请给出利用这些关键字构造的二叉排序树。

6. 对如图 8 - 17 所示的二叉排序树,给出删除关键字 85 后的二叉排序树。

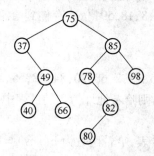

图 8 - 17   二叉排序树

7. 对图 8 - 18 所示的 3 阶 B - 树,给出插入关键字 93 后的 B - 树。

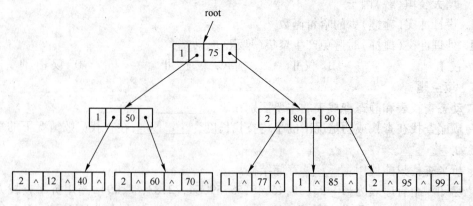

图 8 - 18   3 阶 B - 树

8. 已知一组关键字为{5,88,12,56,71,28,33,43,93,17},哈希表长为13,哈希函数为 h(key) = key%13,处理冲突分别采用线性探查法和平方探查法,试构造这组关键字的哈希表,并计算查找成功时的平均查找长度。

9. 对第8题的关键字序列采用链地址法构造哈希表,并计算查找成功时的平均查找长度。

10. 将关键字序列{7,8,30,11,18,9,14}存储到哈希表中。哈希表的存储空间是一个下标从0开始的一维数组,哈希函数为:h(key) = (key×3)MOD 7,处理冲突采用线性探测再散列法,要求装填(载)因子为0.7。(2010年考研题)

(1) 请画出所构造的哈希表。

(2) 计算等概率情况下,查找成功时的平均查找长度。

四、算法设计题

1. 在顺序查找算法8 -1中,把监视哨设在0号单元。如果把监视哨设在 n 号单元,则如何修改顺序查找算法?

2. 已知无序顺序表 L 中有 m 个数据元素,试编写算法为 L 建立一个有序的索引表,要求索引表中的每一项含数据元素的关键字和该数据元素在顺序表中的序号。

3. 编写一个递归算法,实现折半查找。

4. 已知二叉排序树采用二叉链表作为存储结构,且二叉排序树的各元素值均不相同,试设计递归算法,按递减次序输出所有左子树非空,右子树为空的结点的数据域的值。

5. 设计一个算法,判断所给的二叉树是否为二叉排序树。

6. 设计一个递归算法,在二叉排序树中查找指定的数据元素。

7. 设计一个算法,输出给定二叉排序树中值最大的结点。

8. 试设计一个算法,实现按递增有序输出二叉排序树结点数据域的值,如果有相同的数据元素,则仅输出一个。

9. 已知哈希表的表长为 m,哈希函数 h(key) = key%m,采用线性探查法处理冲突,试设计一个算法分别计算查找成功时和查找失败时的平均查找长度。

10. 已知哈希表的表长为 m,哈希函数 h(key) = key%m,采用平方探查法处理冲突,试设计算法完成在哈希表中查找指定数据元素,以及在哈希表中插入指定数据元素。

8.10　实验

【实验8 -1】　折半查找。

1. 实验目的

(1) 通过实验进一步理解折半查找的基本思想。

(2) 掌握折半查找算法的实现方法。

(3) 分析折半查找成功和失败的条件。

2. 实验内容

已知关键字序列{5,25,38,49,57,79,82,105},完成以下操作。

(1) 查找关键字为82的数据元素,若找到,则输出该数据元素在表中位置;否则给出查找失败的信息。分析程序和实验结果,找出查找成功的条件。

(2) 查找关键字为35的数据元素,若找到,则输出该数据元素在表中位置;否则给出查找失败的信息。分析程序和实验结果,找出查找失败的条件。

3. 选作

已知学生成绩表的数据元素类型为:

```
struct grade{
    int id;            /* 学号 */
    float score;       /* 某门课程的成绩 */
};
```

要求:

(1)按学号递增有序建立学生成绩表。

(2)采用折半查找方法查找指定学号的学生成绩并输出。

【实验 8−2】 二叉排序树。

1. 实验目的

(1)了解二叉排序树的特点。

(2)掌握建立二叉排序树的算法。

(3)掌握二叉排序树的查找方法。

2. 实验内容

已知关键字序列{49,79,25,38,57,5,82,105},完成以下操作。

(1)从键盘上按以上次序分别输入关键字,根据输入的关键字建立二叉排序树。

(2)对建立的二叉排序树,查找关键字值为 38 和 79 的数据元素,并显示查找结果。

(3)想一想,改变关键字的输入顺序能有什么结果。

第 9 章 排   序

与查找一样,排序也是经常使用的方法。在各种软件设计过程中,都不可避免地会遇到排序问题。而排序方法也是层出不穷,主要有插入排序、交换排序、选择排序、归并排序和基数排序。由于排序方法众多,不可能一一介绍,本章只对典型的排序方法予以介绍。

本章主要介绍排序的基本概念,各种内排序方法以及它们的特点,各种排序算法的比较和选择。

9.1 排序的基本概念

将一组次序任意的数据元素转变为按其关键字值递增(或递减)次序排列的过程,称为排序。

例如,对表 9 - 1 所示的图书销售表,可以按销售额递增的次序排序,也可以按销售量递减的次序排序,分别得到不同的有序序列。

表 9 - 1   图书销售表

序 号	ISBN 号	书 名	单 价	销 量	销售 额
0	7 - 4302 - 7685 - 31	数据结构	28	4000	112000
1	5 - 2302 - 3849 - 2	数据库	25.8	460	11868
2	9 - 7809 - 2345 - 9	C 语言程序设计	20.5	3500	71750
3	3 - 5271 - 4987 - 3	面向对象程序设计	25.8	2700	69660
⋮	⋮	⋮	⋮	⋮	⋮
n - 1	8 - 8708 - 2509 - 8	微机原理	35	1200	42000

在一组数据元素中,关键字值相同的数据元素可能只有一个,也可能存在多个。若存在多个关键字值相同的数据元素,经过排序后,这些具有相同关键字值的数据元素之间的相对次序保持不变,则称这种排序方法是**稳定的排序方法**;反之,若具有相同关键字值的数据元素,在排序后,数据元素之间的相对次序发生了变化,则称这种排序方法是**不稳定的排序方法**。排序方法的稳定性是衡量排序方法的一个标准。

例如,对表 9 - 1 所示的图书销售表按单价排序。在排序前,"数据库"在次序上领先于"面向对象程序设计"。若排序后,"数据库"仍领先于"面向对象程序设计",则这种排序方法是稳定的排序方法;若排序后,"面向对象程序设计"领先于"数据库",则这种排序方法是不稳定的排序方法。

在排序过程中,可能使用内存储器,也可能使用外存储器。当参加排序的数据元素的数量不多,能够全部调入内存中进行排序,则称之为**内部排序**。若参加排序的数据元素的数量较大,需要分批调入内存进行排序,排序后再分批存回外存储器,则称之为**外部排序**。本章只介绍内部排序方法,不介绍外部排序方法。

内部排序方法可在不同的存储结构上实现,但待排序的数据元素集合以线性表为主,因此存储结构多选用顺序表和链表。而顺序表具有随机存取特性,因此本章介绍的排序方法都是针对顺序表的,同时为了讨论排序方法的方便,定义顺序表为:

```
#define MAXSIZE    100
typedef int KeyType;          /* 关键字类型 */
typedef int DataType;
typedef struct{               /* 数据元素类型 */
    KeyType key;              /* 关键字 */
    DataType data;           /* 其他数据 */
} SortItem , SqList[ MAXSIZE ];
```

需要说明的是:本章讨论的排序方法均是按关键字非递减有序设计的,非递增有序与此类似,不再赘述。

9.2 插入排序

插入排序的基本思想是:将数据元素集合分成两部分,一部分为有序区,一部分为无序区。每次从无序区中取出一个数据元素,按其关键字大小将其插入到有序区的适当位置上,直到全部数据元素都插入到有序区中为止。

常用的插入排序有直接插入排序、折半插入排序和希尔排序。

9.2.1 直接插入排序

1. 基本思想

依次将待排序数据元素按其关键字的大小插入到有序区的适当位置上,这就是直接插入排序。

假设待排序的数据元素存放在数组 L 中。初始时,由第一个数据元素 L[0]构成有序区,其他数据元素构成无序区。从第二个数据元素 L[1]开始,依次将数据元素 L[i] ($1 \leqslant i \leqslant n-1$)插入到有序区中。每一次的插入过程称为一趟直接插入排序。

第 i 趟直接插入排序开始时,当前有序区和无序区分别为 L[0]~L[i-1]和 L[i]~L[n-1] ($1 \leqslant i \leqslant n-1$)。排序时,待插入数据元素 L[i]与当前有序区 L[0]~L[i-1]中的数据元素依次比较,直至找到 L[i]的正确插入位置 j,然后将 L[j]~L[i-1]中的数据元素均后移一个位置,最后将 L[i]插入到空出的 j 位置上,如图 9-1 所示。如果 L[i]的关键字大于等于有序区的所有数据元素的关键字,则 L[i]不需插入直接进入有序区。重复此过程,直至 i=n 为止,此时有序区中包含了已排序的全部数据元素。

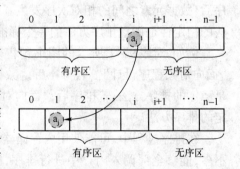

图 9-1 直接插入排序示意图

【例9-1】 已知关键字序列{25,6,23,11,67,45},请给出直接插入排序的每一趟结果。

解:

排序过程如图9-2所示。其中,带有横线部分为有序区,虚线圆为待插入数据元素。

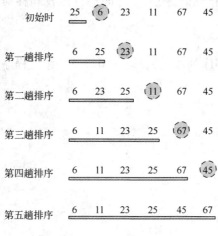

图9-2　直接插入排序过程

2. 算法实现

♨ 算法9-1　直接插入排序

```
void InsertSort(SqList L,int n)
{/* L 为待排序的顺序表,n 为待排序数据元素个数 */
  int i,j;
  SortItem p;
  for(i = 1;i < n;i + + )
  {
    p = L[i];
    for(j = i - 1;j > = 0 && p.key < L[j].key;j - - )/* 后移,空出插入位置 */
      L[j + 1] = L[j];
    L[j + 1] = p;                              /* 插入 */
  }
}
```

(1) 最好情况下的时间复杂度

从以上直接插入排序的算法可以看出,当给定的数据元素序列有序时,关键字之间进行比较的次数最少,为 $n-1$(即 $\sum_{i=1}^{n} 1$),不需移动数据元素,即最好情况下的时间复杂度为 $O(n)$。

(2) 最坏情况下的时间复杂度

当给定的数据元素序列为逆序(按关键字非递增有序)时,关键字之间进行比较的次数达到最大值$(n+2)(n-1)/2$(即 $\sum_{i=1}^{n-1} i$),数据元素的移动次数也达到最大值$(n+4)(n-1)/2$

（即 $\sum\limits_{i=1}^{m}(i+2)$)，即最坏情况下的时间复杂度为 $O(n^2)$。

（3）平均时间复杂度

若所给数据元素是随机排列的，关键字之间进行比较和移动的次数约为 $n^2/4$，即直接插入排序的时间复杂度为 $O(n^2)$。

直接插入排序是稳定的排序方法。

【例 9 – 2】 已知关键字序列 |25,6,23,11,67,45|，编写程序用直接插入排序算法对关键字序列进行排序。

```
#define MAXSIZE  100
typedef int KeyType;
typedef int DataType;
typedef struct{
  KeyType key;
  DataType data;
}SortItem , SqList[MAXSIZE];
int main(int argc, char * argv[])
{
  SqList L;
  KeyType items[] = {25,6,23,11,67,45};
  int i,n = 6;
  for(i = 0;i < n;i + +)          /*产生关键字序列 */
    L[i].key = items[i];
  InsertSort(L,n);               /*使用算法 9 – 1 进行直接插入排序 */
  for(i = 0;i < n;i + +)          /*输出排序结果 */
    printf("% d\t",L[i].key);
  return 0;
}
```

9.2.2　折半插入排序

1. 基本思想

从直接插入排序过程可以看出，在每趟直接插入排序过程中，均在有序区寻找插入位置，因而可以采用折半查找方法寻找插入位置，这就是折半插入排序。

2. 算法实现

　　　　　　　　　　　　 ♨ 算法 9 – 2　折半插入排序

```
void BiInsertSort(SqList L,int n)
{/* L 为待排序的顺序表,n 为待排序数据元素个数 */
  int i,j,low,upper,mid;
  SortItem p;
  for(i =1;i < n;i + +)
```

```
{
  p = L[i];
  low = 0;
  upper = i - 1;
  while(low < = upper)      /* 折半查找插入位置 */
  {
    mid = (low + upper)/2;
    if(p.key < L[mid].key)  upper = mid - 1;
    else  low = mid + 1;
  }
  for(j = i - 1;j > = low;j - - )  /* 后移 */
    L[j + 1] = L[j];
  L[low] = p;              /* 插入 */
}
}
```

折半插入排序与直接插入排序相比,仅减少了关键字之间的比较次数,而数据元素的移动次数不变,因此折半插入排序的时间复杂度仍为 $O(n^2)$。

9.2.3　希尔排序

1. 基本思想

希尔(Shell)排序又称缩小增量排序,是时间效率较高的插入排序方法。

希尔排序的基本思想是:先确定一个增量 d,然后按增量的倍数所对应的数组下标值,从待排序序列中抽取数据元素组成若干子序列,最后对子序列分别作直接插入排序,这样的操作过程就是一趟希尔排序。进行下一趟希尔排序时,先确定一个更小的增量,然后再作以上操作,直至增量为 1,作最后一次直接插入排序,由于序列已经基本有序,此时只需要作很少的比较和移动就可以获得有序序列。

【例 9 - 3】 已知关键字序列{58,43,29,76,10,35,66,15},请给出希尔排序的每一趟结果。

解:

第一趟希尔排序时,增量 d 为 4,因此把待排序序列分成四个子序列,分别是{58,10},{43,35},{29,66}和{76,15}。对每一个子序列分别用直接插入排序,得到结果如图 9 - 3(a)所示。从排序过程可以看出,对数据元素 10,如果用直接插入排序,有序区的数据元素需要比较和移动 4 次,而希尔排序只需要 1 次。

第二趟希尔排序,增量 d 为 2,因此把待排序序列分成两个子序列,分别是{10,29,58,66}和{35,15,43,76}。对每一个子序列分别用直接插入排序,得到结果如图 9 - 3(b)所示。此时,数据元素序列基本有序。

第三趟希尔排序,增量 d 为 1,则把待排序序列分成一个子序列 {10,15,29,35,58,43,66,76}。对该子序列用直接插入排序,得到结果如图 9 - 3(c)所示。

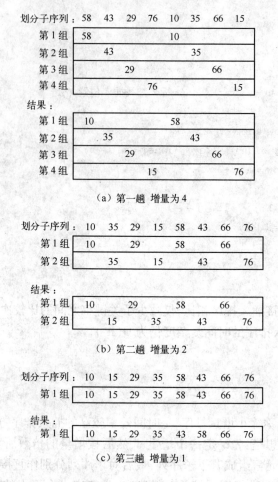

（a）第一趟　增量为4

（b）第二趟　增量为2

（c）第三趟　增量为1

图9－3　希尔排序过程

2. 算法实现

♨算法9－3　希尔排序

```
void ShellSort(SqList L,int n)
{/* L 为待排序的顺序表,n 为待排序数据元素个数 */
   int i,j,d;
   SortItem p;
   for(d = n/2;d > = 1;d/=2)      /* 计算每趟的增量,并逐渐缩小增量 */
   {
      /* 子序列中相隔增量 d 的数据元素进行直接插入排序(可与算法9－1 对比) */
      for(i = d;i < n;i + +)
      {
        p = L[i];
        for(j = i－k;j > = 0 && p.key < L[j].key;j － = k)
          L[j + k] = L[j];
        L[j + d] = p;
      }
```

```
        for(i = 0;i < n;i + +)        /* 输出每趟排序结果 * /
            printf("% d \t",L[i].key);
        printf("\n \n");
    }
}
```

希尔排序的时间复杂度分析比较复杂,它与所选择的增量有很大关系,目前还没有人给出比较次数与增量之间的确切关系,因此,当增量选择合理的前提下,希尔排序的时间复杂度在 $O(nlog_2n)$ 与 $O(n^2)$ 之间。

希尔排序是不稳定的排序方法。

3. 增量的选择

到目前为止,增量选择也没有定论,常用的有两种增量选择方法:

① 选择初始增量 $d_1 = \lfloor n/2 \rfloor$ (n 为数据元素个数),其他增量 $d_i = \lfloor d_{i-1}/2 \rfloor$,反复迭代直至增量为 1 为止。算法 9 - 3 就是采用该方法得到增量的。

② 选择最后增量 $d_m = 1$,其他增量 $d_{i-1} = 3d_i + 1$ 。

9.3　交换排序

交换排序的基本思想是:对待排序数据元素,两两比较其关键字,若发现存在逆序(两个关键字按非递增次序排列),则交换这两个数据元素,一直到待排序数据元素序列中没有逆序为止。

常用的交换排序方法有冒泡排序和快速排序。

9.3.1　冒泡排序

1. 基本思想

冒泡排序的基本思想是:假设数据元素存放于数组 L 中,初始时,有序区为空,无序区为 $L[0] \sim L[n-1]$;在无序区中,每次均从头至尾依次比较相邻的两个数据元素 $L[j]$ 与 $L[j+1]$,若存在逆序(即 $L[j] > L[j+1]$),则交换二者的位置。每执行这一个过程称为一趟冒泡排序。

第 i 趟排序前, $L[0] \sim L[i]$ 为当前无序区, $L[i-1] \sim L[n-1]$ 为当前有序区。排序时,从无序区的第一个数据元素开始,依次比较相邻的两个数据元素 $L[j]$ ($1 \le j \le i-1$)与 $L[j+1]$,如果是逆序,即 $L[j] > L[j+1]$,则交换,否则不交换。一直比较到无序区的最后一个数据元素,此时无序区中关键字值最大的数据元素被交换到无序区的最后一个位置上。经过第 i 趟排序后,无序区变为 $L[0] \sim L[i-1]$,有序区变为 $L[i] \sim L[n-1]$ 。如果在冒泡排序过程中,始终未发生数据元素交换,说明没有逆序存在,数据元素序列已经有序。此时可提前结束排序过程。

重复以上排序过程 n - 1 次,即可将无序序列变成有序序列。

【例 9 - 4】 已知关键字序列 {98,25,70,36,13,85} ,请给出冒泡排序的每一趟结果。

解:

排序过程如图 9 - 4 所示。其中,带有横线部分为有序区,虚线圆为被交换到有序区的数据元素。

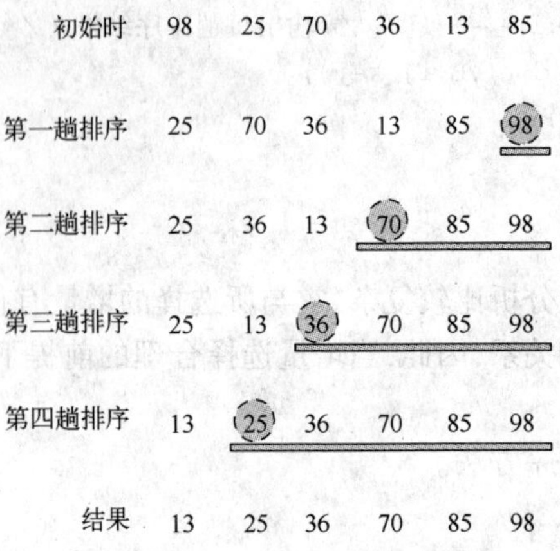

初始时	98	25	70	36	13	85
第一趟排序	25	70	36	13	85	(98)
第二趟排序	25	36	13	(70)	85	98
第三趟排序	25	13	(36)	70	85	98
第四趟排序	13	(25)	36	70	85	98
结果	13	25	36	70	85	98

图 9 - 4　冒泡排序过程

2. 算法实现

算法 9 - 4　冒泡排序

```
void BubbleSort(SqList L,int n)
{/* L 为待排序的顺序表,n 为待排序数据元素个数 */
  int i,j,over;                  /* over 为是否发生交换的标志 */
  SortItem p;
  for(i =0;i <n-1;i + +)          /* 最多 n - 1 趟排序 */
  {
    over =1;
    for(j =n-1;j >i;j - -)        /* 一趟冒泡排序 */
      if(L[j].key <L[j-1].key)   /* 逆序,则交换 */
      {
        p =L[j];
        L[j] =L[j -1];
        L[j -1] =p;
        over =0;                  /* 发生了交换,不能结束排序 */
      }
    if(over)  break;             /* 如果不再发生交换,则排序结束 */
  }
}
```

(1) 最好情况下的时间复杂度

若数据元素序列是有序的,则一趟冒泡排序即可完成排序工作。比较和移动数据元素的次数分别为 $n-1$ 和 0,因此最好情况下的时间复杂度为 $O(n)$。

(2) 最坏情况下的时间复杂度

若数据元素序列为逆序,则需要进行 $n - 1$ 趟排序,所需比较和移动次数分别为 $n(n-1)/2$ 和 $3n(n-1)/2$。因此,最坏情况下的时间复杂度为 $O(n^2)$。

冒泡排序是稳定的排序方法。

9.3.2　快速排序

1. 基本思想

快速排序采用了分治法,即将原问题划分成若干个规模更小但与原问题相似的子问题,然后递归地解决这些子问题,最后再将它们组合形成原问题的解。

快速排序的基本思想是:假设数据元素存放于数组 L 中,当前序列为 L[low] ~ L[upper],upper 和 low 分别为序列的上下界;在序列中,任选一个数据元素 L[pivot](一般取 L[low],并称 pivot 为枢轴)作为基准元素;然后,依次从序列的两端交替向序列中央扫描,将序列中关键字小于 L[pivot]的数据元素均移到 pivot 位置的左边,将大于等于 L[pivot]的数据元素均移到 pivot 位置的右边,这样经过一趟快速排序之后,序列就被基准元素划分为左、右两个子序列 L[low] ~ L[pivot – 1]和 L[pivot + 1] ~ L[upper],并且左端子序列中所有数据元素均小于基准元素,右边的子序列中所有数据元素均大于等于基准元素。

一趟快速排序的具体实现过程是:设置两个变量 i 和 j,初始时,i 和 j 分别指向序列的两端,其中 i 所指即为基准元素。先从序列的右端开始扫描,比较 i,j 所指数据元素的大小,若 j 所指数据元素大于等于 i 所指数据元素,则 j 减 1,继续向序列中央扫描,否则交换 i,j 所指数据元素,转到序列左端进行扫描。

在序列左端扫描之前,先将 i 增 1(因为 i 与 j 所指数据元素已经比较过了),然后比较 i,j 所指数据元素的大小,若 i 所指数据元素小于 j 所指数据元素,则 i 增 1,继续向序列中央扫描,否则交换 i,j 所指数据元素,转到序列右端进行扫描。

反复在序列两端交替扫描,直至 i 与 j 相等为止。此时,序列被基准元素划分成左右两个子序列。此过程为快速排序的一次划分过程。

重复以上划分过程,直至序列被划分为只含有 1 个数据元素的子序列为止,此时整个序列有序。

【例 9 – 5】 已知关键字序列{68,39,65,83,74,32,47,56},请给出快速排序的每一趟结果。

解:

初始时,i 和 j 分别指向序列两端 68 和 56,选取 68 作为基准元素。i 和 j 从序列两端交替向序列中央扫描,完成一次划分过程,如图 9 – 5 所示。经过一次划分以后,序列被基准元素 68 分割成了两个子序列{56,39,65,47,32}和{74,83}。快速排序全部排序过程如图 9 – 6 所示。其中,虚线圆为基准元素,横线为划分的子序列。

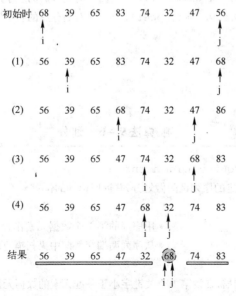

图 9 – 5　快速排序的一次划分

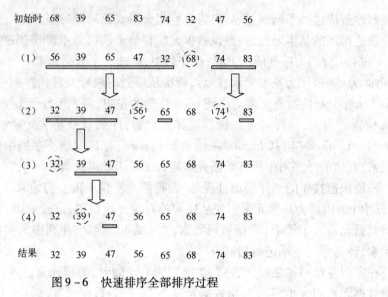

图 9-6　快速排序全部排序过程

2. 算法实现

（1）快速排序算法

♨ 算法 9-5　快速排序

```
void QuickSort(SqList L,int low,int upper)
{/*对上界为 upper,下界为 low 的区间进行快速排序*/
  int pivot;                      /*划分后枢轴的位置*/
  if(low < upper)
  {
     pivot = Partition(L,low,upper); /*划分区间*/
     QuickSort(L,low,pivot-1);      /*对划分后的左子序列递归排序*/
     QuickSort(L,pivot+1,upper);    /*对划分后的右子序列递归排序*/
  }
}
```

（2）划分算法

♨ 算法 9-6　划分

```
int Partition(SqList L,int i,int j)
{/*对 i 和 j 所确定的序列区间做划分,并返回枢轴的位置*/
  SortItem pivot;
  pivot = L[i];                   /*用序列的第 1 个数据元素作为基准元素*/
  while(i < j)                    /*从序列两端交替向中央扫描,直至 i = j 为止*/
  {
     /*从右向左扫描,查找第 1 个关键字小于基准元素的数据元素*/
     while(i < j && pivot.key < = L[j].key) j--;
```

```
            if(i < j)                /* 找到第 1 个关键字值小于基准元素的数据元素 */
            {
              L[i] = L[j];           /* 交换 */
              i + + ;                /* i 指针增 1 */
            }
            /* 从左向右扫描,查找第 1 个关键字大于等于基准元素的数据元素 */
            while(i < j && pivot.key > L[i].key  ) i + + ;
            if(i < j)
            {
              L[j] = L[i];
              j – – ;
            }
          }
          L[i] = pivot ;             /* 确定枢轴的位置 */
          return i ;
        }
```

快速排序的时间主要花费在划分操作上,对长度为 k 的区间进行划分,共需 k – 1 次关键字的比较。

(1) 最坏情况下的时间复杂度

当选取的基准元素为无序区中关键字值最大(或最小)的数据元素时,划分出的两个子区间,一个为空,一个是包含仅减少基准元素的全部数据元素的区间。此时,算法的时间复杂度为 $O(n^2)$。

(2) 最好情况下的时间复杂度

若选取的基准元素适当,则每次划分都能把无序区间划分成大致相等的两个子区间。此时算法的时间复杂度为 $O(n\log_2 n)$。

(3) 平均时间复杂度

快速排序的平均时间复杂度为 $O(n\log_2 n)$。

快速排序是不稳定的排序方法。

3. 基准元素的选取

在前面介绍的算法中,取区间第一个数据元素作为基准元素。这种取法,对于随机序列是有效的。但对于序列部分有序(或部分逆序),这种方法效果不理想,因为大部分数据元素会被划分到其中一个子区间中。

另一种选取基准元素的方法是采用三数取中原则,即选取序列区间的第一个、中间一个和最后一个数据元素,然后从中选择关键字居中的一个数据元素作为基准元素。此时,很可能选出一个与序列中值相近的一个基准元素。

9.4 选择排序

选择排序的基本思想是:将数据元素序列分成有序区和无序区两部分,每趟排序都从无序区中选取出关键字最小的数据元素放在有序区的最后,直到全部数据元素排序完毕。

常用的选择排序方法有直接选择排序和堆排序。

9.4.1 直接选择排序

1. 基本思想

直接选择排序的基本思想是:假设数据元素存放于数组 L 中,初始时,有序区为空,将 L[0]~L[n-1]作为无序区;每次从无序区中选出关键字最小的数据元素 L[min](0≤min≤ n-1),与无序区的第 1 个数据元素交换,使有序区长度增1,无序区长度减1。每执行这一过程称为一趟直接选择排序。

第 i 趟排序开始时,当前有序区和无序区分别为 L[0]~L[i-1]和 L[i]~L[n-1] (1≤i ≤n-1)。排序时,从当前无序区 L[i]~L[n-1]中选取出关键字最小的数据元素 L[min] (i ≤min≤n-1),将它与无序区的第 1 个记录 L[i]交换,使无序区变为 L[i+1]~L[n-1],有序区变为 L[0]~L[i],即无序区长度减1,有序区长度增1。

反复执行这一过程,经过 n-1 趟直接选择排序之后,数据元素序列变为有序。

【例 9-6】 已知关键字序列{70,89,3,8,25,18},请给出直接选择排序的每一趟结果。

解:

排序过程如图 9-7 所示。其中,带有横线部分为有序区,虚线圆为参与交换的两个数据元素。

图 9-7 直接选择排序过程

2. 算法实现

♨算法 9-7 直接选择排序

```
void SelectSort(SqList L,int n)
{/* L 为待排序的顺序表,n 为待排序数据元素个数 */
    int i,j,min;    /* min 为无序区关键字值最小的数据元素的下标 */
    SortItem p;
    for(i =0;i <n-1;i++)
    {
```

```
      min = i;
      for(j = i +1;j < n;j + +)   /*从无序区寻找最小关键字的下标 min * /
        if(L[j].key < L[min].key)
          min = j;
      if(min! = i) /*将具有最小关键字值的数据元素交换到有序区的最后 * /
      {
          p = L[i];L[i] = L[min];L[min] = p;
      }
    }
  }
```

从以上算法可以看出,外层循环共执行了 $n-1$ 次,内层循环执行了 $n-1-i$ 次,因此,总比较次数为:$\sum_{i=0}^{n-2}(n-1-i) = \frac{1}{2}n(n-1)$。当数据元素序列有序时,数据元素的移动次数为 0,当数据元素序列为逆序时,每趟排序都要执行交换操作,因此总的移动次数达到最大值 $3(n-1)$。因此,算法的时间复杂度为 $O(n^2)$。

直接选择排序是不稳定的排序方法。

9.4.2　堆排序

堆排序可以认为是直接选择排序的一种改进,它把直接选择排序算法的时间复杂度由 $O(n^2)$ 降低为 $O(n\log_2 n)$。

1. 堆的定义

具有 n 个数据元素的序列,其关键字序列为 $\{k_1,k_2,\cdots,k_n\}$,当且仅当关键字序列满足条件

$$① \begin{cases} k_i \geqslant k_{2i} \\ k_i \geqslant k_{2i+1} \end{cases}$$

或

$$② \begin{cases} k_i \leqslant k_{2i} \\ k_i \leqslant k_{2i+1} \end{cases} \quad (i = 1,2,\Lambda,\lfloor n/2 \rfloor)$$

时,称数据元素序列为堆(heap)。若满足条件①,则称大根堆(或大顶堆);若满足条件②,则称小根堆(或小顶堆)。

若将序列中的数据元素依次存放于一维数组中,并将此一维数组看成是一棵完全二叉树的顺序存储结构,则堆可以看成是满足条件①或条件②的完全二叉树。若满足条件①,则完全二叉树的根结点(称为堆顶元素)的关键字值均大于其左子树和右子树中结点的关键字值,任何一棵子树也是如此,如图9-8(a)和图 9-8(b)所示;若满足条件②,则完全二叉树的根结点的关键字值均小于其左子树和右子树中结点的关键字值,任何一棵子树也是如此,如图 9-8(c)和图 9-8(d)所示。

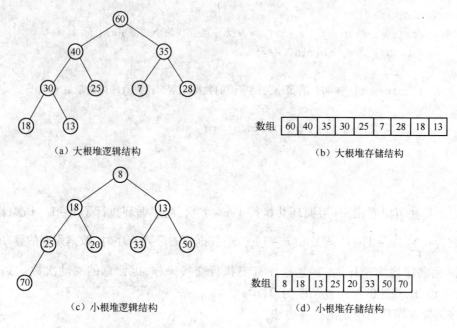

图 9－8　堆

从图9－8可以看出,若堆中数据元素存放于一维数组L中,则大根堆存在关系式 L[i]. key≥L[2i＋1]. key,L[i]. key≥L[2i＋2]. key。同理,小根堆存在关系式 L[i]. key≤L[2i＋1]. key,L[i]. key≤L[2i＋2]. key。

2. 建堆算法

堆排序的第一步是根据给定的数据元素序列建立堆,称为初始堆。若要按非递减顺序排序,则需要建立大根堆。下面就以建立大根堆为例,讨论建堆算法,小根堆的建立与此类似,不再赘述。

设用一维数组L存放数据元素序列的n个数据元素。由存放在数组L中的n个数据元素可建立一棵完全二叉树,但此二叉树不一定满足大根堆的条件。由完全二叉树的定义可知,完全二叉树上所有编号大于 $\lfloor n－1/2 \rfloor$ 的结点均没有孩子(即叶子结点),以它们为根的子树显然满足大根堆的条件。因此,初始建大根堆时,可以从第一个不满足大根堆条件的非叶结点 L[i](i＝$\lfloor n－1/2 \rfloor$)开始,调整结点次序使之满足大根堆条件,然后逐次向前调整第2个非叶结点 L[i－1],……,直至调整到根结点为止,调整完根结点,就得到了一个大根堆。

在每次调整过程中,L[i]的左孩子 L[2i＋1]和右孩子 L[2i＋2]都已经是大根堆,若 L[i]的关键字值不小于这两个孩子结点的关键字值,则以 L[i]为根的子树已经是堆,无须再调整;否则必须将 L[i]与它的两个孩子结点中关键字较大者进行交换。交换后,又可能使以被交换结点为根的子树违反大根堆的条件。这时,同样要调整该子树,使其满足大根堆的条件。由于该结点的两棵子树仍然是堆,故可重复以上的调整过程。此过程直至当前被调整的结点已满足大根堆条件,或者该结点已是叶子结点为止。上述调整过程就像过筛子一样,把较小的关键字逐层筛下去,而将较大的关键字逐层选上来。因此,有人称之为"筛选法"。

【例9-7】 已知关键字序列{18,67,48,15,89,3,60,95},试用建堆算法构造一个大根堆。

解:

构造大根堆的过程如图9-9所示。其中,箭头所指为参与交换的两个结点,虚线圆为数组中参与交换的两个数据元素。在调整根结点后,如图9-9(e)所示,使得以18为根的左子树不满足大根堆的条件,因此需要调整左子树,调整的结果如图9-9(f)所示。

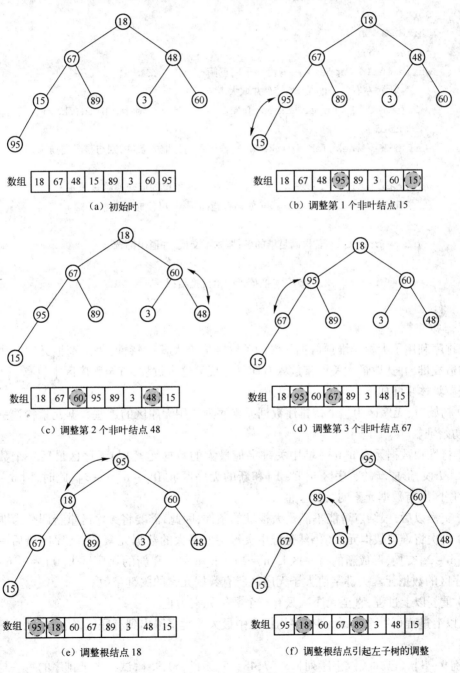

图9-9 建堆过程

3. 建堆算法实现

♨ 算法9-8　建堆

```
void FilterHeap(SqList heap,int r,int upper)
{/* heap 为待筛选的堆,r 为堆的根结点,upper 为无序区的上界 */
  int child;         /* 根的孩子 */
  SortItem p;
  child = 2 * r + 1;
  p = heap[r];
  while(child < upper)   /* 沿孩子向下筛选 */
  {  /* 比较左右孩子的关键字值,并取大者 */
    if(child + 1 < upper && heap[child + 1].key > heap[child].key)
      child + +;
    if(p.key < heap[child].key)/* 若根不满足堆的条件,则与孩子交换 */
    {
      heap[(child - 1)/2] = heap[child];/* 把根的值交换给孩子 */
      child = 2 * child + 1;   /* 使指针指向子树,以便向下调整子树 */
    }
    else  break;/* 若根满足堆的条件,则不交换,并退出筛选 */
  }
  heap[(child - 1)/2] = p;  /* 把孩子的值交换给根 */
}
```

4. 堆排序算法

堆排序利用了大根堆堆顶数据元素的关键字值最大这一特性,每次都把无序区中的数据元素构造成堆,并选取最大关键字放入有序区。反复这个过程,直至无序区中只有一个数据元素为止。具体步骤如下。

① 初始时,无序区为整个待排序数据元素序列。用无序区的这些数据元素构造一个大根堆,即初始堆。

② 将堆顶数据元素 h[0](堆中关键字值最大的数据元素)与无序区最后一个数据元素 h[n−1]交换,形成新的有序区 h[n−1]和新的无序区 h[0]~h[n−2],此时,h[n−1].key 大于无序区所有数据元素的关键字值。

③ 交换以后,根结点可能不满足大根堆的条件,因此,需要将无序区重新调整为堆。

④ 再次将堆顶数据元素(仍然是堆中关键字值最大的数据元素)与无序区最后一个数据元素 h[n−2]交换,形成新的有序区 h[n−2]~h[n−1]和新的无序区 h[0]~h[n−3],此时,有序区的数据元素关键字值大于无序区所有数据元素的关键字值。

⑤ 重复以上过程,直至无序区只有一个数据元素为止。

从以上过程可以看出,每趟排序均将堆中最大关键字输出到有序区,然后将无序区重新筛选为堆。

【例9-8】 已知关键字序列{18,67,48,15,89,3,60,95},试给出堆排序的每一趟结果。

解：

构造大根堆的过程如图 9 – 10 所示。其中,虚线圆为数组中参与交换的两个数据元素。图 9 – 10(o)数组中是最终排序结果。

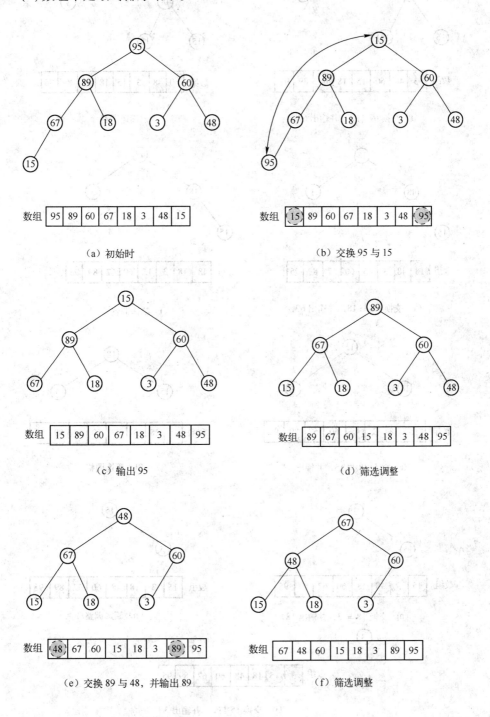

数组 | 95 | 89 | 60 | 67 | 18 | 3 | 48 | 15

（a）初始时

数组 | 15 | 89 | 60 | 67 | 18 | 3 | 48 | 95

（b）交换 95 与 15

数组 | 15 | 89 | 60 | 67 | 18 | 3 | 48 | 95

（c）输出 95

数组 | 89 | 67 | 60 | 15 | 18 | 3 | 48 | 95

（d）筛选调整

数组 | 48 | 67 | 60 | 15 | 18 | 3 | 89 | 95

（e）交换 89 与 48，并输出 89

数组 | 67 | 48 | 60 | 15 | 18 | 3 | 89 | 95

（f）筛选调整

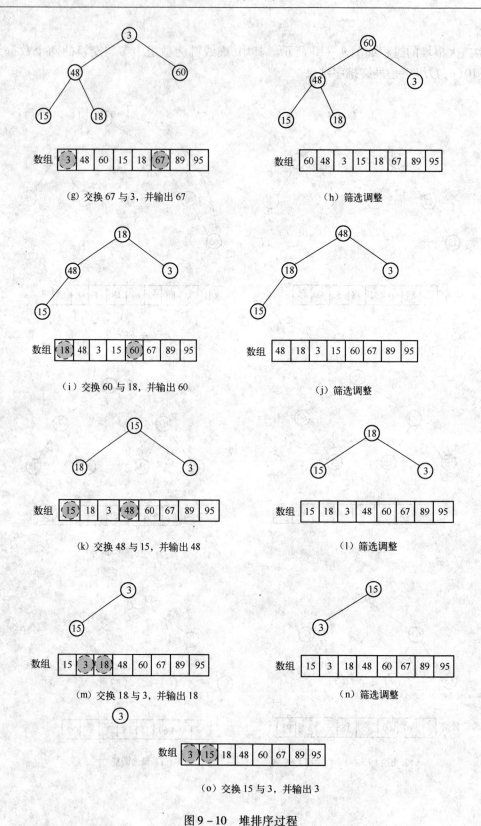

（g）交换 67 与 3，并输出 67

（h）筛选调整

（i）交换 60 与 18，并输出 60

（j）筛选调整

（k）交换 48 与 15，并输出 48

（l）筛选调整

（m）交换 18 与 3，并输出 18

（n）筛选调整

（o）交换 15 与 3，并输出 3

图 9-10 堆排序过程

5. 堆排序算法实现

⚐ 算法 9 – 9 堆排序

```
void HeapSort(SqList heap,int n)
{/* heap 为待排序序列,n 为序列长度 */
  int i;
  SortItem p;
  for(i = (n-1)/2;i > = 0;i - -)      /*创建初始堆 */
    FilterHeap(heap,i,n);
  for(i = n-1;i > 0;i - -)            /*作 n - 1 趟堆排序,每次堆大小减一 */
  {
    p = heap[0];      /*将堆顶元素与当前大根堆的最后一个元素交换 */
    heap[0] = heap[i];
    heap[i] = p;
    FilterHeap(heap,0,i);   /*筛选,将 0 ~ i 的数据元素重新调整为堆 */
    for(i = 0;i < n;i + +)    /*显示排序过程 */
      printf("% d \t",heap[i].key);
    printf("\n \n");
  }
}
```

堆排序的时间主要花在建初始堆和筛选建堆的过程中。堆排序的时间复杂度为 $O(n\log_2 n)$。

堆排序是不稳定的排序方法。

9.5 归并排序

1. 归并排序的定义

归并是指将两个或多个有序序列合并为一个有序序列的过程。其中,将两个有序序列合并为一个有序序列的过程称为二路归并,它是最简单也是最常用的归并。除此之外,还有三路归并、四路归并等。例如,将两个有序子序列{20,30,35,45,60,90}和{3,28,75,100}合并为一个有序序列{3,20,28,30,35,45,60,75,90,100}。

二路归并排序:将一个长度为 n 的无序序列看成是由 n 个长度为 1 的有序子序列组成,并把这些子序列中相邻的子序列两两归并,得到 $\lceil n/2 \rceil$ 个长度为 2 的有序子序列(若 n 为奇数,则最后一个子序列的长度为 1)。然后,再将这些子序列两两归并,如此重复,直至形成一个长度为 n 的有序序列,这种反复将两个有序子序列归并为一个有序子序列的排序方法称为二路归并排序。

三路、四路归并排序与此类似。下面主要讨论二路归并排序。

【例 9 – 9】 已知关键字序列{85,92,43,25,76,20,3,58,15},请给出二路归并排序的每一趟结果。

解:

排序过程如图9-11所示。其中,横线表示归并的子序列。

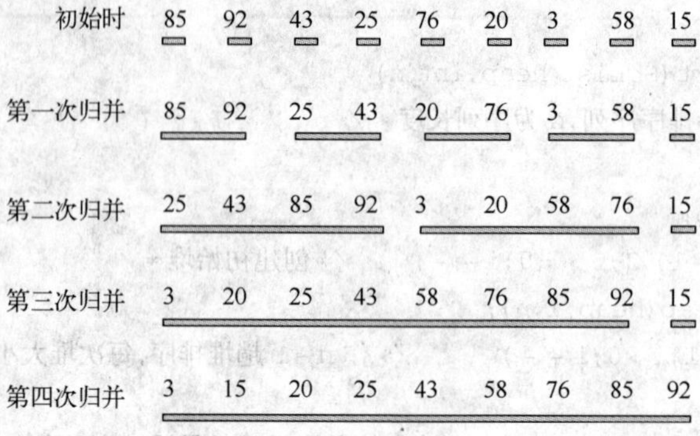

初始时	85	92	43	25	76	20	3	58	15

第一次归并　85　92　25　43　20　76　3　58　15

第二次归并　25　43　85　92　3　20　58　76　15

第三次归并　3　20　25　43　58　76　85　92　15

第四次归并　3　15　20　25　43　58　76　85　92

图9-11　二路归并排序

2. 二路归并算法

先将相邻的两个有序子序列合并,并存放于一个临时数组中,合并完成后再复制回原序列。合并时,依次比较两个子序列相对应的数据元素的关键字值,将关键字值较小的数据元素复制到临时数组中,然后再比较下一个关键字。反复如此操作,直至一个子序列复制完成,再将另一个非空的子序列剩余部分复制到临时数组中。

♨ 算法9-10　二路归并

```
void MergeTwo(SqList L,int low,int mid,int upper)
{/*将子序列L[low..mid]和L[mid+1..upper]合并为一个有序序列*/
  SortItem * p;           /*临时存放归并结果的临时数组*/
  int low1 = low;         /*第一个子序列的下界*/
  int low2 = mid +1;      /*第二个子序列的下界*/
  int pos = 0;            /*临时数组p的下标*/
  p = (SortItem *)malloc((upper - low +1) * sizeof(SortItem));
  while(low1 < =mid && low2 < =upper)/*两个子序列归并*/
    p[pos + +] = (L[low1].key < =L[low2].key) ? L[low1 + +] : L[low2 + +];
  /*将两个子序列尚未处理完的部分复制到p中*/
  for(;low1 < =mid;low1 + +,pos + +)  p[pos] = L[low1];
  for(;low2 < =upper;low2 + +,pos + +)  p[pos] = L[low2];
  /*归并完成,p中数据元素复制回L*/
  for(pos =0,low1 = low;low1 < =upper;pos + +,low1 + +)
    L[low1] =p[pos];
  free(p);
}
```

3. 一趟归并排序算法

调用二路归并算法依次归并相邻的两个子序列。若子序列的个数为奇数,则最后一个子序列无须与其他子序列归并。若子序列的个数为偶数,则最后一个子序列的上界为n-1。

算法 9 – 11　一趟归并排序

```
void Merge(SqList L,int len,int n)
{/* 将长度为 len 的子序列两两归并形成长度为 n 的序列 */
  int i;
  for(i = 0;i + 2 * len - 1 < n;i + = 2 * len)
    MergeTwo(L,i,i + len - 1,i + 2 * len - 1);
  if(i + len - 1 < n)        /* 对余下的两个子序列归并 */
    MergeTwo(L,i,i + len - 1,n - 1);
  for(i = 0;i < n;i + +)      /* 输出每趟归并的结果 */
    printf("% d\t",L[i].key);
  printf("\n\n");
}
```

4. 二路归并排序算法

依次作 $\lceil \log_2 n \rceil$ 次一趟归并排序。

算法 9 – 12　二路归并排序

```
void MergeSort(SqList L,int n)
{
  int i;
  for(i = 1;i < n;i * = 2)
    Merge(L,i,n);
}
```

对于长度为 n 的数据元素序列,二路归并排序需要进行 $\lceil \log_2 n \rceil$ 趟二路归并,每趟归并比较的次数约为 $n - 1$,故二路归并排序算法的时间复杂度为 $O(n\log_2 n)$。

二路归并排序方法是稳定的排序方法。

9.6　基数排序

1. 基本思想

基数排序与前面讨论的排序方法不同,它不比较关键字的大小,而是对组成关键字的各个数位进行排序,是一种适用于关键字是 r 进制数的高效排序方法。

基数排序把一个关键字看成是 m 位 r 进制数,r 就是基数。若关键字由十进制数组成,则 r 为 10;若关键字由八进制数组成,则 r 为 8。m 取所有关键字位数的最大值,其他不是 m 位的关键字在其前面补零。

基数排序的基本思想是:设置 r 个队列(也有人称为桶),队列编号分别为 $0,1,2,\cdots,r-1$;首先按数据元素关键字最低位上的数字值依次把 n 个数据元素分配到这 r 个队列中(入队);然后,按照队列编号从小到大的顺序,将队列中的数据元素收集起来,形成一个新的数据元素序列,这就是第一趟基数排序;接着对第一趟基数排序后得到的数据元素序列,再按照数据元素关键字的次低位上的数字值依次把各个数据元素再次分配到 r 个队列中,然后按照队列编号从小到大的顺序,将队列中的数据元素收集起来。如此反复,经过 m 趟基数排序后,就得到了数据元素的有序序列。

需要注意的是,对处于同一个队列中的数据元素,在收集过程中,应按照先进入队列的先收集,后进入队列的后收集的规则进行。

【例 9-10】 已知关键字序列 {983,259,023,173,285,274,011,546,744,372},请给出基数排序的每一趟排序结果。

解:

第一趟基数排序按关键字的最低位值进行分配和收集,如图9-12(a)所示,图中下划线部分为最低位数字值;第二趟基数排序按关键字的次低位值进行分配和收集,如图9-12(b)所示,图中下划线部分为次低位数字值;第三趟基数排序按关键字的最高位值进行分配和收集,如图9-12(c)所示,图中下划线部分为最高位数字值。三趟基数排序后,即得到有序序列。

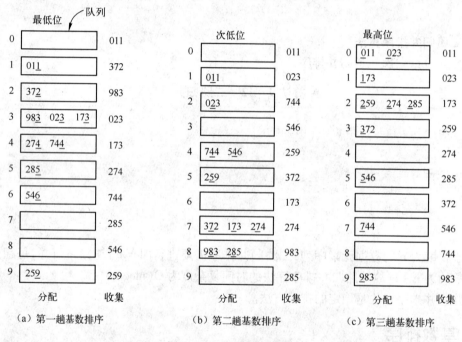

图9-12 基数排序过程

2. 算法实现

基数排序在实现时,有基于顺序队列的,也有基于链队列的,所不同的就是队列实现不同,而基数排序算法不改变。算法9-13 是基于链队列实现的。为了与链队列的存储结构一致起来,待排序数据元素的类型定义为:

```
typedef int KeyType;
typedef struct{
    KeyType key;
} DataType;
```

♨ 算法 9 – 13　基数排序

```
void RadixSort(DataType L[],int n,int m,int r)
{/*L 中的关键字为 m 位 r 进制数,L 的长度为 n * /
  LinkQueue * q;                    /*r 个链队列的头和尾指针存放在 q 数组中 * /
  int i,j,k;
  q = (LinkQueue * )malloc(r * sizeof(LinkQueue));
  for(i = 0;i < r;i + +)  InitQueue(&q[i]);          /*初始化 r 个链队列 * /
  for(i = 0;i < m;i + +)                             /*进行 m 次分配与收集 * /
  {
    for(j = 0;j < n;j + +)                           /*分配 * /
    {
      k = digit(L[j].key,i,r);
      EnQueue(&q[k],L[j]);
    }
    k = 0;
    for(j = 0;j < r;j + +)                           /*收集 * /
      for(;!QueueEmpty(q[j]);k + +)
        DeQueue(&q[j],&(L[k]));
    for(j = 0;j < n;j + +)                           /*输出每趟基数排序结果 * /
        printf("% d \t",L[j].key);
    printf("\n \n");
  }
  for(i = 0;i < r;i + +)  DestroyQueue(q);           /*销毁 r 个链队列 * /
}
```

在进行基数排序时,需要获取关键字第 m 位的数字值。下面给出提取第 m 位数字值的函数。

```
int digit(KeyType key,int m,int r)
{/*获取 key 的第 m 位数字,该数字为 r 进制数 * /
  int i,d;
  if(m = = 0) return key % r;
  d = r;
  for(i = 1;i < m;i + +)  d * = r;
  return ((int)(key /d) % r);
}
```

基数排序要对数据元素序列进行 m(关键字最大位数)趟排序,每趟要把 n 个数据元素依次分配到队列中,又要从 r 个队列中收集起来,因此时间复杂度为 $O(m(n+r))$。

基数排序是稳定的排序方法。

9.7　各种排序方法的比较

对各种排序方法来说,没有哪一种方法是绝对好的,它们都有各自的优缺点。因此,在使用时,具体选择哪种方法,要根据具体情况作选择。在具体选择排序方法时,可参照表9-2作出取舍。

表9-2　各种排序方法的性能比较

排序方法	时间复杂度			稳定性
	平均情况	最好情况	最坏情况	
直接插入排序	$O(n^2)$	$O(n)$	$O(n^2)$	稳定
折半插入排序	$O(n^2)$	$O(n)$	$O(n^2)$	不稳定
希尔排序	$O(n\log_2 n)$		$O(n\log_2 n)$	不稳定
冒泡排序	$O(n^2)$	$O(n)$	$O(n^2)$	稳定
快速排序	$O(n\log_2 n)$	$O(n\log_2 n)$	$O(n^2)$	不稳定
直接选择排序	$O(n^2)$	$O(n^2)$	$O(n^2)$	不稳定
堆排序	$O(n\log_2 n)$	$O(n\log_2 n)$	$O(n\log_2 n)$	不稳定
归并排序	$O(n\log_2 n)$	$O(n\log_2 n)$	$O(n\log_2 n)$	稳定
基数排序	$O(m(n+r))$	$O(m(n+r))$	$O(m(n+r))$	稳定

　　总之,当考虑排序速度时,快速排序、希尔排序和堆排序可供选择,其中快速排序是速度最快的;当考虑待排序序列规模时,若规模较小可采用选择排序和插入排序,若规模较大可采用归并排序、堆排序和快速排序;当待排序序列基本有序时,直接插入排序和冒泡排序效果较好。

9.8　习题

一、单项选择题

1. 排序方法的稳定性是指（　　　）。
　A. 排序算法能在规定的时间内完成排序　　　　B. 排序算法能得到确定的结果
　C. 排序算法不允许有相同关键字的数据元素　　D. 以上都不对

2. 对 n 个数据元素进行折半插入排序,其平均比较次数为（　　　）。
　A. $O(\log_2 n)$　　　　　B. $O(n)$　　　　　C. $O(n\log_2 n)$　　　　　D. $O(n^2)$

3. 在对一组关键字序列{70,55,100,15,33,65,50,40,95}进行直接插入排序时,把65插入到有序序列需要比较（　　）次。
　A. 2　　　　　　　　　B. 4　　　　　　　　　C. 6　　　　　　　　　D. 8

4. 对同一待排序序列分别进行折半插入排序和直接插入排序,两者之间可能的不同之处是（　　）。(2012年考研题)
　　A. 排序的总趟数　　　　　　　　　　B. 元素的移动次数
　　C. 使用辅助空间的数量　　　　　　　D. 元素之间的比较次数

5. 若数据元素序列{11,12,13,7,8,9,23,4,5}是采用下列排序方法之一得到的第二趟排序后的结果,则该排序算法只能是（　　）。(2009年考研题)
　　A. 冒泡排序　　　　　B. 插入排序　　　　　C. 选择排序　　　　　D. 二路归并排序

6. 以下排序方法中,不能保证每趟排序至少能将一个数据元素放到其最终位置上的排序方法是( )。

A. 堆排序　　　　　B. 冒泡排序　　　　　C. 希尔排序　　　　　D. 快速排序

7. 对一组数据{2,12,16,88,5,10}进行排序,若前三趟排序结果如下:

第一趟排序结果:2,12,16,5,10,88

第二趟排序结果:2,12,5,10,16,88

第三趟排序结果:2,5,10,12,16,88

则采用的排序方法可能是( )。(2011 年考研题)

A. 冒泡排序　　　　　B. 希尔排序　　　　　C. 归并排序　　　　　D. 基数排序

8. 若有关键字序列{42,70,50,33,40,80},则利用快速排序的方法,以第一个关键字为基准元素得到的一次划分结果为( )。

A. 40,33,42,50,70,80　　　　　　　　B. 40,33,80,42,50,70

C. 40,33,42,80,50,70　　　　　　　　D. 33,40,42,50,70,80

9. 在内部排序过程中,对尚未确定最终位置的所有元素进行一遍处理称为一趟排序。下列排序方法中,每一趟排序结束都至少能够确定一个元素最终位置的方法是( )。(2012 年考研题)

Ⅰ. 简单选择排序　　　　　　　　　　Ⅱ. 希尔排序

Ⅲ. 快速排序　　　　　　　　　　　　Ⅳ. 堆排序

Ⅴ. 二路归并排序

A. 仅Ⅰ、Ⅲ、Ⅳ　　　　　　　　　　B. 仅Ⅰ、Ⅲ、Ⅴ

C. 仅Ⅱ、Ⅲ、Ⅳ　　　　　　　　　　D. 仅Ⅲ、Ⅳ、Ⅴ

10. 以下( )序列不是堆。

A. 98,90,84,82,80,70,64,60,30,20,15　　B. 98,84,90,70,80,60,82,30,20,15,64

C. 90,84,30,70,80,60,64,98,82,15,20　　D. 15,20,30,60,64,70,80,82,84,90,98

11. 已知序列25,13,10,12,9 是大根堆,在序列尾部插入新元素18,将其调整为大根堆,调整过程中元素之间进行的比较次数是 ( )。(2011 年考研题)

A. 1　　　　　　　　B. 2　　　　　　　　C. 4　　　　　　　　D. 5

12. 若有关键字序列{20,80,10,50,60,95,15,55,30,40},并且该序列是由 5 个长度为 2 的子序列组成,则用归并排序方法对该序列进行一趟归并后的结果为( )。

A. 10,20,50,80,15,55,60,95,30,40　　　B. 20,80,10,50,60,95,15,55,30,40

C. 20,80,10,50,60,95,15,30,40,55　　　D. 10,15,20,30,40,50,55,60,80,95

13. 对给定的关键字序列 110,119,007,911,114,120,122 进行基数排序,则第 2 趟分配收集后得到的关键字序列是( )。(2013 年考研题)

A. 007,110,119,114,911,120,122　　　　B. 007,110,119,114,911,122,120

C. 007,110,911,114,119,120,122　　　　D. 110,120,911,122,114,007,119

14. 下面各种排序方法中,最好情况下时间复杂度为 O(n)的是( )。

A. 归并排序　　　　　B. 快速排序　　　　　C. 堆排序　　　　　D. 直接插入排序

15. 在待排序序列局部有序时,效率最高的排序方法是 ( )。

A. 直接选择排序　　　B. 快速排序　　　　　C. 直接插入排序　　　D. 归并排序

二、填空题

1. 根据在排序过程中使用的存储器将排序方法分为：_____和_____。

2. 常用的插入排序有_____、_____和_____。

3. 对于直接插入排序和直接选择排序,若待排序序列基本有序,则选用_____较好;若待排序序列为逆序,则选用_____较好。

4. 直接插入排序在最好情况下的时间复杂度为_____,在最坏情况下的时间复杂度为_____。

5. 若堆中某一数据元素在数组中的下标为30,则它的左孩子的下标为_____,右孩子的下标为_____。

6. 对于堆排序和快速排序,若待排序序列基本有序,则选用_____较好;若待排序序列无序,则选用_____较好。

7. 常用的选择排序方法有_____和_____。

8. 设有字母序列{P,D,F,Z,E,P,N,B,X,M,G,W},请写出按二路归并排序方法对该序列进行一趟扫描后的结果_____。

9. 若不考虑基数排序,则在排序过程中,主要进行的两种基本操作是关键字的_____和数据元素的_____。

10. 基数排序所用队列可以是_____,也可以是_____。

三、问答题

1. 在执行某种排序算法的过程中出现了关键字朝着最终排序序列相反的方向移动,从而认为该排序算法是不稳定的,这种说法对吗? 为什么? 请举一例说明。

2. 简述堆排序和快速排序的基本思想。

3. 已知关键字序列{15,20,80,50,10,40},请给出冒泡排序的每一趟结果。

4. 已知关键字序列{52,43,78,99,85,30,40},请给出快速排序的第一趟和第二趟的结果。

5. 已知关键字序列{50,80,75,30,20,90,45,65,5,9},增量序列为5,3,1。请给出希尔排序的每一趟结果。

6. 已知关键字序列{500,10,200,800,150,250,70,30,300},请给出构建大根堆的过程。

7. 已知关键字序列{50,3,80,10,20,60,40,90,1},请给出二路归并排序的每一趟结果。

8. 已知关键字序列{501,023,417,225,418,391,565,359},请给出基数排序的每一趟结果。

9. 设有10 000个无序的数据元素,可供选择的排序方法有:归并排序、基数排序、堆排序、希尔排序和快速排序。现在希望用最快速度挑选出前10个最大的数据元素,问采用什么方法最好? 为什么?

10. 已知一个用C语言编写的函数如下面所示,请在空白处填上适当的语句,使该函数完成预期的功能,并回答该函数使用的是什么排序方法?

```
void fun(int a[100],int n)
{
    int i =1,j,x,k =1;
    while(i <n && k)
```

```
    {
      k = 0;
      for(j = 1;j <   (1)   ;j + + )
        if(   (2)   )
        {
          x = a[j]; a[j] = a[j +1]; a[j +1] = x;
            (3)   ;
        }
      i + + ;
    }
  }
```

四、算法设计题

1. 设计一个算法,实现双向冒泡排序(即相邻两遍向相反方向冒泡)。

2. 试编写算法,使用监视哨实现直接插入排序。

3. 试编写算法,用非递归方法实现快速排序。

4. 有一种排序方法称为计数排序。它对一个待排序序列(用数组表示,且所有待排序的关键字值互不相同)进行排序,并将排序结果存放到另一个新的序列中。在排序过程中,对序列中的每个数据元素,都扫描一遍待排序序列,并计数序列中有多少个数据元素的关键字比它小,这个计数值就是它的存放位置。请设计一个算法实现计数排序。

5. 编写算法判断所给的完全二叉树是否为大根堆。

6. 试编写一个算法,用基数排序方法将一组等长(含字母个数相同)的英文单词按字典顺序排列。

7. 试编写算法,在顺序队列上实现基数排序。

9.9 实验

【实验9 –1】 快速排序。

1. 实验目的

(1) 掌握快速排序算法的基本思想。

(2) 熟练运用 C 语言实现快速排序算法。

(3) 分析不同的待排序序列对排序算法的影响。

2. 实验内容

已知关键字序列{10,80,45,3,65,23,98,8},试用快速排序算法进行排序,并给出每一趟排序的结果。

要求:

(1) 从键盘输入关键字序列,然后用快速排序算法给出每一趟排序结果。

(2) 按升序输入这些关键字,然后用快速排序算法给出每一趟排序结果,并与(1)作比较。

(3) 按降序输入这些关键字,然后用快速排序算法给出每一趟排序结果,并与(1)和(2)作比较。

3. 选作

已知学生成绩表的数据元素类型为：

```
struct grade{
   int id;          /* 学号 */
   float score;     /* 某门课程的成绩 */
};
```

要求：

（1）建立学生成绩表。

（2）采用快速排序方法按成绩从高到低排序，并输出学号、成绩和名次。

附录 A 综 合 测 试

(答题时间:120 分钟,满分:100 分)

一、单项选择题(共 20 题,每题 1 分,共 20 分)

1. 以下说法正确的是( )。
   A. 数据元素是数据的最小单位   B. 数据结构是带有结构的各数据项的集合
   C. 数据项是数据的基本单位   D. 数据结构是带有结构的数据元素的集合

2. 数据结构在计算机中的表示称为( )。
   A. 数据的逻辑结构   B. 数据的存储结构
   C. 数据对象   D. 数据

3. 若线性表采用顺序存储结构,每个元素占用 4 个存储单元,第 1 个元素的存储地址为 100,则第 12 个元素的存储地址是( )。
   A. 112   B. 144   C. 148   D. 412

4. 在一个单链表中,若指针 p 所指结点不是最后结点,则在 p 之后插入指针 s 所指结点的操作是( )。
   A. s -> next = p; p -> next = s;   B. s -> next = p -> next; p -> next = s;
   C. s -> next = p -> next; p = s;   D. p -> next = s; s -> next = p;

5. 在循环队列中用数组 A[0..m-1] 存放队列元素,其队头和队尾指针分别为 front 和 rear,则当前队列中的元素个数是( )。
   A. (front - rear + 1) % m   B. (rear - front + 1) % m
   C. (front - rear + m) % m   D. (rear - front + m) % m

6. 若 5 个元素的出栈序列为 {1,2,3,4,5},则进栈序列可能是( )。
   A. 2,4,3,1,5   B. 2,3,1,5,4
   C. 3,1,4,2,5   D. 3,1,2,5,4

7. 中缀表达式"A - (B + C/D) × E"的后缀形式是( )。
   A. ABC + D/ × E -   B. ABCD/ + E × -
   C. AB - C + D/E ×   D. ABC - + D/E ×

8. 广义表((a),a)的表头是( )。
   A. a   B. (a,a)   C. (a)   D. ((a))

9. 串是一种特殊的线性表,其特殊性体现在( )。
   A. 可以顺序存储   B. 数据元素是一个字符
   C. 可以链式存储   D. 数据元素可以是多个字符

10. 某二叉树的前序和后序序列正好相同,则该二叉树一定是( )。
    A. 空或只有一个结点   B. 任一结点既有左孩子也有右孩子
    C. 任一结点无左孩子   D. 任一结点无右孩子

11. 若一棵二叉树有 10 个度为 2 的结点,则该二叉树的叶结点个数是(　　)。

A. 9   B. 11   C. 12   D. 不确定

12. 如图所示的二叉树中,(　　) 不是完全二叉树。

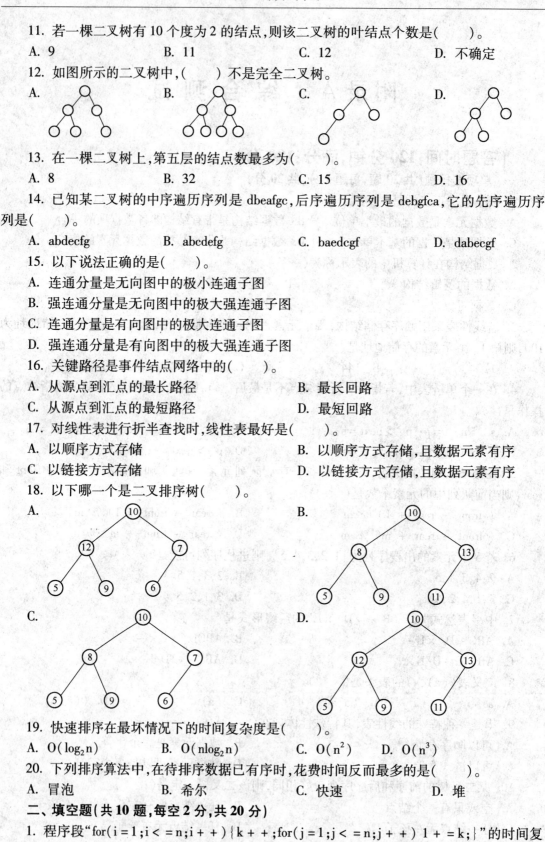

13. 在一棵二叉树上,第五层的结点数最多为(　　)。

A. 8   B. 32   C. 15   D. 16

14. 已知某二叉树的中序遍历序列是 dbeafgc,后序遍历序列是 debgfca,它的先序遍历序列是(　　)。

A. abdecfg   B. abcdefg   C. baedcgf   D. dabecgf

15. 以下说法正确的是(　　)。

A. 连通分量是无向图中的极小连通子图

B. 强连通分量是无向图中的极大强连通子图

C. 连通分量是有向图中的极大连通子图

D. 强连通分量是有向图中的极大强连通子图

16. 关键路径是事件结点网络中的(　　)。

A. 从源点到汇点的最长路径   B. 最长回路

C. 从源点到汇点的最短路径   D. 最短回路

17. 对线性表进行折半查找时,线性表最好是(　　)。

A. 以顺序方式存储   B. 以顺序方式存储,且数据元素有序

C. 以链接方式存储   D. 以链接方式存储,且数据元素有序

18. 以下哪一个是二叉排序树(　　)。

19. 快速排序在最坏情况下的时间复杂度是(　　)。

A. $O(\log_2 n)$ B. $O(n\log_2 n)$ C. $O(n^2)$ D. $O(n^3)$

20. 下列排序算法中,在待排序数据已有序时,花费时间反而最多的是(　　)。

A. 冒泡   B. 希尔   C. 快速   D. 堆

二、填空题(共 10 题,每空 2 分,共 20 分)

1. 程序段"for(i = 1;i < = n;i + +){k + +;for(j = 1;j < = n;j + +) 1 + = k;}"的时间复

杂度 T(n) = _____。

2. 线性表的顺序存储结构的特点是逻辑关系上相邻的两个元素在_____上也相邻。

3. 在一个单链表中,若指针 p 所指结点不是最后结点,则在 p 之后删除指针 s 所指结点的操作是_____。

4. 链队列的出队操作语句为_____。

5. 对广义表 L = (a,(b,c))进行 Tail(L)操作的结果为_____。

6. 一棵高度为 5 的满二叉树中的结点数为_____个。

7. 设无向图的顶点个数为 n,则该图最多有_____条边。

8. _____算法能够求得从某个源点到其余顶点的最短路径。

9. 设用希尔排序对数组{38,76,−9,0,25,3,1,8,18,7}进行排序,给出的增量依次是 4,2,1,则排序需_____趟。

10. 从平均时间性能而言,_____排序最佳。

三、判断题(正确的在括号内打"√",错误的打"×"。共 10 题,每题 1 分,共 10 分)

1. 算法的健壮性是指当环境发生变化时,算法能适当地做出反应或进行处理,不会产生不需要的运行结果。(　　)

2. 在顺序存储结构中,有时也存储数据结构中元素之间的关系。(　　)

3. 栈和队列的存储方式,既可以是顺序方式,又可以是链式方式。(　　)

4. 一个广义表可以为其他广义表所共享。(　　)

5. 空格串也就是空串。(　　)

6. n 个结点的有向图,若它有 n(n−1)条边,则它一定是强连通的。(　　)

7. 一个有向图的邻接表和逆邻接表中的边结点个数不一定相等。(　　)

8. 拓扑有序的有向图中,最多存在一个回路。(　　)

9. 在哈希表中,一个可用的哈希函数必须保证绝对不产生冲突。(　　)

10. 在大根堆中,每个结点的关键字值必定满足大于其左右子树中所有结点的关键字值。(　　)

四、问答题(共 5 题,每题 6 分,共 30 分)

1. 把以下二叉树转成森林。

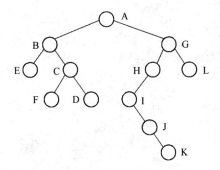

2. 设给定权集 w = {2,3,4,7,8,10},试构造关于 w 的一棵哈夫曼(Huffman)树(请按左子树根结点的权小于等于右子树根结点的权的次序构造),并求其带权路径长度。

3. 下图是一个有向图的邻接表。求:从顶点 D 开始,该有向图的深度优先搜索序列和广度优先搜索序列。

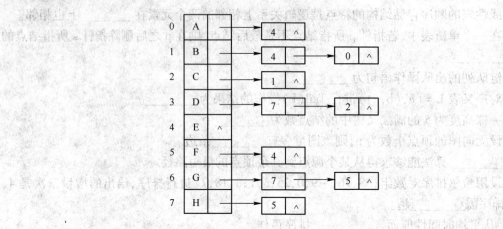

4. 设有一组关键字｛26,25,20,33,21,24,45,42,38,29,31｝,哈希函数为 h(key) = key%16,采用开放定址法的线性探测法解决冲突,试在 0～15 的哈希地址空间中对该组关键字构造哈希表,并求对该表的平均查找长度 ASL。

5. 给出一组关键字｛29,18,25,47,58,12,51,10｝,请写出快速排序的每一趟结果。

五、算法设计题(共 2 题,每题 10 分,共 20 分)

1. 试编写在带头结点的单链表中删除最小值结点的算法。

2. 设 L 为单链表的头结点指针,其结点的数据域都是正整数且无相同的,试设计利用直接插入排序算法把该链表整理成数据递增的有序单链表的算法。

附录 B　2014 年全国硕士研究生入学统一考试数据结构习题(节选)

一、单项选择题:第 1~40 小题,每小题 2 分,共 80 分。下列每题给出的四个选项中,只有一个选项是最符合题目要求的。

1. 下列程序段的时间复杂度是(　　)。

```
count = 0;
for(k = 1;k <= n;k * = 2)
  for(j = 1;j <= n;j + 1)
      count + + ;
```

A. $O(\log_2 n)$　　　　　B. $O(n)$　　　　　C. $O(n\log_2 n)$　　　　　D. $O(n^2)$

2. 假设栈初始为空,将中缀表达式 a/b − (c * d + e * f)/g 转化为等价后缀表达式过程中,当扫描到 f 时,栈中的元素依次为(　　)。

A. + (* −　　　　　B. + (− *　　　　　C. / + (* −　　　　　D. / + − *

3. 循环队列放在一维数组 A[0..M − 1]中,end1 指向队头元素,end2 指向队尾元素的后一个位置。假设队列两端均可进行入队和出队操作,队列中最多能容纳 M − 1 个元素。初始时为空,下列判断队空和队满的条件中,正确的是(　　)。

A. 队空:end1 = = end2;　　队满:end1 = = (end2 + 1) mod M

B. 队空:end1 = = end2;　　队满:end2 = = (end1 + 1) mod(M − 1)

C. 队空:end2 = = (end1 + 1) mod M;　　队满:end1 = = (end2 + 1) mod M

D. 队空:end1 = = (end2 + 1) mod M;队满:end2 = = (end1 + 1) mod(M − 1)

4. 如对下图二叉树进行中序线索化,则元素 X 的左、右线索指向的元素为(　　)。

A. ec　　　　　B. ea　　　　　C. dc　　　　　D. ba

5. 森林 F 转化为对应二叉树 T,则 F 的叶结点个数是(　　)。

A. T 的叶结点个数　　　　　　　　B. T 中度为 1 的结点个数

C. T 的左孩子指向为空的个数　　　　D. T 的右孩子指向为空的个数

6. 5 个元素有 4 种编码方案,下列不是前缀编码的是(　　)。

A. 01,0000,0001,001,1　　　　　B. 011,000,001,010,1

C. 000,001,010,011,100　　　　　D. 0,100,110,1110,1100

7. 对如下所示的有向图进行拓扑排序,得到的拓扑序列可能是(　　)。

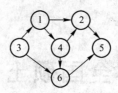

A. 3,1,2,4,5,6   B. 3,1,2,4,6,5

C. 3,1,4,2,5,6   D. 3,1,4,2,6,5

8. 用哈希(散列)方法处理冲突(碰撞)时可能发生堆积(聚集)现象,则下列会直接受到堆积现象影响的是(   )。

A. 存储效率   B. 散列函数

C. 装填(装载)因子   D. 平均查找长度

9. 在一棵具有 15 个关键字的 4 阶 B 树中,含有关键字的结点数最多是(   )。

A. 5   B. 6   C. 10   D. 15

10. 用希尔排序法,对一列数据序列排序时,若第一趟排序结果为:9,1,4,13,7,8,20,23,15,则该趟排序采用的增量(间隔)可能是(   )。

A. 2   B. 3   C. 4   D. 5

11. 下列选项中,不可能是快速排序第 2 趟排序结果的是(   )。

A. 2,3,5,4,6,7,9   B. 2,7,5,6,4,3,9

C. 3,2,5,4,7,6,9   D. 4,2,3,5,7,6,9

二、综合应用题:第 41~47 小题,共 70 分。

41. 二叉树的带权路径长度(WPL)是二叉树中所有叶结点的带权路径长度之和。给定一颗二叉树 T,采用二叉链表存储,结点结构为:

left	weight	right

其中叶结点的 weight 域保存该结点的非负权值。设 root 为指向 T 的根结点的指针,请设计算法求 T 的 WPL,要求:

(1) 给出算法的基本设计思想;

(2) 采用 C 或 C++语言,给出二叉树结点的数据类型定义;

(3) 根据设计思想,采用 C 或 C++语言描述算法,关键之处给出注释。

46. 文件 F 由 200 条记录组成,记录从 1 开始编号,用户打开文件后,欲将内存中的一条记录插入文件 F 中,作为其第 30 条记录,请回答下列问题,并说明理由。

(1) 若文件系统为顺序分配方式,每个存储块存放一条记录,文件 F 的存储区域前后均有足够空闲的存储空间,则要完成上述操作最少要访问多少存储块? F 的文件控制区内容会有哪些改变?

(2) 若文件系统为链接分配方式,每个存储块存放的一条记录和一个链接指针,则要完成上述操作最少要访问多少存储块? 若每个存储块大小为 1 KB,其中 4 个字节存放指针,则该系统支撑文件的最大长度是多少?

附录 C   部分习题答案

第1章   数据结构概述

一、单项选择题

1. A   2. A   3. C   4. B   5. D

6. B   7. D   8. D   9. A   10. B

二、填空题

1. 数据的逻辑结构,数据的存储结构,算法

2. 基本单位,最小单位

3. 集合,线性,树,图

4. 顺序,链式,索引,散列

5. 正确性,可读性,健壮性,高效性

6. 时间复杂度,空间复杂度

7. $1, n, \log_2 n, n^2, 2^n$,常数阶,指数阶

8. $O(n)$

9. $(n+2)! > 2^{n+2} > (n+2)^4 > n\log_2 n > 100000$

10. $\log_2 n$

第2章   线性表

一、单项选择题

1. B   2. B   3. C   4. D   5. A

6. C   7. C   8. A   9. D   10. B

11. D   12. D   13. C   14. D   15. B

二、填空题

1. 顺序存储结构,链式存储结构

2. $n/2, n-1/2$

3. $O(n), O(1)$

4. $1 \leq i \leq n$

5. 物理位置相邻,指针

6. 最后一个

7. $p->prior, p->prior->next$

8. 头指针

9. $p->prior == p->next$

10. 游标

三、问答题

4. 提示:要插入结点必须知道该结点的前驱。

5.

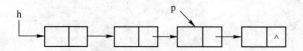

第3章　栈和队列

一、单项选择题

1. D	2. B	3. D	4. C	5. D
6. B	7. C	8. C	9. D	10. C
11. B	12. C	13. C	14. A	15. A

二、填空题

1. 后进先出,先进先出

2. $O(1)$

3. 2,3

4. 队列,队尾,队头

5. 设置一个标志位,设置一个计数器,少用一个存储空间

6. 33

7. front $->$ next $==$ NULL

8. Q $->$ front $=$ Q $->$ front $->$ next

9. 8

10. dbc $-/a+$

三、判断题

1. ×	2. ×	3. √	4. ×	5. √
6. ×	7. ×	8. ×	9. √	10. ×
11. ×	12. √	13. √	14. ×	15. √

第4章　串

一、单项选择题

1. D	2. A	3. B	4. C	5. C
6. D	7. B	8. A	9. B	10. C

二、填空题

1. 其数据元素都是字符

2. 子串,主串

3. 空串,空格串

4. 串的长度相等,且对应位置上的字符也相等

5. 顺序存储,链式存储

6. 37

7. EFG1234

8. 0

9. 模式匹配,模式串

10. −10001001212342300001,−100−110−10200−1403000−11

三、判断题

1. ×   2. ×   3. ×   4. ×   5. ×

6. √   7. √   8. ×   9. √   10. ×

第5章 数组和广义表

一、单项选择题

1. C   2. B   3. A   4. D   5. B

6. A   7. D   8. C   9. C   10. C

二、填空题

1. 9174,8788

2. $k = \begin{cases} \dfrac{1}{2} i \times (i+1) + j & (i \geqslant j; i,j = 0,1,\cdots,n-1) \\ 空 & (i < j; i,j = 0,1,\cdots,n-1) \end{cases}$

3. A[2,3]

4. 非零元很少$(t \ll m*n)$的矩阵

5. (2,3,10)

6. 4

7. 5,3

8. (b)

9. 线性表

10. 其余元素组成的表

三、问答题

1. 60,1034,1044,1046

2.

	row	col	value
TA=	1	5	30
	3	5	50
	5	1	10
	5	6	20

rows	cols	nums
5	6	4

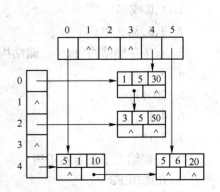

3. 设稀疏矩阵有 m 个非零元素,共有 r 行,c 列。每个非零元素用三元组存储时占 3m 个存储单元,外加表示整个矩阵的行数、列数和非零元个数域占 3 个存储单元,则三元组顺序表共占用 3(m+1) 个存储单元。而用二维数组直接存储,需要占用 r*c 个存储单元。只有当 3(m+1) < rc 时,才能节省存储空间,即 m < rc/3 - 1。

4. $A = \begin{bmatrix} 0 & 0 & 0 & 50 \\ 0 & 0 & 0 & 0 \\ 67 & 0 & 0 & 0 \end{bmatrix}$

5. head(L) = (),tail(L) = (()),L 的长度为 2,L 的深度为 2

6. head((i,j,k)) = i; tail((k,m,n)) = (m,n); head(tail(((a,b,c),(d)))) = (d);

7. head(tail(head(head(head(tail(tail(tail(A)))))))))

8.

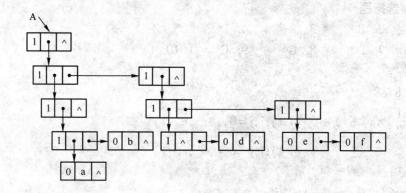

第6章　树和二叉树

一、单项选择题

1. B　　　2. B　　　3. D　　　4. C　　　5. C
6. C　　　7. C　　　8. C　　　9. D　　　10. C
11. C　　　12. D　　　13. B　　　14. C　　　15. B

二、填空题

1. 1,0 或多

2. 3,3,3,B 和 C

3. 双亲存储结构,孩子存储结构,孩子兄弟存储结构

4. 5

5. 20,11

6. 4,1

7. 5,16

8. 任何结点都没有右子树

9. RACDEFB

10. RACEBD

11. 前序线索二叉树,后序线索二叉树,中序线索二叉树

12. 中序

13. 1

14. 较近

15. 1

三、问答题

1.

(1) R　　　　　　(2) C,E,F,G,H

(3) B　　　　　　(4) F,G　　　(5) R,A,D

(6) D,H　　　　　(7) 4　　　　(8) 3

2.

双亲表示:　　　　　　　　　　　　　孩子兄弟表示:

	data	parent
0	R	-1
1	A	0
2	B	0
3	C	0
4	D	1
5	E	2
6	F	2
7	G	2
8	H	4

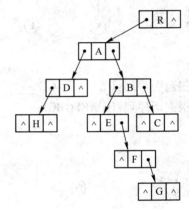

3.

4. 后序遍历序列为:CFGDAEBR

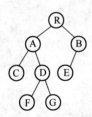

5.

前序遍历序列: - * + ABC + D * EF

中序遍历序列:(A + B) * C - (D + E * F)(注:括号是人为加上的,表示计算的顺序)

后序遍历序列:AB + C * DEF * + -

6.

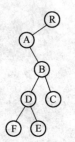

7.

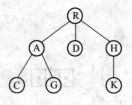 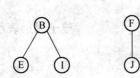

8.

先根遍历序列：RADHBEFGC
后根遍历序列：HDAEFGBCR

9.

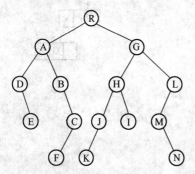

10.

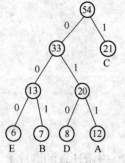

编码：A——011　　B——001　　C——1　　D——010　　E——000

第7章 图

一、单项选择题

1. D   2. C   3. A   4. B   5. B

6. C   7. D   8. B   9. B   10. A

11. A   12. A   13. C   14. C   15. C

二、填空题

1. 强连通分量

2. $n(n-1)$, $n(n-1)/2$

3. 90

4. 18

5. 15

6. 邻接矩阵, 邻接表, 十字链表, 邻接多重表

7. 矩阵中1的个数除以2, 计算该行中1的个数

8. 普里姆算法, 克鲁斯卡尔算法

9. 深度优先

10. 深度优先搜索遍历, 广度优先搜索遍历

11. 稠密图, 稀疏图

12. AOV 网

13. 不存在环

14. 最大路径长度

15. 关键路径

三、问答题

1. (1) 该图不是强连通图。强连通分量为：

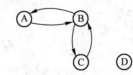

(2) 每个顶点的度、入度和出度：

$D(A) = 3$	$ID(A) = 1$	$OD(A) = 2$
$D(B) = 3$	$ID(B) = 1$	$OD(B) = 2$
$D(C) = 3$	$ID(C) = 1$	$OD(C) = 2$
$D(D) = 2$	$ID(D) = 2$	$OD(D) = 0$

2.

邻接矩阵:　　　　　　　　　邻接表:　　　　　　　　　逆邻接表:

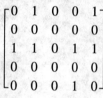

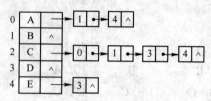

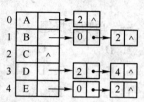

3.

深度优先搜索遍历序列:AEDBC

广度优先搜索遍历序列:AEBDC

4.

深度优先搜索遍历:$v_0 v_1 v_2 v_3$

广度优先搜索遍历:$v_0 v_1 v_3 v_2$

5.

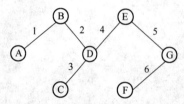

6.

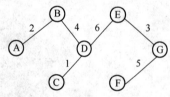

7.

关键活动:a_0, a_2, a_3, a_4

关键路径:v_0, v_1, v_3 和 v_0, v_1, v_2, v_3

8.

邻接矩阵 A:　　　　　　　　　　　有向带权图 G:

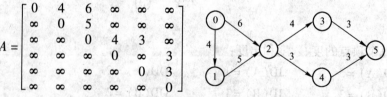

$$A = \begin{bmatrix} 0 & 4 & 6 & \infty & \infty & \infty \\ \infty & 0 & 5 & \infty & \infty & \infty \\ \infty & \infty & 0 & 4 & 3 & \infty \\ \infty & \infty & \infty & 0 & \infty & 3 \\ \infty & \infty & \infty & \infty & 0 & 3 \\ \infty & \infty & \infty & \infty & \infty & 0 \end{bmatrix}$$

关键路径:0,1,2,3,5

关键路径长度:4 + 5 + 4 + 3 = 16

9.

v_0 到 v_1:最短路径 v_0, v_3, v_1;最短路径长度 7

v_0 到 v_2:最短路径 v_0, v_3, v_1, v_2;最短路径长度 15

v_0 到 v_3 : 最短路径 v_0,v_3 ; 最短路径长度 2

v_0 到 v_4 : 最短路径 v_0,v_3,v_1,v_2,v_4 ; 最短路径长度 22

10.

$$\begin{bmatrix} \infty & 10 & 16 & 20 \\ 9 & \infty & 6 & 10 \\ 3 & 12 & \infty & 4 \\ 5 & 8 & 2 & \infty \end{bmatrix} \quad \begin{bmatrix} & AB & ABC & ABCD \\ BCA & & BC & BCD \\ CA & CDB & & CD \\ DCA & DB & DC & \end{bmatrix}$$

第8章 查找

一、单项选择题

1. C   2. C   3. B   4. D   5. B

6. B   7. A   8. D   9. A   10. B

11. D   12. B   13. D   14. A   15. D

二、填空题

1. 动态查找表有插入和删除操作

2. $(n+1)/2, n+1$

3. 顺序

4. 3,4,4,10

5. 确定待查元素所在的块,在块内查找待查的元素

6. $\log_2 n$

7. $m-1, \lceil m/2 \rceil - 1$

8. 直接定址法,除留余数法,数字分析法,平方取中法,折叠移位法

9. 小于等于表长的素数

10. 哈希法

三、问答题

1. 不同的查找方法适用的范围不同,高效率的查找方法并不是在所有情况下都比其他查找方法效率要高,而且也不是在所有情况下都可以采用。

2. 因为链表无法进行随机访问,若要访问链表中的结点,必须从头指针开始依次遍历链表,从而浪费大量时间。另外,也不好设定查找结束的条件。

3. 监视哨的作用是免去查找过程中每次都要检测整个表是否查找完毕,提高了查找效率。

4.

key=18

	3	18	25	37	69	87	99
第一步	low			mid		upper	

	3	18	25	37	69	87	99
第二步	low	mid	upper				

5.

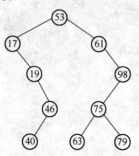

6.

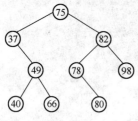

7.

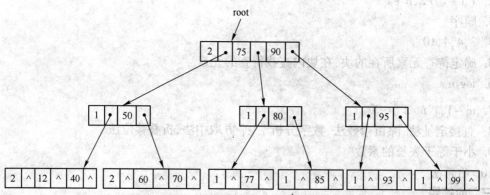

8.

线性探查法：

哈希地址	0	1	2	3	4	5	6	7	8	9	10	11	12
关键字			28	93	56	5	71	33	43	17	88		12
比较次数			1	2	1	1	1	1	5	6	1		1

平均查找长度：

$$ASL_{成功} = (1 \times 7 + 2 + 5 + 6)/10 = 2$$

平方探查法：

哈希地址	0	1	2	3	4	5	6	7	8	9	10	11	12
关键字		93	28	43	56	5	71	33	17		88		12
比较次数		3	1	3	1	1	1	1	4		1		1

平均查找长度：

$$ASL_{成功} = (1 \times 7 + 3 \times 2 + 4)/10 = 1.7$$

9.

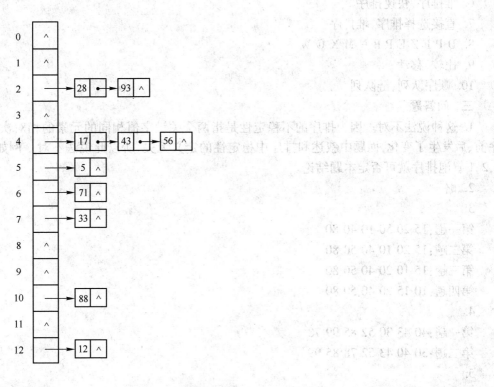

10.

（1）因为装填因子为 0.7,数据总数为 7,所以一维数组的大小为 7/0.7 = 10。构造的哈希表为:

哈希地址	0	1	2	3	4	5	6	7	8	9
关键字	7	14		8		11	30	18	9	
比较次数	1	2		1		1	1	3	3	

（2）平均查找长度:
$$ASL_{成功} = (1 + 2 + 1 + 1 + 1 + 3 + 3)/7 = 12/7$$

第 9 章　排序

一、单项选择题

1. D　　2. C　　3. A　　4. D　　5. B
6. C　　7. A　　8. A　　9. A　　10. C
11. B　　12. A　　13. C　　14. D　　15. C

二、填空题

1. 内部排序,外部排序

2. 直接插入排序,折半插入排序,希尔排序

3. 直接插入,直接选择

4. $O(n), O(n^2)$

5. 61,62

6. 堆排序,快速排序

7. 直接选择排序,堆排序

8. D P F Z E P B N M X G W

9. 比较,移动

10. 顺序队列,链队列

三、问答题

1. 这种说法不对。因为排序的不稳定性是指两个关键字值相同的元素的相对次序在排序前、后发生了变化,而题中叙述和排序中稳定性的定义无关,所以此说法不对。例如,对 4,3,2,1 冒泡排序就可否定本题结论。

2. 略

3.
第一趟:15 20 50 10 40 80
第二趟:15 20 10 40 50 80
第三趟:15 10 20 40 50 80
第四趟:10 15 20 40 50 80

4.
第一趟:40 43 30 52 85 99 78
第二趟:30 40 43 52 78 85 99

5.
第一趟:50 45 65 5 9 90 80 75 30 20
第二趟:5 9 30 20 45 65 50 75 90 80
第三趟:5 9 20 30 45 50 65 75 80 90

6.

(1)

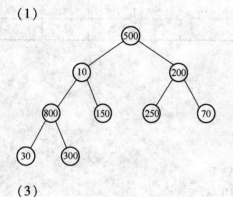

(2)

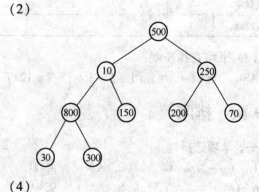

(3)

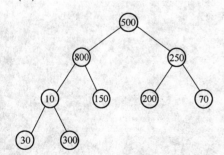

(4)

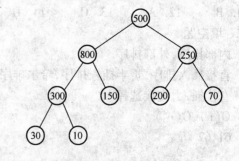

(5)

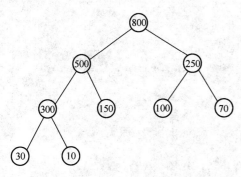

7.

第一趟:3 50 10 80 20 60 40 90 1

第二趟:3 10 50 80 20 40 60 90 1

第三趟:3 10 20 40 50 60 80 90 1

第四趟:1 3 10 20 40 50 60 80 90

8.

第一趟:501 391 023 225 565 417 418 359

第二趟:501 417 418 023 225 359 565 391

第三趟:023 225 359 391 417 418 501 565

9.

这几种方法速度都很快,但归并排序、基数排序、希尔排序和快速排序都是在排序结束后才能确定数据元素的顺序,无法提前知道数据元素的有序性。只有堆排序,每次均输出最大(或最小)的数据元素,因此采用它比较合适。

10.

(1) 499

(2) a[j] > a[j+1]

(3) b = 1

附录A 综合测试

一、单项选择题

1. D	2. B	3. B	4. B	5. D
6. A	7. B	8. C	9. D	10. A
11. B	12. A	13. D	14. A	15. D
16. A	17. B	18. B	19. C	20. C

二、填空题

1. $O(n^2)$

2. 物理位置

3. p -> next = s -> next; free(s);

4. p = Q. front -> next; Q. front -> next = p -> next;

5. （（b,c））
6. 31
7. n(n-1)/2
8. 迪杰斯特拉（Dijkstra）
9. 3
10. 快速

三、判断题
1. ✓ 2. ✗ 3. ✓ 4. ✓ 5. ✗
6. ✓ 7. ✗ 8. ✗ 9. ✗ 10. ✓

四、问答题
1.

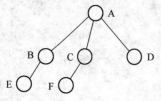 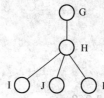

2.
哈夫曼树：

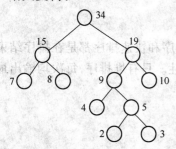

带权路径长度：
WPL = 7×2 + 8×2 + 4×3 + 2×4 + 3×4 + 10×2 = 82

3.
深度优先搜索序列：D H F E C B A G
广度优先搜索序列：D H C F B E A G

4.

地址号	0	1	2	3	4	5	6	7	8	9	10	11	12	13	14	15
关键字		33			20	21	38		24	25	26	42		45	29	31
次数		1			1	1	1		1	1	1	2		1	2	1

平均查找长度：ASL = (1×9 + 2×2)/11 = 13/11 = 1.18

5.
（10,18,25,12），29，（58,51,47）
10，（18,25,12），29，（58,51,47）

$10,(12),18,(25),29,(58,51,47)$

$10,(12),18,(25),29,(47,51),58$

$10,(12),18,(25),29,(47),51,58$

$10,12,18,25,29,47,51,58$

五、算法设计题

1.

算法先遍历链表获得"最小值结点"及其前驱,然后再执行删除操作。

```
LinkList Delete(LinkedList L)
{
    /* p 指向待处理的结点, q 指向最小值结点, r 指向最小值结点的前驱 */
    PNode p,q,r;
    p = L ->next;r = L;q = p;
    while(p ->next! = NULL)
    {   /* 查最小值结点 */
        if(p ->next ->data < q ->data){r = p;q = p ->next;}
        p = p ->next;
    }
    r ->next = q ->next;              /* 从链表上删除最小值结点 */
    free(q);
}
```

2.

从第二结点开始,将各结点依次插入到有序链表中。

```
LinkList LinkInsertSort(LinkList L)
{
    PNode p,q,r;
    if(L ->next! = NULL)
    {
        p = L ->next ->next;           /* p 指向第一结点的后继 */
        L ->next ->next = NULL;
        while(p! = NULL)
        {
            r = p ->next;q = L;
            /* 查找插入位置 */
            while(q ->next! = NULL && q ->next ->data < p ->data)
                q = q ->next;
            p ->next = q ->next;        /* 将 p 结点链入链表 */
            q ->next = p;p = r;
        }
    }
}
```

参 考 文 献

[1] 李春葆,喻丹丹. 数据结构习题解析 B 级. 3 版. 北京:清华大学出版社,2006.

[2] 唐发根. 数据结构教程. 2 版. 北京:北京航空航天大学出版社,2005.

[3] 朱战立. 数据结构:使用 C 语言. 3 版. 西安:西安交通大学出版社,2004.

[4] 严蔚敏,吴伟民. 数据结构:C 语言版. 北京:清华大学出版社,1997.

[5] NYHOFF L. 数据结构与算法分析:C ++ 语言描述. 黄达明,译. 2 版. 北京:清华大学出版社,2006.